青少年孝道研究

——链接家庭与自我

韦雪艳　薛琳芳　等◎著

南京大学出版社

图书在版编目(CIP)数据

青少年孝道研究:链接家庭与自我 / 韦雪艳等著.
—南京: 南京大学出版社，2017.12
ISBN 978-7-305-19733-8

Ⅰ.①青… Ⅱ.①韦… Ⅲ.①孝-品德教育-青少年
教育-研究-中国 Ⅳ.①B823.1

中国版本图书馆 CIP 数据核字(2017)第 311727 号

课题组成员

薛琳芳　　沈贵鹏　韦雪艳　张　迎

姚金娟　孙文婷　沈晨舒

出版发行　南京大学出版社
社　　址　南京市汉口路 22 号　　　　邮　编 210093
出 版 人　金鑫荣

书　　名　**青少年孝道研究——链接家庭与自我**
著　　者　韦雪艳　薛琳芳 等
责任编辑　束　悦　　　　　　编辑热线　025-83686308

照　　排　南京紫藤制版印务中心
印　　刷　江苏凤凰数码印务有限公司
开　　本　718×1000　1/16　印张 20.5　字数 357 千
版　　次　2017 年 12 月第 1 版　2017 年 12 月第 1 次印刷
ISBN 978-7-305-19733-8
定　　价　60.00 元

网　　址　http://www.njupco.com
官方微博　http://weibo.com/njupco
官方微信　njupress
销售咨询　025-83594756

教育部人文社会科学研究规划基金项目"心理-道德教育原理及其模式研究"(17YJA880062)研究成果

江苏省教育科学"十三五"规划重点资助课题"青少年孝道信念对心理社会适应的影响机制与实践策略"(B-a20160139)研究成果

全国教育科学教育部规划课题"未成年人生命与安全教育系统工程的科学构建"(QGAC17095)研究成果

序

    孝道(filial piety)研究探讨的是当下社会、家庭极敏感的焦点问题。对于孝道,中华文化并不陌生,但是随着社会变化,"新孝道"与孝文化传递的范式逐渐发生了变化,颇有"身在此山中,云深不知处"的意味。直到人们慢慢意识到传统孝道嬗变这一现实。在现代社会发展过程中,传统孝道依然与家庭和社会变化共生。

    本书是教育部人文社会科学规划基金项目和江苏省教育科学"十三五"规划重点资助课题的研究成果。全书站在学术研究视角,历时3年完成。书中既有视野开阔的理论研究和跨文化比较研究,同时也有访谈、案例的质性研究,结合有力的实证研究,获取第一手资料进行统计分析,在对已有的丰富的孝道理论和文献进行梳理的基础上,结合中国传统文化特征和时代背景,重点探讨了当前中国文化背景下青少年孝道信念和新孝道行为差异及其对个体心理成长的作用机制。一方面,研究验证并丰富了已有的结论,并解释了当下中国青少年孝道信念和孝道行为令人困惑之处;另一方面,通过实证研究,对孝道的多元功能及心理效应的作用机理给出了实证证据。此外,跨文化对比研究发现的观点对给出当下孝道教育的针对性策略具有重要价值。

    本书的第一个特点是研究验证角度的多样性和独特性。本书结合心理学、教育学、社会学、管理学、文化学等理论,研究揭示个体孝道信念的心理成长机制。一方面,本书重点分析了影响孝道信念的要素,分析家庭环境因素和父母因素如何影响子女的孝道信念和孝道行为,并且针对不同家庭结构(单亲家庭或双亲家庭)和教养方式(民主型、专制型、溺爱型或放任型)中子女的孝道信念变化,对其中家庭要素产生的关键作用给出了答案,验证并揭示其中形成的规律;另一方面,研究特别把家庭因素与个体因素连接起来,探讨"孝道"在其过程中的作用机制,尤其通过实证模型验证了孝道信念产生的多重心理效应,对孝道为什么会对青少年产生如此重要的影响,比如对心理社会适应、学业满意度、亲社会行为和婚恋观给出了证据和心理学的理论依据。结合"父亲在位"理论、"家庭抗逆力"理论、"性别角色差异"理论等,本书给出了针对孝道研究的丰富结论,对传统观念中的"子不教,父之过""父亲缺位的危机""孝文化传递和孝文化濡化"给出真切的解释和解决对策。通过梳理,笔者认同"孝道成为自然"是家庭教育、社会教育和自我教育的最有效的结果反馈。

本书的第二个特点在于研究聚焦"新问题",写作深入,分析思路细腻,内容虽深刻但易于阅读。基于传统孝道的质性研究与量化研究的结合,笔者提出了针对性的研究观点。本书没有通篇追溯中国传统孝道的历史和孝文化,而是与时俱进,针对当下家庭、社会出现的关于孝道的"新"热点问题,比如"新孝道行为""女大学生的孝道观对婚恋的心理影响"以及"中西方孝道可借鉴和相互融通的特点"等,通过对比研究和实证分析验证和揭示其过程机制,提炼青少年孝道信念产生影响的多重心理效应的链式路径。

浙江大学王重鸣教授曾提出科学的研究思路应该是问题驱动、情境关联、文化制约和发展导向等,为中国研究的方法论范式重构提供了新的路径。优秀的研究要能够做到"问题驱动"与"理论创新",要能够与实践进行结合,去解决中国实践中实际存在的问题,而不应该只是"文献驱动"或者"理论驱动"。新的研究范式主要包括:① 情境储存:情景特征要素框架。研究要能结合特定情境,要能开发具有中国特色的理论。② 过程建模:过程变量阶段构思;学者要对实践过程进行分析和研究。本书的内容和形式借鉴了王教授的思路,侧重针对"中国问题",关注中国文化制约特征和家庭情境,致力于为促进亲子共同发展导向而采用问题驱动模式,对过程变量在其中的作用机制做了深入的揭示和解释。本书在此研究导向的指导下,根据中国情境、中华文化,采用问题驱动的范式,探索传统中国文化背景下的新问题,开发和验证具有时代特色、文化特色以及情境特色的孝道概念和理论模型,研究的目的是在"做中学"。在验证和发现的过程中,笔者和团队感受到了研究的无限乐趣和深深的责任感,更为中华传统文化的瑰丽色彩而感叹。

同时,本书对进一步探索的重要问题有了重新的思考。文化濡化导致孝道代际传承的错位,新生代的孝道文化如何随着文化、社会和个体的进步不断匹配和发展,社会资源、家庭资源以及成人个体资源如何在此过程中平衡和彼此促进?从本质上而言,这其实对人类在追求物质财富和精神财富的过程中,同时享受高质量的毕生发展的健康心理都有重要的意义!

韦雪艳

2017 年 8 月 15 日

目　录

上篇　基本问题研究

下篇　多重心理效应研究

导　言

凡是缺乏爱的地方，无论品格还是智慧都不能充分地或自由地发展。

——[英] 罗素

罗素先生的话是在告诫父母，对待孩子，爱是必需品。然而利斯更进一步提醒溺爱孩子的双亲，每样事都替孩子做，不希望孩子做什么事，这对孩子是十分有害的。尺度的把握和教育的责任是父母在家庭课堂上的终身学习之道。卢梭曾认为有些人教育孩子是过分严格，有些人教育孩子是过分放任，这两种情况都是应该避免的。遵循什么方式教育孩子更理想？事实上，父母的教育观念在此过程中已经潜移默化地内化给了孩子。中国传统文化中遵循的"孝道信念"(filial piety)就是使其变成孩子判断和决策的标准，并形成习惯的一个典型的例子。毕竟教育早已随生命的开始而开始。那么孩子如何在家庭、父母、自我成长等这些关键影响中适应所面临的挑战，形成健康的、独特的和独立的个体？本书拟为此目标作出回答和努力。

第一节　选题的缘由与意义

一、选题的缘由

孝道，是一种历史悠久且内涵丰富的思想，春秋战国时期的孔子已明确将其划分至儒家学说的核心位置。最早的一部解释词义的著作《尔雅》给孝道下的定义是："善事父母为孝。"即好好侍奉父母就是孝。汉代贾谊的《新书》将之界定为"子爱利亲谓之孝"，即对社会感恩也是从对父母的仁孝开始。台湾学者 Ho(1996)定义了孝道,即一个管理社会化的指导原则,以及两代人之间所进行的具体规则,还规定孩子应该如何对待他们的父母和祖先。随着时代变迁,孝道信念也逐渐改变,较之传统而言,越来越有时代特色(杨国枢,2009)。孝道的特色是什么? 特色的孝道究竟在家庭、父母和自我成长过程中扮演了什么重要角色? 怀着这样的好奇心,笔者开始了对青少年孝道研究的探索之路。

孝道信念源自家庭和父母。家庭结构里,个体是独立和联合的平衡体,理智和情感的平衡体(Bray,Williamson & Malone,1984)。台湾心理学家杨国枢曾提出,孝道是由家庭主义衍生而来,而孝道精神是源于子女对父母的爱。孝道信念是指个体秉持自身对于孝道的看法并愿意为之行动的倾向性,它同时也深深地影响着自身的孝道行为和孝道态度。而从东西方文化差异来看,孝道信念应是从子女面向父母单方面的责任与义务,并且是无条件的甚至应该是"盲目"的;而西方文化完全相反,他们认为孝道信念应是父母创造出来的教养方式,从而使儿女受到父母本身的影响或受到父母教养方式的影响(Yeh & Bedford,2004)。总而言之,两种文化实际上都揭示了:孝道信念作为家庭里的重要成分,在个体身上是一种内部的、稳定的变量,也正因此,孝道信念便可以衡量个体独立的情绪状态。

孝道信念对自我成长具有重要作用。"自我分化"(differentiation of self)被界定为个体在理智和情感这二者的关系上分化的程度(或是融合的程度)(Bowen,1978;吴煜辉 & 王桂平,2010)。此外,Bowen(1978)认为在一个家庭的气氛或是情绪中,有两种力量在始终抗衡着发展:一是"独立化"的力量,另一个是"联合化"的力量。独立化的力量,使个体有想要与家人进行分离的心理倾向,而联合化的力量使个体有与家庭融合化的心理倾向。因此,自我分化是否良好的标准本质上是个体是否能够将独立化和联合化达到平衡。"自我分化"这个关键心理因素究竟如何影响青少年多重心理成长过程? 揭示和验证其机制,对探索孝道信念起着促进或阻碍作用,是值得研究者们探索的重要方向(Anderson & Bartle,1989;杜岸政,2012;姚金娟 & 韦雪艳,2016)。顺应研究的最新潮流,本书拟挖掘青少年孝道信念视角下的个体自我成长多重心理效应的实现机制。

第二节　研究的对象与问题

一、研究对象

关于本书的研究对象,即青少年的界定,笔者查阅了中英文文献,其中关于中国文化背景下的青少年界定有其文化特性。根据发展心理学家的观点,个体在一生中的发展随着年龄增长而变化,这些变化是有顺序的生理、心理和社会等方面。这些阶段的特点既有连续性,又有阶段性。张文新(2002)根据个体生物、认知和社会性发展的水平和状况,把人的一生划分为童年期、青少年期和成年期。

按照传统的分类方式,研究者通常以生理年龄来划分不同阶段。中国青少年阶段通常以学龄和学制为标准。少年期从11~15岁,青年初期从14~18岁。埃里克森的划分标准是根据不同年龄阶段的特征进行界定。学龄期被划分为第四阶段(6~12岁),发展任务是获得勤奋感,克服自卑感,体验能力的实现,积极的成果是创造力发展和掌握技能。第五阶段为青年期(12~18岁),发展任务是建立同一感,防止同一性混乱,体验忠诚的实现,积极的成果是自我同一感能力的发展。

尽管传统划分标准很清晰,但是随着研究的深入,西方已普遍感到,在个人生命轨迹中,年龄将成为越来越不重要的标志,因为相似年龄的个体之间的差异越来越大。戚昕(2004)基于中国文化背景,通过问卷调查,发现个体达到在规范、心理、生理/婚姻、家庭、经济5个维度上的成年标准事件的差异是显著的。个体首先在规范方面达到成年,年龄为20.71岁,其后依次是心理、生理/婚姻、家庭,最后是经济方面达到成年,年龄为24.76岁,从最早到最晚之间跨了4~5年时间。究其原因,与中国的集体主义文化背景有密切关系。在中国,个体从小接受规范的要求和训练,社会更加强调服从规范,因此,规范方面相对很早就会达到要求,而进入成年的其他标准存在差异性。用单一的数值确定青少年期和成年期的界线有很大的不足。

本书采用戚昕(2004)的依据年龄范围和多元化标准的界定方法,这样能够使我们对青少年这一群体的演化过程中呈现的规律探讨得更清晰。随着社会的高速发展,个体在成长过程中表现出了"同质性"特点,受到了全球化和知识经济的影响,电子科技在其生活中起到了重要作用,2000 年后出生的个体表现出新时代的群体特征,例如他们都很自我、追求自由和平等、积极上进、勇于创新。这以后出生的群体,大部分是独生子女,生活环境较优越且受过良好的教育。青少年时期一个重要的任务就是完成从一个依赖他人的孩子转变成为一个独立的成人。从一种多维度视角评价达到成年标准的时间上的不一致性直接决定了从青少年期向成年期的转换不可能是完全相继的。这两个阶段中间必然会形成一个过渡时期。

借鉴国内外研究成果,一代人与一代人的差异不能单单从时间上进行判断。目前在美国,人们对成年的界定标准支持率最高的是"为自己的行为后果负责"和"不受父母及他人的影响,根据自己的信念和价值观独立地做出决定"(戚昕,2004)。笔者考虑到时代背景和中国文化语境,拟关注两个焦点新生代群体:① "青少年期"(adolecence),从 11～18 岁,或者按照学龄从小学高年级阶段到高中阶段。② "始成年期"(emerging aduthood),青少年向成年的过渡是一个时间范围,介于 18～25 岁的一个独立的过渡时期。按照学制的发展,这个年龄阶段一般是大学本科阶段,按照年龄标准再向后延伸到研究生阶段。本书的研究对象年龄跨度为从未成年的少年时期到成年过渡期。这既能从学龄上和年龄上涵盖这一群体,也更能从连续性和敏感过渡性上明确多维度的界定标准。

二、研究问题

在典型的传统文化心理背景下,孝道主要表现为个体服从家长制的权威,而在典型现代文化心理背景下,主要表现为个体的独立自主,从而会在孝道上形成权威和互惠两种人格特征(马庆钰,1998)。杨国枢将孝道信念的具体内容分为三个维度,分别是抑己顺亲、尊亲恳亲、奉养祭念。而后,经过反复斟酌和社会心理学研究,又提出了"护亲荣亲"这一概念,进一步分为四个维度(杨国枢,2009)。叶光辉从杨国枢上述四个维度中提取出互惠型孝道和权威型孝道两个主维度,形成双重孝道模型。其中,互惠型孝道(reciprocal filial piety)反映了孝顺是由内心出发,是在有爱的基础上回报父母的养育之恩,而权威型孝道(authoritative filial piety)是子女由于存在和父母之间的亲子关系而进行尽孝(叶光辉,2004)。因此,本书仍旧采用双元孝道模型的经典概念框架探讨孝道信念对个体的多重心理影响机制。具体研究问题包括三个方面。

1. 探讨孝道研究的基本问题

包括进一步修订新孝道行为概念。叶光辉等从认知心理学角度出发,在理论分析和实证研究基础上透析了个体信念与亲子互动关系的运作机制,发现代际存在两种层面上的亲子关系——亲子间的等级秩序关系与独立个体的平等关系。

正是基于"父母—子女"关系的双元性,叶光辉(2003)建立了双元孝道模型,即互惠型孝道与权威型孝道。互惠型孝道指子女发自内心地感恩父母的养育之情,重视亲子间自然而亲密的情感;权威型孝道指子女抑制自己的想法或欲望,甚至牺牲自我利益以达到父母的要求,强调子女奉养父母的义务及亲子间的阶序关系。可以说,双元孝道为以应运而生的新孝道行为为基础的研究提供了可借鉴的研究路径与模型。尽管如此,时代的演变推进了传统观念的演化和改变。本研究拟在借鉴已有孝道信念理论和实证研究的基础上,通过文献分析、半结构化访谈并结合中国传统文化特征和时代背景,探讨"青少年新孝道行为"的结构,编制适用于中国青少年群体的测量工具。

此外,对中华传统孝道文化以及东西方孝文化的形成和孝道信念以及孝道行为的践行存在的差异,本书进行了细致的梳理,从理论深度对孝道的全新认知做进一步延伸。

2. 家庭因素和父母因素如何影响子女的孝道是本书拟探讨的核心问题

从国外的家庭系统理论中发现,父母的自我分化会在日常生活中渗透给自己的子女,并且影响子女的自我分化,并让他们在这样的家庭氛围中逐步接受、适应这种状态(Anderson& Bartle,1989);父母经常会模拟自己当子女时对父母的方式去对待子女,也因此父母所接受适应的自我分化程度会进一步传递给子女(Bowen,1988)。由此可以发现,孝道信念的影响范围从家庭开始逐渐转向个体发展,从亲社会倾向到个人人格发展,最后慢慢影响个体心理发展,也因此可推测,家庭因素和父母因素对个体的孝道信念的形成具有重要作用。此外,笔者拟对父亲的角色做深入挖掘和探讨。时代的变革与家庭结构的变化下,新生代的父母和子女的孝道行为和对孝道信念的理解都已经日新月异,父亲在位和父亲缺位都会对子女的孝道信念和孝道行为产生影响,本书拟通过案例和实证研究发现其中的规律。

3. "自我分化"究竟在青少年心理成长过程中扮演了什么角色

这个关键心理因素是青少年心理成长过程中的重要原因。本书的实证研究拟揭示和验证其心理路径的实现机制。此外,提炼青少年孝道信念影响多重心理效应的链式路径也是本书验证的重要问题。

比如，受到家庭环境和父母影响的自我分化对心理成长（psychological adaptation）具有重要作用。心理社会适应是个体自我发展的重要标志。在医学视域下，心理适应与社会适应是不同的两个概念：心理适应是指遭受挫折后，借助心理防御机制来使人减轻压力、恢复平衡的自我调节过程；社会适应是指人与社会的互动中，个体使自己的行为符合社会期望或改变环境达到人与环境之间平衡的过程（程然，2008）。

孝道信念如何产生多重心理效应？大量实证研究表明，孝道信念有利于青少年心理社会适应方面的发展，其内容涉及亲子关系、个体自主权、社交能力、学习成就、尊老品质等（姚金娟 & 韦雪艳，2016）。吴煜辉（2007）在进行自我分化的实证研究中也发现了自我分化与压力知觉、心理健康的关系。他发现自我分化对于压力知觉和心理健康具有较大的影响，而且自我分化的水平一旦形成便十分稳定、难以改变，从而对大学生的压力知觉和心理健康有着十分重要的影响，必须着力于提高大学生的自我分化水平以维持其心理健康。自我分化在家庭功能和自我和谐的中介作用中扮演了重要角色，自我分化的四个维度都起到了部分中介作用（安芹，2011）。姚玉红（2011）研究发现，不同性别的低年级大学生的自尊水平不同，自我分化程度不同，并且显著影响了心理健康程度。本书拟从生活满意度、心理社会适应、亲社会行为以及婚恋观等多个结果变量设计研究框架，探索和验证孝道信念在其中的影响机制。

第三节　本书的结构与研究方法

一、本书的结构

本书分为上、下两篇。上篇，笔者关注孝道的基本问题，聚焦在厘清孝道来源、核心概念和理论观点。结合案例研究和实证研究，从不同视角分析影响孝道的关键因素。下篇，笔者主要探讨孝道的多重心理效应研究。从学业、心理适应、社会行为和价值观念方面进行充分的分析、论证，厘清其中的心理学规律，并提出针对性的干预策略。

本书的上篇主要分析孝道相关的基本问题，包括第一章到第四章内容。

第一章，孝道概述。本章对孝道起源进行了梳理与回溯，对孝道内涵进行了精确的说明和文献厘定,对传统孝道信念的新变化与孝文化传递进行了分析,尤其对从传统"二十四孝"到"新二十四孝"的变化进行了细致的论述。本书在孝道理论部分不仅介绍了传统的儒家孝道观,也从过程、原因、机制视角对家庭代际交换理论、亲子依恋理论、文化传承和变迁理论、父亲在位理论和双元孝道理论进行了细致的梳理,此部分内容也是本书的重要理论基础。此外,本章介绍了传统孝道的嬗变,论证了与家庭和社会变化共生的孝道现象。

第二章,中西方孝道文化比较与差异。以韩国孝道教育为例,探讨传统坚守与国家立法并重下的东方传统孝道发展,对新加坡公民教育与孝道进行了梳理。此外,本章探讨了西方宗教感恩教育以及"精神赡养",对我国台湾和香港地区的"新孝道"教育及演化都给出了详细的分析,最后提出了新时代孝道教育的价值实现与启示。本章内容非常具有东方特色,对孝道的详尽分析和中西方孝文化的比较令人有进一步领悟的期望。

第三章,青少年孝道的内涵特征与现状。从绪论出发,阐述孝道信念的概念和结构,以初中生、高中生、大学生和研究生为样本,全面验证了不同人口学变量的孝道信念的演化规律,论证了青少年新孝道行为的心理内涵并进行实证研究,提出了青少年孝道信念的教育理念与建议。本章内容尤其挖掘了青少年完整的孝道信念的演化规律以及新孝道行为的特别时代内涵。

第四章,大学生孝道信念的关键影响因素。在对孝道信念的关键影响因素进行了整体梳理后,本章主要从父亲在位视角和人格特征视角分析大学生孝道信念的影响因素,结合父亲在位理论,对大学生孝道信念与孝道行为的家庭影响因素进行了案例分析,对父亲缺位现象进行了反思。本章内容抓住关键影响因素,从家庭因素和自我因素角度分别进行了实证研究,探讨了不同人口学背景下其中的影响规律。结合案例分析更全面地反映了影响大学生孝道信念形成的因素,再次说明了孝道信念是链接家庭与自我的核心要素。

下篇内容主要分析了孝道信念对心理效应的影响,包括第五章到第八章内容。结合上篇的影响孝道信念的因素,主要从实证方面验证其中的心理学规律。理论研究和实证研究相结合,分析了孝道信念对青少年的生活满意度、亲社会行为、心理社会适应和婚恋观的影响,认为孝道信念在链接家庭因素(比如,父母控制、父亲在位)与自我因素(比如,自我成长、自我适应、自我社会性发展以及自我价值观的成熟上)中起到了至关重要的作用。

第五章,孝道信念对中学生生活满意度的影响。以初中生为样本,通过文献梳理,采用质性访谈研究和调查研究,以双元孝道理论为基础,对双元孝道模型下父母控制与中学生生活满意度关系进行调查研究,提出了促进青少年生活满意度的教育策略。

第六章,孝道信念对大学生亲社会行为的影响。结合自我分化理论和亲社会行为相关理论,以大学生为研究对象,对孝道信念、自我分化与大学生亲社会行为进行实证研究,针对性地提出了促进青少年亲社会行为的教育启示与对策。

第七章,孝道信念对中学生心理社会适应的影响。本章以中学生为研究对象,对孝道信念影响中学生心理社会适应的要素进行了分析,验证了双元孝道对中学生心理社会适应的影响机制。本章内容尤以单亲家庭与双亲家庭的中学生为研究对象,探讨了基于父母支持的孝道信念对中学生自尊和社交自我知觉的影响,并且在孝道信念视角下提出了干预中学生心理社会适应的策略。本章内容没有停留在初步验证孝道信念对中学生的自尊和社交自我觉知的影响上,而是细致地精加工了单亲家庭这一特殊家庭背景下孝道信念在其中的变化规律。孝道信念在链接家庭与自我成长上发挥了重要功能。

第八章,孝道信念对大学生婚恋观的影响。从价值观角度入手,本章以大学生和女研究生为研究对象,采用实证研究方法进行了孝道信念、自我分化与大学生婚恋观的关系研究。通过对不同家庭背景与子女类别的差异比较,进行了父亲在位、孝道信念与女研究生婚恋观的实证研究。研究全面厘清了孝道信念在链接家庭与自我价值观上的角色,透视了孝道信念的全面功能。

二、本书的研究方法

本书涉及心理学、社会学、行政学、教育学等等,笔者从工业与组织心理学和教育学角度进行研究。本书在研究时主要采取以下研究方法:

1. 文献研究法

通过各种渠道搜集与本书相关的文献,进行中外文文献阅读、梳理分析,从中得出对本书的理论认识,为本书的系列研究奠定理论基础。

2. 概念分析法

通过对搜集来的资料进行整理、阅读、分析、总结,从中得出本书主要研究对象的概念,进一步明确其内涵和外延。对孝道行为新概念的提出和延伸,结合已有文献进行分析。

3. 实证调查法

实证调查法是本书采用的主要研究方法,通过对问卷调查结果进行数据分析，对研究假设进行检验，主要采用 SPSS19.0、AMOS7.0、Mplus 和 Bootstrap 软件进行数据分析和检验，并结合理论分析与实践情况给出针对性策略。

4. 访谈法与案例分析法

为了解新生代青少年群体孝道信念与孝道行为的内容及其在生活学业中的具体表现，笔者分别对初中生、高中生、大学生和研究生，即大学阶段学习的"始成年期"的大学生进行了访谈和案例分析。

访谈过程如下：

（1）本文沿用叶光辉关于孝道信念两维度的定义，把孝道信念的概念采用非直接方式，以追问案例和情境方式呈现给被访谈者；

（2）让被访谈者根据自己的理解罗列出在学业生涯过程中所涉及的孝道信念的观念、转变和行为；

（3）笔者根据被访谈者的回答进行及时深入追问。

上　篇

基本问题研究

第一章　孝道概述

孝道作为一个道德概念，在中国有着悠久的历史和深厚的社会基础。它由历代儒家经典产生，并逐渐超越其最初的道德价值的生活习俗。其中，包括尊重祖先、纪念父母等有关的亲属关系复杂形式，又融入了政治体制、社会组织和其他方面。因此，它不仅成为儒家思想的核心，也是中国传统文化的主题，更代表了中国价值观体系不可缺少的重要内容。

在中华五千年的辉煌文明进程中，传统美德涉及社会生活的各个方面，有着极其丰富的内容。作为中华传统美德之一，孝道在中国文化中有着悠久的历史。其不仅是一种在家庭需要照顾父母的概念，也是几千年的政治秩序中的一个重要社会规范。孝道属于家庭价值观中最早的伦理道德范畴。通过明德之本，"身修而后家齐，家齐而后国治，国治而后天下平"（《大学》）。关于孝道，中华民族有一套完整的儒家理论。

第一节　孝道的源起与回溯

一、孝道的起源和发展

孝顺的想法是随着人类的诞生而诞生的，是人类与生俱来的一种自然情感，而中国独一无二地将这种想法升级到道。

"中国孝道起源于公元前 11 世纪，明确提出是在周朝，出土的周朝青铜铭文可以证明。例如，汉字孝（孝顺）大量出现在西周的青铜器上。有很多讨论孝道的尚书和谏章写在殷、周时期，《诗经》也体现了孝道是一个相当普遍的道德伦理。"①

---

① 转引自 Xinrui Yuan. A Tentative Study on Differences and Integration of Sino-Western Filial Piety Culture[J]. Asian Social Science, 2011(8), P98.

历史上,第一个强调孝道的是春秋时期。从公元前 770 年到公元前 476 年,凶猛的戎狄部落从西边突袭了这个帝国,而在内部,国家因为分封变为了贵族自己的封地。周皇帝是有名无实的领袖,社会因混乱的旧秩序处于崩溃的边缘。同时,贵族之间一直在进行可怕的战斗,无休止的战争在蚕食周的力量。春秋末期,孔子诞生在鲁国(封地)。儒家思想是由孔子创立的,它在重建以孝道为中心的宗法伦理过程中发挥了重要作用,儒家孝道伦理在中国几千年的封建社会成为核心意识形态。

中国的封建帝国在秦汉时期相对稳定统一。经过一段时间的探索和反思,汉武帝及其之后的帝王认识到,只有儒家宗法家族制度最适合当时的社会。因此,儒家孝道的概念得到了前所未有的关注,通过孝道统治世界成为统治思想的主流。在孝道方面,《汉书》和《后汉书》中有多达 32 次的记录记载了全国性的表彰,授予"高贵的头衔"。还有一个特殊的职位叫"孝廉"(孝道和清廉)。此外,汉代皇帝(除刘邦)的谥号前都添加了字符"孝"。

二、孝道的内涵

汉字"孝"的上边是"老",代表了老父母,下边是"子",代表了孩子。"老"在上,"子"在下,意味着孩子要孝顺、服从父母。同时,从动作上看,"孝"字如同孩子背着父母,这就意味着当父母衰老时,他们需要孩子的帮助。

受儒家思想的影响,孝道在中国传统的伦理生活中扮演了关键角色,所以很多经典中关于孝道的教导和指导,被誉为最高范畴的理论。例如,孔子说,孝顺和兄弟间的相互尊重一定能被视为善的基本面(Zhou & Mei,1992)。春秋后期,个人家庭是相对独立的,支持父母逐渐成为孝的主要元素。孔子对如何孝顺父母作了详细描述。例如,孔子说,作为儿子或弟弟,他应该在家孝敬父母,在外尊重长辈们(Zhou & Mei,1992)。此外,他告诉人们,当父母活着的时候,儿子不应离家太远。如果儿子出游,只能去他说他要去的地方(Zhou& Mei,1992)。除了包括支持父母的义务,孔子指出,孝道也包括爱和真诚的关心。例如,当子由问关于孝的含义时,孔子回答他,现在孝顺的儿子应能使他们的父母得到足够的食物。但即使是狗和马也能照顾到那个程度,如果没有尊重的感觉,人和它们有什么不同吗?(Zhou & Mei,1992)换句话说,孝顺的儿子应对父母表示衷心的感谢,保持他们对父母的爱和关怀,像他们童年从父母那得到的那样,因为人类和动物最大的区别是人们的想法和感受,因此他们应该善待父母,使父母快乐。

上面主要谈论了基于天然的血缘关系的情感。陈（2005）认为，孝道也意味着识别和继承父母的精神和志向，并世代发扬它们。正如孔子所说，当一个人的父亲还活着，看这个人的抱负，他的父亲死后，观察他的行为。如果在3年守孝期，他能始终如一地对父亲保有缅怀之心，他才真的可以被称为一个孝顺的儿子。除了爱和尊重在世的父母，这也同样意味着尊重和爱那些已经过世的父母和祖先（Wu，2010）。《论语》中也有类似的教义，例如，曾子曾说："慎终追远，民德归厚矣。"（《论语·学而》）

已有论述渗透到社会的每一个角落，覆盖了家庭生活的各个方面，为孝道研究奠定了基础。中国孝文化有着重要的政治内涵。在封建社会，家庭和国家有相同的结构，孝顺的责任被视为忠诚。人孝顺他的父母且必须忠于君主，因为皇帝可以视为国家的父亲。通过孝道统治世界成为成功治理国家的经验，孝文化并不仅仅局限于支持和尊重父母，其意义明显地被放大和扩展了。

第二节　"新孝道"与孝文化传递

孝道作为我国传统道德文化的精髓，千百年来一直发挥着和谐家庭人际关系、维护社会稳定发展的重大作用。统治阶层对于孝道的宣扬、民间对于孝道的认可衍生出了许多反映孝文化的作品。其中，《二十四孝》以其通俗易懂，且具有传奇色彩的魅力一直为人们所津津乐道，被奉为孝道的蒙学读本（王娟，2014）。在跨入新世纪后，人们的物质生活及精神风貌发生了巨大改变，2012年提出的"新二十四孝"[①]中包含了教父母上网、陪父母看电影等富有新时代气息的内容。从传统的"二十四孝"到"新二十四孝"的改变，在一定程度上也体现了新时代背景下我国发展孝道文化的决心。

一、从传统"二十四孝"到"新二十四孝"

（一）传统"二十四孝"简介

"二十四孝"的故事，自先秦到宋元明清，广泛地流传在民间。自汉以后，还衍生了石刻和壁画。"二十四孝"人物故事的发展是一个渐进的过程，随着

---

① 2012年8月13日，由全国妇联老龄工作协调办、全国老龄办、全国心系系列活动组委会共同发布新版"二十四孝"行动标准。

时间的流传,其中的人物角色不断丰富,在元初被郭居敬辑录得以正式固定下来。"二十四孝"的形成发展受到诸多因素的影响,其中,孝道理论的发展为最大推动力,儒家传统的孝道伦理是"二十四孝"的基础(潘文芳,2010)。另外,古代统治者为维护国家秩序和社会的长期稳定,力图尊重孝道,为"二十四孝"的发展提供了广博的土壤(陈谷嘉;吴增礼,2008)。

"二十四孝"中所列举的孝子都很具有代表性,衍生出非常广泛的教育范围,为各个社会阶层都建立了孝道模范;且编写形式精短而细腻,情节动人,易于理解,在潜移默化中让人感悟孝道,对后世产生了非常深远的影响。"二十四孝"启蒙在规范家庭伦理与促进我国社会和谐发展中发挥了重要作用(杨振华,2005)。通过对"二十四孝"中各位孝子的孝行进行分类归纳,大致分为以下内容(高飞,2009):

(1)子女与父母的深厚感情的孝道典范,如:圣君舜大孝感天,黄庭坚涤亲溺器体贴入微,汉文帝事母亲尝汤药,朱寿昌为寻母弃官不仕。

(2)子女对父母的"赡养"除了基本物质生活方面的供给,还包括对父母双亲精神层面的关注的孝道典范,如:子路为双亲百里负米,蔡顺满足父母拾葚异器,姜诗为母涌泉跃鲤,老莱子七十"戏彩娱亲"。

(3)关心父母身体健康状况,避免父母身体受到伤害,以及积极地医治父母疾病的孝道典范,如:吴猛为父亲身恣蚊饱血,黄香为父扇枕温衾,郯子扮鹿取鹿乳奉亲,孟宗哭竹冬日生笋,庚黔娄尝粪忧亲病危。

(4)对已故父母双亲尽孝的孝道典范,如:董永卖身葬父,丁兰刻木事亲。

(二)传统"二十四孝"的特点与存在价值

1."二十四孝"会如此受民众欢迎,是因为其满足了民众对孝道传递的需求

首先,"二十四孝"凸显孝道精神,通过一个个历史人物事迹,来号召民众尊重、支持、照顾父母,践行孝道精神。其次,《二十四孝》作为蒙学读本,其表达的孝道形式多样灵活,有神话、寓言、戏剧等易于民众所理解接受的形式。文学作品图文并茂,使人们能够在视觉图像中感受到精神力量的道德模范。最后,其所宣扬的孝性故事具有代表性和普遍性(石国伟,2005)。其中的孝道故事几乎覆盖了各个社会阶级。从皇帝到平民,几乎每个阶层的人都可以找

到模仿的榜样。在某种意义上,"二十四孝"反映了中国古代社会的道德品质,反映了中华民族对传统的尊重(吴娟,2005)。

中国古代最基本的生产单位是家庭,家庭生活是社会生活的核心和缩影。"二十四孝"故事的主要发生地便是家庭,其主要人物都是家庭成员,涉及一家的妻儿老小,很具有典型性(刘忠世,2011)。"二十四孝"在传统封建社会,对规范家庭伦理秩序有重大意义。

2."二十四孝"之所以流传广泛,受到民间推崇,是因其具有重要的存在价值

"孝"是儒家伦理思想的核心,为中华民族传统文化之精髓。

首先,孝道规范了子女与父母之间的关系。孝道伦理规范的集中要求就是规范父子关系,即"父慈子孝"。这里强调更多的当然是"子孝"。所谓"子孝",不仅是物质的供养,而且要子女发自内心地希望父母精神愉悦(高飞,2009)。另外,孝子要特别重视"顺",就是要听从父母的意见,按照父母的意愿办事,做到"无违"。即便有不同的想法也要很委婉地表达。如果没有得到允许,就还照着父母的意愿办事。

其次,孝是对夫妻、对父母的孝道的规范。中国古代是男尊女卑的,要求女子"三从四德"等等,主要目的是培养贤妻良母、孝女节妇。"二十四孝"人物故事,依旧表达了对女性对于父母孝行的规范与期许(王瑾,2015)。许多孝子在践行孝道时,其身旁的妻子往往也起到了很好的"助攻"作用。如"卖身葬父"中的董永之妻"为夫赎身",便被塑造成一个贤内助的形象;在"埋儿奉母"中,郭巨的妻子同意丈夫"为孝埋儿":主人公妻子的这一系列行为符合当时封建社会"贤妻良母、孝女节妇"的要求。

最后,孝对家庭中的兄弟关系也有明确表述:"二十四孝"中也有规范兄弟关系的内容。"兄友弟悌"作为封建社会兄弟相处的原则,对兄弟双方都作了要求。兄长要对弟弟友爱,而且宽容地对待弟弟犯的错误的同时要指出他的过错。兄长还要起到模范带头作用,要给弟弟做表率。对弟弟则做了更高的要求:对兄长要尊敬,要顺从。在儒家看来,兄友弟悌也是维系家庭关系的主要纽带之一(邹明华,2014)。

现今看来,"二十四孝"中的大部分故事虽有封建社会思想统治的印记,但依旧难掩其中表达的中华民族源远流长的淳朴美好的敬老养亲思想。

(三)"新二十四孝"内容与特征

1."新二十四孝"内容

2012年8月13日,全国妇联老龄工作协调办、全国老龄办、全国心系系列

活动组委会共同发布新版"二十四孝行动"标准。其具体内容如表1-1。

表1-1　新版"二十四孝行动"标准

孝道行动	
1. 经常带着爱人、子女回家	13. 支持父母的业余爱好
2. 节假日尽量与父母共度	14. 支持单身父母再婚
3. 为父母举办生日宴会	15. 定期带父母做体检
4. 亲自给父母做饭	16. 为父母购买合适的保险
5. 每周给父母打个电话	17. 常跟父母做交心的沟通
6. 父母的零花钱不能少	18. 带父母一起出席重要的活动
7. 为父母建立"关爱卡"	19. 带父母参观你工作的地方
8. 仔细聆听父母的往事	20. 带父母去旅行或故地重游
9. 教父母学会上网	21. 和父母一起锻炼身体
10. 经常为父母拍照	22. 适当参与父母的活动
11. 对父母的爱要说出口	23. 陪父母拜访他们的老朋友
12. 打开父母的心结	24. 陪父母看一场老电影

通过以上梳理,笔者发现"新二十四孝"具有非常明显的时代特色,而且非常具体,有很强的操作性,都是生活中的一些小事,甚至有点像"为父母必做的事情"的清单。这也表现了对老年人内心更加关注和重视的走向(陈开宇,2013)。"新二十四孝"其实是相比较传统孝道而言的,所谓新,不是完全否定传统孝道的做法,只是相对而言增加了一部分时代的气息和新鲜的血液,因此新孝和传统孝道并不是对立的,它体现了与时俱进、不断发展和延伸进步。正是由于对孝道普世价值的认同,从传统孝道到现代孝道,究其根本,都是对孝道现世价值的不断追求。

2. "新二十四孝"特征

第一,"新二十四孝"标准来源于当下的现实生活,与传统的孝道相比,"新二十四孝"语言简单易懂,更易于理解,且与当代生活联系紧密,靠近老人的实际需求。如"教父母学会上网"等,使我们感受到携手父母共同体验和适应现代社会发展速度和生活节奏的变化;此外,其中"支持单身父母再婚",毫无疑问是对中国传统孝道的突破,完全体现了对现代老人的心灵及生活的真切关怀。"新二十四孝"不仅关注对老年人的物质关怀,更加重视对老年人的精神抚慰(郝胜楠,2012)。

第二,"新二十四孝"的创新之处不仅是相较于旧孝的与时俱进,更重要的是它更加贴近老人的生活,要求子女们不仅要满足老人的衣食之需,更要了解他们的心声,满足他们的精神生活(陆亚楠,2012)。如"支持单身父母再婚"
"带父母参观自己工作的地方"等这些琐碎的生活细节,最容易被子女及晚辈
所忽略,却是最容易走进老人内心的捷径,并且还携带着时代的气息。将父母
融入我们的生活圈子,这样就增加了两代人的沟通机会,父母也就不再孤单
了,通过沟通多多了解父母的心声,多多聆听父母给我们提出的意见,这样父
母就不再感觉自己是无用的了。这样的相互关爱的方式,让父母的心变得更
加踏实,日子过得更加温暖,让孝在人们的生活中蔓延。

第三,"新二十四孝"的"新"不仅体现在它的与时俱进,还反映在它对于老
人的现实生活的关注,要求子女不仅要了解满足父母的物质需求,更要关注满
足他们精神生活的愿望。如"常跟父母做交心的沟通""仔细聆听父母的往事"
等,这些看似微不足道的却也最容易被子女忽视的生活琐事及其他生活细节,
才是父母心中最简单的与子女相处的途径。把父母带入我们的生活圈,让两
代人的交往机会增加,父母不再孤单,通过沟通来了解父母的感受,听父母给
我们的意见,使父母的内心更踏实温暖,让孝渗透到人们生活的点点滴滴中。

第四,"新二十四孝"可以成为新时代孝道的行为守则(陈开宇,2013)。与
传统孝道相比,"新二十四孝"更与时俱进,体现了时代发展的潮流特征和信息
时代的行为方向。例如,"仔细聆听父母的往事""定期带父母做体检""为父母
购买合适的保险""支持父母的业余爱好"等等,没有法律的强制性,也让人感
觉更容易接近生活,也有助于新时代背景下孝道文化的传承与发展。

无论"新二十四孝"还是"二十四孝",它们本质上是一样的:作为一个道德
标准,在不同时代背景下引导人们行孝,是对孝道精神的倡导。"二十四孝"无
论新旧,都是为家庭、社会和自我的成长过程设定的内心认同并遵从的准则。

二、新时代孝文化的传递媒介与保障

1. 孝文化的传递媒介——慈善基金会

各种民间团体积极组织,协力推动新时代孝道建设。以广东省陆叶慈善
基金会为例,该基金会是经广东省民政厅批准,在广东省民间组织管理局注
册,于2010年11月成立的全国性非公募慈善基金会。其宗旨为"以慈悲心开
智慧,以智慧行达和谐。怀大爱乃济天下,因慈悲而得福"。基金会的业务范
围包括"资助慈善,扶贫济困,帮残助孤,安老抚幼,助学救灾,资助宏扬建设中
华文化"。

该基金会曾多次组织活动推广孝道,如"感恩孝道"大型宣传教育活动,便

9

是由该基金会联合广州市委、市少工委主办的。该活动持续 5 年,分为"课堂教学,传授孝道""实践体验感悟亲情""文化建设,养育亲情"和"宣传表彰,激扬亲情"4 大板块进行,在全市 100 所小学中进行选拔,通过阅读经典、教学、写作比赛和演讲比赛等活动在校园内营造孝道气氛,传播中国传统文化,推动新时代的孝道蓬勃发展。

此外,基金会目前正在将感恩教育纳入少先队活动课程,指导学校设置校本课程,融入情感、艺术、时尚等多元素,以新媒体等其他方式,广泛动员辅导员和少先队员的积极性。还结合成人宣誓系列活动,将"孝道"作为 18 岁青年成长的重要内容,阐述"孝道"精髓,传播孝道文化。

2. 孝文化传递的保障——政府立法

除了"新二十四孝"的提出为新时代背景下人们的行孝提供参考之外,我国政府也通过立法措施来推动新时代孝道的传播与发展。《中华人民共和国老年人权益保障法》是为保障老年人合法权益,发展老龄事业,弘扬中华民族敬老、养老、助老的美德而制定的法律。《中华人民共和国老年人权益保障法》于 1996 年 8 月 29 日第八届全国人民代表大会常务委员会第二十一次会议通过。现行版本是 2015 年 4 月 24 日第十二届全国人民代表大会常务委员会第十四次会议修正的。其在第二章"家庭赡养与扶养"中明确列出条款来规范子女的行为。

赡养人是指老年人的子女以及其他依法负有赡养义务的人。赡养人的配偶应当协助赡养人履行赡养义务。对生活不能自理的老年人,赡养人应当承担照料责任;不能亲自照料的,可以按照老年人的意愿委托他人或者养老机构等照料(侯泓煦,2015)。

第十三条　老年人养老以居家为基础,家庭成员应当尊重、关心和照料老年人。

第十四条　赡养人应当履行对老年人经济上供养、生活上照料和精神上慰藉的义务,照顾老年人的特殊需要。

……

第十五条　赡养人应当使患病的老年人及时得到治疗和护理;对经济困难的老年人,应当提供医疗费用。

……

第十六条　赡养人应当妥善安排老年人的住房,不得强迫老年人居住或者迁居条件低劣的房屋。

老年人自有的或者承租的住房,子女或者其他亲属不得侵占,不得擅自改变产权关系或者租赁关系。

老年人自有的住房,赡养人有维修的义务。

第十七条　赡养人有义务耕种或者委托他人耕种老年人承包的田地,照管或者委托他人照管老年人的林木和牲畜等,收益归老年人所有。

第十八条　家庭成员应当关心老年人的精神需求,不得忽视、冷落老年人。

与老年人分开居住的家庭成员,应当经常看望或者问候老年人。

用人单位应当按照国家有关规定保障赡养人探亲休假的权利。

第十九条　赡养人不得以放弃继承权或者其他理由,拒绝履行赡养义务。

赡养人不履行赡养义务,老年人有要求赡养人付给赡养费等权利。

赡养人不得要求老年人承担力不能及的劳动。

第二十条　经老年人同意,赡养人之间可以就履行赡养义务签订协议。赡养协议的内容不得违反法律的规定和老年人的意愿。

基层群众性自治组织、老年人组织或者赡养人所在单位监督协议的履行。

第二十一条　老年人的婚姻自由受法律保护。子女或者其他亲属不得干涉老年人离婚、再婚及婚后的生活。

……

第二十五条　禁止对老年人实施家庭暴力。

……

第二十七条　国家建立健全家庭养老支持政策,鼓励家庭成员与老年人共同生活或者就近居住,为老年人随配偶或者赡养人迁徙提供条件,为家庭成员照料老年人提供帮助。

《中华人民共和国老年人权益保障法》主要有 4 个特点:坚持以家庭养老为主;提倡老年人积极养老;强调家庭养老和社会保障相结合;为老年人提供必要的法律援助(黄雯莉,2014)。《中华人民共和国老年人权益保障法》的实施体现了新时代背景下我国为建设孝道及保障老年人权益提供的法律保障,以法律的强制性来规范子女对父母应尽的义务与责任。虽然其中还有许多需要优化的内容,如条目看似非常清晰但缺少具体的细节要求,对于未能达到要求的也没有提出相应处罚措施,缺乏约束力,但即便如此,还是可以看到我国法制养老的意识和进步(杨小婷,2015)。

3. 孝文化传递的激励——"奖孝金"

2016年,我国苏州一家护理院别出心裁地推出了"奖孝金"管理制度。这项制度规定:子女2个月内到护理院探望父母、长辈超过30次,就可获200元现金抵用券,"奖孝金"现金抵用券可以在缴纳老人相关费用时使用。这一做法一经推出,便在社会上引起了广泛的讨论,结果,在2个月后举行的首批"奖孝金"发放仪式上,总计227名子女获得不同金额的"奖孝金",发放"奖孝金"达3万多元。

依据院方提供的数据对比,在"奖孝金"制度实施前的数据是:38人每天去看望老人,137人每月看望两次,126人每月看望一次,134人两月看望一次,77人一次都不去。"奖孝金"制度实施后的数据则变成:129人两个月内看望老人超30次,38人超20次,60人超10次。按照制度规定,子女每次来护理院看望老人后,就在考勤表上打钩,院方将根据子女来院探望老人的频率及陪伴老人的时间来决定排名。单从数据变化来看,子女探望老人的次数和时间都有了飞跃式的增长。也有许多人对这一行为提出怀疑。

在对院中老人子女的采访中,有人认为"奖孝金"实际上是起到了一个"善意的提醒"的作用。由于现代生活工作节奏的加快,很多子女都忙碌于工作家庭而没有时间照顾老人,在收到"奖孝金"的奖励后得到提醒,也开始自我反思。而自我反思的后果便是有一些子女会增加访问次数。

其实护理院推出"奖孝金"这一做法,其目的在于其所提供的示范作用。护理院方面也称,"奖孝金"的示范作用,大于其本身的物质意义,而且奖励的金额相比较护理费而言很小,实际上,也不能起到什么激励作用,相信子女肯定不是冲着钱来。他们只是希望以此来唤起子女的意识和自觉,多给老人精神上的关爱,形成一种长期的自觉行为。

除此之外,还有很多的民间或政府组织在积极组织相关活动来推广孝道。如寻根祭祖类的大型祭祀活动、中华孝道榜样奖、感动中国孝道模范及孝子节、地方孝子评选等形式多样的活动,以此来激励大家更好地践行孝道,从而促进新时代孝道的发展。

三、新时代孝文化的价值传递

1. 注重家庭教育,树立良好的孝道观

传统孝道是我国最基本家庭伦理的体现,它直接规范了亲子关系及亲子

间的道德关系（陈晓丽,2012）。家庭是我们生活的重要场所,因此,孝道建设应该以家庭教育作为最基本的突破点。

首先,父母应该将孝道教育渗透在家庭生活的方方面面,从最基本的教育孩子孝敬父母做起,营造和谐的家庭氛围,在潜移默化中让孩子受到孝的熏陶,培养孩子的孝心意识。

其次,父母应尊重孩子,提倡新时代的孝道观,把孩子当作平等独立的个体,循循善诱,对其动之以情,晓之以理,使之以平等的方式接受孝的感染。

再次,可以让孩子体谅父母的辛劳,让孩子养成良好的习惯,尊重父母,从一点一滴的事情开始塑造和训练。如关心父母的健康,帮助父母分担家务等等。

此外,最重要的一点,父母在对孩子进行孝道教育时,首先得以身作则,为孩子树立正确的榜样。父母应该注意自己的角色,既要孝敬自己的长辈,又要爱护子女,通过良好的家庭教育为孩子树立良好的孝道观。

2. 发扬学校教育优势,营造完整的孝道学习氛围

如果说家庭是孝道教育的第一场所,那么学校一定是推行孝道教育的不二阵地。尤其是对于中小学来讲,正是培养个体形成良好的道德品质及正确价值观念的关键时期,学校肩负着"教书"和"育人"的双重责任,所以应以实际行动来提升学生的孝道水平。首先,可以在学校开展孝道教育,并将孝道教育纳入必修课程,可实行考核制度。其次,在日常的教学工作中,教师应及时发现可教育的素材并积极指导学生,使孝道教育从细节开始、从小事开始。此外,学校应积极联合家庭和社会的力量,来确保孝道教育的完整性与连续性,为学生营造完整的孝道学习氛围。

3. 发挥法律规范的促进作用,通过合理途径解决冲突

在由"伦理型社会"向"法制型社会"转变的今天,有必要运用法律手段来保障老年人的合法权益（周卉,2015）。我国自 1996 年颁布了《中华人民共和国老年人权益保障法》,并在此后进行多次修订完善来适应时代发展的变化。在国家通过立法手段来保障老年人的合法权益这一举措的带领下,各地也出台过一些地方性法规来保障老年人的合法权益,为老年人的晚年生活提供了法律保障,促进了尊老爱老的社会的形成。国家在此后的进一步法制化进程中,一方面,应在原有基础上,对于不孝的行为进行惩罚与约束,让老年人的权益落到实处;另一方面,应加强对老人的法律援助,使其遇到困难时,可以找到合理的途径来解决。

4.加强媒体舆论的社会宣传作用,形成社会孝道氛围

我国应高度重视传统孝道的宣传教育作用,促进孝道精神文明建设。在现今这一媒体舆论发达的时代,应科学规范地利用媒体大力推广孝道教育。首先,应注重媒体对孝道教育和孝道精神的传播,以正向积极的案例来营造和谐的尊老爱老的氛围。其次,要注重媒体对老人精神世界的关怀,借媒体传播文化的力量丰富老年人的晚年生活,使老人得到精神上的抚慰。此外,我们还应通过媒体大力宣传孝道模范的先进事迹,树立典型的孝道模范,以榜样的力量来带动社会孝道氛围的形成。

5.发挥政府的主导作用,推进新时代的孝道建设

政府在当今新时代背景下的孝道建设中发挥领导作用,应动员社会各界力量,加强宣传教育,推进全社会孝道建设。首先,改变政府职能,加强服务功能,建设多元化的尊老爱老服务方式。弘扬孝道,积极促进家庭养老,提高政府的服务能力。其次,完善社会保障制度。为老人创造更好的生活条件,满足老人差异性的需求,尊重老人,并鼓励老人实现自我价值,提高老年人的生存质量和生活质量(吴燕,2016)。此外,政府还应积极推进全社会孝道教育。通过加强公民社会道德教育、个人职业道德教育及支持家庭教育,为孝道建设打好群众基础,从而真正实现"政府主导,群众参与,全民关怀",推进新时代的孝道建设(杨渊浩,2015)。

第三节 孝道理论

一、儒家孝道观

孝道是中国文化之根本,也被视为中国文化的最大特质。先秦儒家孝道渊源于三代:形成确立于孔子,丰富、发展、完善于孔子后学,总结、完备于《孝经》,从而形成了系统的关于孝道、孝行、孝治的理论(永路等,1965)。儒家孝道渗透到中国传统社会生活的各个方面,以至于中国传统文化以其孝道迥异于其他文化。中国传统文化、道德规范、代际关系、社会互惠的非独立角色等因素都使得"孝"不能缺席(金小燕,2015)。

历史上的儒家孝道观主要从孝道派和孝治派解读孝道。对孝高度认同是孝道派的根本观点,孝道派认为孝不仅是人们德行的根本,"民之本教曰孝"

（《大戴礼记·曾子大孝》），而且总括一切德行，所有的具体德行都是孝的不同表现。"夫仁者，仁此者也；义者，义此者也；忠者，忠此者也；信者，信此者也；礼者，礼此者也；强者，强此者也。"其他任何德行都不可以与孝相提并论。

儒家伦理强调践行，注重道德伦理的身体力行，特别强调亲力亲为，但最重视的是敬养父母。孝道派的观点认为，对待父母亲的孝有不同程度之分。比如"大孝尊亲，其次不辱，其下能养"，含义是"大孝是尊敬父母，其次是不使自己的言行给父母带来耻辱，最基本的是养活父母"。"大孝不匮，中孝用劳，小孝用力"，只有不遗余力，发自内心地敬爱父母，才能称为大孝。此外，孝敬父母靠的是健康的身体，比如"身者，父母之遗体也。行父母之遗体，敢不敬乎"，因此，爱惜身体就是孝顺父母的行为。孝道派的孝理论肯定了孝在道德伦理中的根本地位，以探求子女对父母如何尽孝及怎样评判孝行为重点。孝道派把顺从父母看作孝道的基本要求。

孝治派虽然也引用孝道派关于孝为天经地义这一说法，实际上却是以政治为轴心，将孝视为治理政治的手段或工具，把如何运用孝来致治作为主要的内容，比如，"君有诤臣，父有诤子，才可以保有国家；人君以孝治理国家，就可以感通神明，四海俱服；人臣应事君以忠"。《孝经》之孝，绝不是伦理学之孝，而是政治学之孝。儒家的孝理论成了能够直接为统治者服务的理论，《孝经》从汉代以来被历代统治者奉为经典，产生深远的历史影响（黄开国，2003）。

现代学者基于儒家孝道观，深刻理解儒家孝道的内涵。陈寅恪在论证孝文化的合理性时曾提出，儒家孝道是父子的自我修养的一种必要手段，是自我实现的过程（杜维明，2013）。黄娟（2011）从人类学的维度解读了孝道的存在以代际关系、人情和面子为基础，形成了社区礼治秩序和乡土社会差序格局的内在逻辑。Nauyen（2004）认为儒家孝道思想是对传统的尊重，根据对"父"的虔敬做出负责任的选择。

20世纪70年代，首开"心理学本土化研究"的台湾大学杨国枢对孝道心理进行理论与实证的研究，通过一系列社会调查，考察并分析了孝道的态度和行为层次。何友晖和叶光辉等在此基础上，对孝道心理的研究做了进一步发展。叶光辉（2009）提出双元孝道模型，通过家庭角色规范和亲子内涵区分了孝道的两个层面：家庭角色规范强调亲子间的尊卑等级和抑顺关系；亲子内涵强调亲子间的自然情感和感恩图报。基于此，其研究形成的互惠孝道信念和权威孝道信念的双元孝道模型成为经典，用于近年孝道领域进行各种分析解释和实证研究。

二、家庭代际交换理论

社会交换是人类社会关系的重要组成部分。代际支持的双向流动性与均衡性,以及交换强度是代际支持的重要内容,不仅关系到家庭纽带的持续,更关系到互动双方的身心健康与福祉(黄庆波,胡玉坤 & 陈功,2017)。

自20世纪后半叶开始,社会交换理论被逐步地应用到家庭代际支持的研究当中。按照交换理论的解释框架(乔纳森,2001),家庭内部的父母与子女之间存在一种付出与回报的交换关系,无论是出于经济利益、道德义务、情感需求还是契约维护,代际资源的流动和分配都表现为一种经济上、劳务上或者精神上的双向支持与互换(吴小英,2009)。而子代赡养行为可以视为子女对父母早年养育之恩及之后广泛支持帮助的一种报答和回馈,是一种基于互惠原则的资源交换行为。

一方面,根据社会交换理论,互惠和均衡是社会交换关系不断持续下去的核心动力。互惠代表着交换双方都能从交换关系中受益,而无论这种受益是过去/现在的还是长期/短期的。子女的孝道信念在互动交换的过程中逐步形成。在子女年幼阶段,亲子互动的重心是子女的养育,观念更多从父母流向子女;等到父母年老、子女长大,双方的能力与角色就发生了互换,互动重心也转移至老年父母需要的满足,此时的观念流动更多是双向的(李琬予 & 寇彧,2011)。孝道期待是对成年子女满足老年父母需要、尽孝道义务的一种社会态度,尤其指父母对孝道支持的期望(Tilburg & Knipscheer,2005)。老年父母的孝道期望常常是"多多益善",而子女的孝道信念也偏向"尽可能满足"。例如,在香港进行的研究发现,老年人一方面安适于现状,一方面也期望更多的情感支持;相比于这种期望,子女表达的孝道信念则更强些(Cheng & Chan,2006)。

另一方面,家庭作为社会的基本单位,是社会人际关系的胚胎,也是个体孝道和社会道德形成的起点和核心,如《礼记·礼运》曰"父慈,子孝"。在代际交换过程中,叶光辉和杨国枢(2009)提出孝道源于家庭,不是与生俱来的,而是子女在与父母长久相处的早期经验中逐渐习得的。在集体文化氛围中,代际交互的起点通常是子女对父母的依赖,表现为父母的更多给予;而终点通常是父母对子女的依赖,表现为子女的更多回报。整个过程中,双方的付出、回报是持续不平衡的,但到终点时又会达到平衡。所以,互惠模式就表现为子女回报的延迟和长期的互惠失衡(Chen,Chen & Xin,2004;Cheng,2008)。

此外,韦宏耀和钟涨宝(2016)提出代际保持了较为紧密的互动,并随着父母年龄的增长,代际的资源交换逐渐倾向于父母。子女孝道行为主要受到合作型或交换型动力、文化型导向力和结构型阻力等三股力量的共同作用。在互助合作中,双方都可以获益并会进一步增进二者的感情纽带。孝道文化有效形塑了子女的观念和行为方式,一定程度上促进了代际团结。结构型阻力,这是社会转型施加在年轻人身上的重担,它会使年轻人在照顾关心年迈父母上显得有心无力。这些力量的作用都会在子女成长过程中,通过自身的核心家庭或者父母对祖父母的孝道信念与孝道行为潜移默化地影响着子女的孝道信念的建构。

三、亲子依恋理论

"孩提之童,无不知爱其亲者,及其长也,无不知敬其兄也。"(《孟子·尽心上》)这种对父母善的情感,激发子女产生为父母付出的情感与行为,他们希望能满足父母需要,使父母处于高兴愉悦的状态。子女出生、成长的过程中蕴含对父母的情感,是亲子间长时间持续的相互动态的呈现,而不是单向的、静止的或短暂的(金小燕,2015)。

生命最初的活动运转基本依靠父母完成,子女自然而然会对父母形成特殊的依恋,对父母产生特殊的情感。"爱的感情,体现为人与人之间的同情、需要、依恋、喜欢、关心、爱护等情感。在种种爱的情感中,亲子之爱是形式最早的,……正是孝的这种等差之爱形成了中国传统人际关系的差序格局。"父母的养育以及亲子间亲密的交往,使得子女对父母的情感更自然、更强烈(肖群忠,2001)。

亲子关系的变化,会调整不同文化下的亲子孝道观。一方面,良好的亲子关系会促进子女的孝道信念,以及父母对孝道支持的接受(Silverstein,Parrott & Bengtson,1995;李琬予 & 寇彧,2011);另一方面,亲子关系的改善,会为个体主义文化的亲子孝道观渗入更多集体主义文化的元素。Cheng(1994)等在论及孝道、家庭氛围、健康和信仰的关系时发现,家庭氛围是影响孝道态度的最重要变量,孝道来源于子女对父母的同理心和认识。这种同理心和认识从亲子间的亲密互动和情感联系中获得,而亲子依恋是父母与子女之间强烈、持久的情感联系(林崇德,杨治良 & 黄希庭,2003)。由此从逻辑上我们可以推论,亲子依恋状况影响孝道信念的形成(金灿灿,邹泓 & 余益兵,2011)。

四、文化传承和变迁理论

文化传承的偏差导致了文化变迁。社会处于不断的变化和发展之中,文化作为社会的产物,其重要特征之一是变迁(周晓虹,2000)。尽管代际传递是保持文化连续性的重要方式,但传递是有选择性的,不是所有的与文化有关的内容都被传递。"文化濡化"概念解释了代际传递机制(钟年,1993)。文化濡化,与横向的文化传播不同,它是一种纵向的至少两代人之间的文化传递。在代际传递过程中,父母为子女社会文化价值的形成提供一个价值框架,子女在这文化价值框架里主动形成自己的社会价值观,而并非完全照搬父母的社会价值取向(李启明 & 陈志霞,2016)。在家庭文化传承过程中,保证百分百的传递准确性是很难做到的。因此,传递本身就带来了偏差,最终导致传递文化的变迁(culture change)。当变迁的速率过快且幅度过大时,代与代之间就会发生隔阂,就成了代沟(generation gap)。

文化传承和变迁离不开家庭价值观的代际传递。文化价值观代际传递现象非常类似于生物的遗传,但与基因代际传递不同的是,文化价值观代际传递需要一些形式的社会学习(Schönpflug,2001a)。社会学习理论认为,青少年早期的模仿学习和经验对社会态度和价值观的形成具有重要作用。在社会化过程中,父母通常是子女第一个可以就近观察的行为楷模,子女观察父母的行为及其产生的结果,进而形成与父辈相似的态度、价值观及行为规范等(Grusec,2012)。相关实证研究发现,传统价值观(Paryente & Orr,2010)和消费态度(Arrondel,2009)都存在较强的代际传递效应。

家庭是文化传承的第一个社会环境。一方面,家庭环境对于修德是非常重要的。若是家庭持续提供给子女合理伦理习惯化积累的环境,那么,在社会上,子女便倾向于形成合理的道德情感和观念,对他人与社会是积极的反馈。反之,家庭对子女的消极影响,会造成子女的社会行为具有一定的破坏性。儒家认为,可以通过家庭德性的培养,扩充其他的品质(金小燕,2015)。另一方面,基于代际传递研究视角,孝道作为非常重要的一项文化内容,也存在代际传递效应(李启明 & 陈志霞,2016)。林逋的《省心录》中提到:"孝于亲则子孝。"然而,在传递过程中,代际传递效应会因"传递带"(transmission belts)而增强或减弱,如亲子的文化价值取向、个性特征,以及亲子关系、家庭环境和社会环境等因素(Schönpflug,2001b)。比如,与艾华(2010)提出的中国母女间的"沟通式亲密关系"不同,中国人所理解的"沟通"通常是指围绕具体问题,一起商量、共同决策解决问题的过程,而非单纯的互相倾诉和语言表达。在解决问题的过程中,传递价值观,增进彼此之间的情感交流。正是在家庭文化传承和变迁的过程中,孝道信念和孝道行为也在此过程中完成了强化和转化。

五、父亲在位理论

"父亲在位"(father presence)的含义是指子女的心理父亲在位,即父亲对子女的心理亲近和可触及。Krampe 和 Newton(2006)从子女的体验视角出发,基于家庭系统考察父子关系,建构了父亲在位理论,提出了父亲在位理论的动力学模型。子女内心的父亲感知,子女与父亲的关系,其他人对父子关系的影响以及有关父亲的信念等都是父亲在位的影响因素(蒲少华,李晓华 & 卢宁,2016)。父亲在位中国版的具体维度包括三个高阶维度和八个子维度(蒲少华,卢宁,唐辉,王孟成 & 凌瑛,2012),即与父亲的关系(与父亲的感情、母亲对父子关系的支持、父亲参与的感知、与父亲的身体互动、父母关系)、家庭代际关系(母亲和外祖父的关系、父亲和祖父的关系)和父亲的信念。

父亲在位影响了子女的多重心理效能。高品质的父亲在位是一种积极的心理状态,有利于子女健康的心理发展和良好的发展结果,父亲在位处于消极状态,将不利于子女健康的心理发展(蒲少华等,2011)。

1. 父亲在位与子女的价值观关系密切

Vedder,Berry,Sabatier 和 Sam(2009)研究也发现,父母的家庭责任价值观能够预测子女的家庭责任价值观。与父亲的身体互动、对父亲的信念、父亲与祖父的关系,以及母亲与外祖父的关系等有助于子女形成积极的爱情态度(宋娟,2016)。

2. 父亲在位影响子女的核心心理品质

母亲的积极态度将会提升子女的父亲在位品质,也将影响子女的自尊发展(蒲少华等,2016)。有了和睦的家庭代际关系和高品质的心理父亲在位,子女则更可能成为追求成功动机高的个体,有更好的目标趋向性、高工作绩效,积极进取。不和睦的家庭代际关系和不和谐的父母关系,将更容易导致子女成为避免失败动机高的个体,回避目标,避免可能失败的结果,更加消极退缩(蒲少华,卢宁 & 贺婧,2012)。独生子女与其父亲的互动及父亲的参与相对较多,他们可能认为父亲对自己的影响更大(蒲少华,卢宁,凌瑛 & 曹亦薇,2012)。早期家庭教育和亲子关系是子女人格形成和发展的核心和主要动因,尤其是子女与父母的相互作用、情感关系的性质对子女人格有着重要的意义,而父亲作为家庭中的核心对子女的成长有着决定性的影响(埃里克森,1998;Marcia,1966;郭金山,2006)。

3. 父亲在位影响子女性别角色的发展

高品质的父亲在位有利于子女性别角色的良好发展。父亲为男孩提供了一种特有的角色示范和行为强化模式,女孩也能在与父亲的相处和关爱中获得安全感和特有的保护性心理,并从父亲那里获得关于异性品质的参照(蒲少华,卢宁 & 卢彦杰,2012)。

此外,中国家庭的亲密关系,在实践形态上包含了三代人之间的纵向关系,以及不脱离物质利益的共同决策与情感寄托(钟晓慧 & 何式凝,2014)。如果父亲与祖父之间具有良好的亲子关系,父亲则会将这种良好的家庭关系模式"传递"到自己与子女的关系中,也就会形成良好的父子关系及高品质的父亲在位,这对于子女的自我认识和自我评价都有积极作用。反之,如果父亲"传递"了自己与祖父之间不良的父子关系模式而又没有加以"补偿",就将对子女的自尊发展产生不利影响。如果母亲与外祖父的父子关系良好,母亲会将同样的家庭代际关系模式"传递"到自己的家庭关系中(Krampe& Newton,2006)。

父亲在位理论是与孝道信念相关的重要理论之一。父亲在位理论本身没有深入解释同孝道信念的关系,但是父亲在位是完整的家庭关系体系。在三代相互关联的体系中,子女受到其各方面的影响,比如,价值观、恋爱态度、自尊、成就动机、人格特质、性别角色特征以及子女的自我评价等。父亲在位对子女直接产生了影响,对子女的心理适应、成长发展起到了至关重要的作用,而在此过程中如何影响了子女的孝道信念与孝道行为,是否通过影响子女孝道信念和孝道行为,产生了不同的心理效应,父亲在位理论本身没有深入阐述,但是从以往研究发现,孝道信念对个体的关键心理品质、自我评价和认知都有深远意义。从父亲在位视角进一步挖掘对子女的孝道信念和孝道行为的影响进而导致不同的心理效能,是本书拟对此理论进一步挖掘和丰富的目标之一。

六、双元孝道理论

叶光辉在理论分析和实证研究的基础之上提出了双元孝道模型,认为华人孝道概念可区分为"互惠性"与"权威性"两种在内涵性质及运作功能上存在差异的孝道(Yeh & Bedford,2003)。权威性孝道和互惠性孝道是孝道非常重要的两个成分,仅在不同时期受社会经济和家庭结构的影响各有侧重,且两种孝道信念都强调对父母和家庭尽责,二者并非二元对立的关系。权威性孝道主要是由"抑己顺亲"和"护亲荣亲"两个次成分的孝道观念所组成,互惠性孝道主要是由"尊亲恳亲"和"奉养祭念"两个次成分的孝道观念所组成。权威性孝道基于阶级意识及角色责任,是一种被动压抑、具情境特定性和文化特定性、作用力较弱的规范信念,以儒家的"尊尊"原则作为运作机制。互惠性孝道是一种属于主动自愿、跨情境式、作用力强的规范信念,以儒家的"报"及"亲亲"两项重要人际互动原则作为运作机制。

梳理已有理论和相关研究,笔者认为,无论社会嬗变还是家庭转变,尊亲、顺亲、悦亲、养亲、谏亲始终都是孝道的核心内容。因为父母与子女的养成范式和相互的孝道期待,儒家文化形成了特有的家庭内部差序格局。

第四节　传统孝道的嬗变:与家庭和社会变化共生

作为家庭的一种德性,儒家孝道具有超越社会功利与政治的特质。这一点早在 2000 多年前的《论语》中就已经被孔子犀利指出。尽管如此,儒家孝道传统被现代审视的直接原因是它面临的伦理冲突。解析这些伦理冲突的过程,也是一个重新认识儒家孝道德性的过程(金小燕,2015)。

一、传统孝道嬗变的原因分析

在中国传统文化看来,和谐社会发端于家庭。孔子倡仁学、重孝道,强调"弟子入则孝,出则悌,谨而信,泛爱众,而亲仁"。代际传承的重要机制是孝道,具有协调家庭伦理功能和社会稳定功能(石博琳,2015)。传统家庭伦理不仅是建立在人类亲情的自然情感基础上的,而且也是建立在尊尊、长长的有差别、有等级的人伦秩序和道德理性自觉上的。传统孝道集中体现了儒家这种伦理精神即亲其亲,这是孝道得以建立的自然亲情基础,尊其尊,因为孝道是晚辈对长辈的伦理情感和伦理义务(肖群忠,2010)。然而,在现代,儒家孝道不仅在文本上,而且在实践中遭遇了多重问题。这包括理论与现实的冲突和困境:地位弱化、内容过时、伦理冲突、伦理困境、道德与法律的冲突、理智德性与伦理德性的矛盾以及孝道缺失的问题(金小燕,2015)。

传统孝道嬗变的原因包括以下几个方面:

1. 子女对传统孝道文化认知的转变

传统孝道信念可以齐家、治国、平天下,通过家庭拓展到社会和国家,渗透和泛化到人的发展过程中。作为众多德行中最重要的家庭伦理,儒家孝道发挥了持久的作用。现代社会,随着子女的成长,家庭关系作为一种特殊情感,虽然是难以割舍的,但是慢慢变成了子女工作圈、朋友圈的一部分。社会的现代化使得子女的选择能力和范围不断提升和扩大。子女不再过分和长久依赖父母的血缘关系。尽管这种至亲的关系对子女仍旧具有重要影响,但是子女都会慢慢在人格、经济、社会地位等方面具有一定的独立性,这意味着子女对自己生活和成长的方向更具有了自己的选择性。

因为子女的独立性,具备良好的道德判断和选择能力,能够做正确的事情、恰当的事情,因此,要子女万事完全顺从父母的意愿,难免引起亲子冲突。经历了父母干涉之后,包括学业、业余生活、专业选择、婚姻等方面,子女面对过去的时候往往没有自我独立的位置和感受(金小燕,2015)。新生代的子女越来越期望平等、尊重,对父母一方面认同和遵从孝道信念,另一方面,内心中又强烈希望独立选择。因此,孝的德性本质决定了孝的内容不会一成不变。时代在变化,孝的内容也会有新的内容和形式,而不是固守全盘(金小燕,2015)。

2. 父母的教育内容与方式的合理性

已有研究认为当代大学生对传统孝道有诸多的继承,这不仅体现在他们高度认同传统孝道文化,还体现在对"孝"观念的主流与传统孝道继承和认知有了个性化的思考。大学生的"孝观念"表现出一些新特点。比如,重视基于亲子之间的平等的孝,不再强调权威与绝对顺从;对父母的赡养,从物质方面转化为更注重对父母的"精神赡养",寻求了解他们的心理、情感和需求,尊重他们的经验、意见、建议和决定,给予父母充分的爱和情感支持;不再机械呆板地尊崇孝道规则,而是根据自己理解的道德原则来抉择自律的道德原则(张莉,2007)。

叶光辉和杨国枢(2009)提出了新孝道的5个主要特征:家庭内的亲子(女)之间的人际关系;以亲子(女)之间的了解与感情为基础;强调自律性的道德原则;强调亲子(女)间应以良好方式互相善待对方;新孝道的态度内涵与表达方式具有多样性。这也为父母的教育内容与方式的合理性提供了参照范本,其中涵盖了亲子之间的平等、尊重、相互体谅对方的新孝道主张。只有亲子双方的能量与交流达到某种平衡状态,才能促进亲密关系的良好发展。笔者发现,身处孝道信念与孝道行为亲密联结的亲子双方,因传统文化与现代文化共存,个人的实践活动也在不断改造和再生文化,使个人与文化的关系变得更加复杂和有趣(钟年 & 程爱丽,2014)。

此外,按照埃里克森的自我同一性理论,青少年期是同一性最混乱的时期。只有正确认识自我与家庭、社会的这种连带关系,才能按照社会角色规范去行事。对于子女来说,互惠性孝道根植于亲子间自然情感的交流互动,具有主动自愿性和跨文化情境性,女性更擅长情感交流和人际互动,注重换位思考,比男性更加理解、宽容父母的言行。父亲以温暖和理解的方式来促进子女的道德发展时,父亲的榜样作用更会得到彰显,父亲的说教更容易被子女所接受,或父亲有意无意间表达出的道德行为更容易被子女仿效(李启明 & 陈志霞,2013)。

3. 社会共享价值过渡和渗入

以孝文化为基础的乡村关系秩序逐渐由价值性的个体道德伦理向公共性的社会共享价值过渡。社会各种力量渗入以家庭养老为主的传统模式(季卫斌,2016)。孝文化的社会变迁主流有两种相互对立的观点。一种观点是,因为现代性的蚕食和市场经济条件下伦理价值的物欲化,多元价值下孝道的道德约束力下降,子女的尊老爱老的道德意识淡化,以孝道为基础的宗族秩序式微等。比如,在家庭环境中,子女物质主义的形成很大程度上受父母物质主义的影响,并进一步削弱子女的双元孝道观念(李启明 & 陈志霞,2016)。另一种观点是,尊崇孝道仍是社会的主流价值观。孝道转化呈现出的状态是现代性市场经济条件下的应对性策略,并没有抛弃所坚持的孝道伦理秩序(季卫斌,2016)。从孝道的"认同度"看,子代明显高于亲代,但是其实践行为因社会化的冲击而有差异(蔡玲,2015)。现代社会中的子女与父母拥有平等的人格,加上经济上的独立及活动范围的不断扩大,使得他们对父母的依赖性降低。文化心理学给出了合理的解释(钟年 & 程爱丽,2014):一方面,人们有意无意中与社会文化环境进行互动的方式影响着他们的情感、认知、动机和行为模式;另一方面,人们并不是被动地接受社会文化的影响,而是积极地创造并改变文化以实现自己的目的。

笔者认为,新孝道,应该在传统与现代、自由与保守相统一的基础上以一种创造性的方式建立。对传统孝道的创造性超越,不仅要吸纳现代性的自由平等精神,而且要尊重身份差别、人伦秩序的传统伦理精神,从而建立一个在自由平等基础上的新的礼治秩序(肖群忠,2010)。

二、传统孝道与家庭和社会变化共生

无论社会如何发展变化，传统孝道始终是人生长过程中的印刻品质。正如中国的谚语所说："一个人忘记了祖先就像一条小溪没有了来源，一棵树没有了根。"(Zhang，2004)传统孝道会伴随着家庭和社会变化共生。

1. 社会变化和发展节奏打破了原有家庭结构和家庭范式，自然而然地蕴含了新孝道观

传统孝道观通过代际整合和代际分化的模式，正在逐步采用新的方式与社会共同进步，在迅速变化的社会中保持一种坚定不移的、持久的和传统的伦理观念和地位，其本质上是为达到某种平衡。经济的飞速发展使得人们的生活水平日益提高，进而产生了更高的社会期望，有更强烈的就业意愿，更多的青年需要面对和成年人的竞争。家庭结构也发生变化。家庭生活已经不再是大家庭共同生活在一个屋檐下的传统模式。比如，大多数美国家庭，是由丈夫、妻子和孩子组成的核心家庭。"年长的父母很少与已婚的子女及其他近亲属住在同一个屋檐下。"(Ingoldsby，2005)这种现象在中国的城市家庭中也不少见。

2. 父母的家庭价值观促进了子女不同孝道信念和孝道行为的形成和发展

若父母注重独立发展，子女便可能发展自主并预期分离，降低互惠孝道信念和权威孝道信念；若父母注重亲子关系，子女便可能倾向服从和维持关系，增加这两种孝道信念；若父母同时看重亲子情谊和子女发展，子女便可能同时发展关系和自主性，具有较高的互惠孝道信念，形成相对较低的权威孝道信念(李琬予 & 寇彧，2011)。培养个人主义的文化强调提供给子女更少的支持，这样会促进子女必须迅速学会自力更生。在美国，对子女的支持很少。子女获得的成就主要是因为能力和主动性(Zhang，2004)。根据费孝通(1985)的观察，美国父母对孩子的爱也是有条件的。美国的孩子从小就明白，父母不会只是因为你是他们的孩子而爱你。父母的爱是一个奖励，并不是孩子的权利。这样的家庭价值观值得中国家长学习。父母和孩子之间需要公平和民主。杨国枢(2009)认为孝道并不是天生的，是在早期的亲子互动中学习到的。就是说，只有体验到积极的亲子关系，孩子才会接受并内化孝道概念。

3. 社会化导致的人与人之间的亲密关系潜移默化地影响家庭人际互动

家庭也因各种条件的突变性形成了差异性的家庭环境。比如，双亲家庭子女的互惠孝道显著高于单亲家庭和完全非原生家庭(李琬予 & 寇彧，

2011)。积极的父母会采取主动策略，为的是重建家庭关系和孝道。这种关系和对孝道的期待同时包含物质层面与情感层面的相互支持。此外，研究发现，女儿和儿子的孝道角色随着社会变化形成了不同的孝心理（傅绪荣，汪凤炎，陈翔 & 魏新东，2016）。女儿尽孝行为主体地位提升。女儿在尽孝行为中的作用大为提升，包括经济或物质支持（丁志宏，2013；唐灿，马春华 & 石金群，2009；Xie & Zhu，2009；傅绪荣等，2016）、生活照料（刘汶蓉，2012）和情感支持（Lee & Hong-Kin，2005；Shi，2009）等。

　　总地来说，中国的孝道倾向于维持家庭的连续、发展、团结和稳定，因此必须强调代际整合，而西方文化认为人的自由与平等是最高的价值，一定会强调代际分化。所谓的代际整合就是强调重视老一代和新一代（父母一代和子女一代）的一致性、连续性和统一性，这是中国孝道的基本精神。父母和子女以及家庭其他成员之间有一种强烈的纽带关系。而事实上，面对高强度的社会竞争和不轻松的家庭压力，尤其是成年子女面临着"上有老，下有小"的境况，承受着更大的孝道压力。家庭传承的传统孝道需要与快速现代化社会的目标和组织结构相协调。旧有的平衡被打破，会形成新的平衡。国家体制也正在努力构建良好的保障体系，一个成熟的社会保障体系确实需要做到老有所安。

第二章　中西方孝道文化比较与差异

　　孝,作为中华民族的传统美德之一,其体现的普世理念为古今中外许多民族所认同、传承。在传统中国社会,孝道备受儒家文化推崇,被视作人伦之始、众德之本,它不仅对家庭和睦及社会安定起着促进作用,而且对国人的衣食住行、生活方式与民俗、艺术也产生重要影响(林园茜,2006)。孝道自产生距今已有数千年历史,依旧生生不息。但随着时代的变迁,传统孝道在新时代背景及各种新思想的影响下略显无助。孝道作为普世追求的价值观念,在当今社会应如何重新散发自身的魅力,如何更好地弘扬推广孝道的践行是非常值得探讨的问题。由于世人对孝道这一价值观念的普遍认同,本章通过梳理其他不同经济文化背景下孝道的研究,为在我国更好地弘扬孝道提供更多直接或间接的经验。

　　孝道作为东方传统的伦理价值观,是被普世认可的传统美德,更被誉为诸德之首。在新时代背景下,在老龄化社会的挑战下,更好地发挥传统孝道中的民主性的精华,剔除封建性的糟粕,并赋予新的时代内涵,使孝道重焕活力,满足当前民众对新孝道的诉求,适应现代社会文化建设发展的实情,构建现代孝道新理念,助力社会主义和谐社会建设,任重道远。

　　鉴于此,本章一方面通过对东方国家包括日韩及新加坡的传统文化背景、孝道的传承特点与教育方式进行探讨,为我国孝道弘扬发展提供相关建议;另一方面,通过对西方宗教的"感恩教育"与孝道教育的对比及主流的"精神赡养"这一现象的分析探讨,为我国青少年孝道教育提供相关借鉴建议。此外,还将对中国大陆及港台地区关于青少年孝道教育及相关活动进行分析,并在最后结合我国实际国情提出相关建议,以期为我国孝道教育与传播弘扬尽一份微薄之力。

第一节　传统坚守与国家立法并重下的
东方传统孝道发展
——以韩国孝道教育为例

一、韩国孝道文化发展

韩国,"韩"在韩语里是"大"的意思,"大国"的意思。韩国在历史上,曾经有三个奴隶制国家,叫马韩、弁韩、辰韩。后来,由马韩统一了三韩,从那个时候起,韩国就留下了"韩"作为一个国家名称出现。韩国思想教育和社会伦理道德中渗透着儒家文化。中国汉字传入朝鲜半岛,很多经典著作也传入了韩国。所以,韩国接受了中国的儒家文化。直到现在,韩国传统文化的核心仍然是儒家文化(韩振乾,2008)。

(一)韩文化孝道特点

韩文化孝道与中国有着千丝万缕的关系。韩国人对于中国传统文化普遍都持有较高的认同感。韩文中现仍存在65%的汉字,而且在韩国学校里,从小学一直到大学,学生都要学汉字。韩国民众熟知中国很多传统经典著作,比如四大名著里的《三国演义》《水浒传》等,而且这些经典著作广为流传。韩国民众对于中国传统孝道文化的认同还体现在:

(1)韩国各阶层重视传统孝道。韩国对于孝道的倡导是面向全社会、面向各个阶层的。其有浓厚的家庭观念。在韩国,每个家族都有属于自己的"花树会",寓意家族就像大树一般开枝散叶,发展壮大。此外,对于血缘与地缘关系也相当重视,本质上就是对于血缘以及地缘乡亲关系的维护的重视。

(2)韩国的家庭和企业重视等级次序(吴峥,2015)。企业中,极度重视对于领导上级的权威,对于彼此之间的称谓也非常看重。家庭中,韩国人观念里还是存在较深的"男尊女卑"的思想。女子在结婚后一般都会选择成为家庭主妇,即使在工作中,女性的权威及待遇相较于男性还是存在一定差距。韩国对于"权者为宗、长者为上"这一观念依旧普遍信奉。无论何时何地,对于上级及长者都存在敬畏(徐秀美,2012)。

(二)韩国重孝传统与孝道教育

1. 韩国把孝行的推广当作一个恒久的制度且不断与时俱进

从上世纪70年代开始至今,韩国将"对孝道的推广与发展"看作一件一直在进行的重要事件。在上世纪，韩国为了发扬敬老孝亲的思想，于 1973 年开始，将每年的 5 月 8 日设立为"父亲日"，并在 1981 年制定《老人福利法》。1997 年对其进行修订，并将原本每年 5 月 8 日的父亲日改为每年 10 月 2 日的老人日，规定 10 月为敬老月，进一步扩大孝亲敬老的对象范围。关于孝道敬老的活动，在 1999 年之前主要是由政府进行主管的，在 2000 年后秉承着政府民间化的原则，决定此后此类相关活动将主要交于民间的"老人关联团体"自发举办。这些民间团体通常在每年的老人日会在各地开展慰问演出并无偿提供服务（林宗浩，2012）。韩国对于其中表现突出的团体进行颁奖鼓励，包括总统奖、国务总理奖、福利保健部长官奖等等，这在一定程度上也提高了民间团体的积极性。此外，韩国为了增强民众对这一系列活动的认同感，还非常重视活动与传统的结合。如效仿新罗国王，为 80 岁的长寿老人赐予礼物（丁英顺，2017）。在 2000 年，韩国为百岁老人赠送了青藜杖。

2. 学校推广孝道文化与课程教育

在上世纪末，就有位大学校长率先在学校课程里加入了"孝道课"，此后又极力组织建立了全国"孝道委员会"。通过这样一个机构在社会各界募集资金，这一做法也得到了演艺界许多工作者的支持，并出版了一本在当时引起很大反响的《爱与报恩》，讲述了国内五百多位著名孝子的事迹，为民众树立孝道榜样，以引导、号召大众学习（罗杰·吉奈里，任敦姬 & 张多，2015）。韩国也深深懂得教育要从孩子抓起，非常注重对中小学生孝心的培养，并在相关孝道教育研究者的一致努力下提出具体实践活动。

中小学生孝心的培养方案[①]

（1）寻根教育，考察祖先、姓氏渊源，扫墓等；

（2）回忆父母的生养之恩，给父母写信、诗歌、读后感、见习总结等；

（3）收集有关孝的资料，写孝实践手记，考察孝忠遗址等；

（4）孝实践，尊敬父母，不添麻烦，让父母高兴，对父母的错误进行谏言等。

此外，韩国的孝道教育并不只是单纯在书面口头的说教上，而是将生活中对于孝道的实践作为重中之重，让孩子们到父母的工作场所去体验感受父母

---

① ［韩］崔圣奎：《孝就是希望》，韩国孝运动团体总联合会宣传册，2007 年版，第 8—16 页。

日常工作的辛劳,同时社区也对孝行进行指导,通过多种体验活动培养孩子们的孝心。比如:每到中小学生的寒暑假,各地乡校都会举办"忠孝教育"讲座,向学生宣传"忠、孝、礼"等传统伦理道德。所以,韩国人从小就认为孝敬老人、赡养父母是一种神圣的义务。

3. 韩国的重孝传统也催生了孝道产业,孕育了"孝道经济",衍生了许多"孝道产品"

比如每逢节庆假日,各大厂商都会纷纷推出孝老敬老的相关产品,在这其中最受欢迎的便是保健食品。此外,设立了"孝子"企业奖来表彰企业为国家经济发展所做出的贡献。同时,韩国对于孝行的重视与鼓励的力度也是非常大的。如韩国的"孝子栋""孝道游",即如果你要和上了年纪的父母共同居住,政府会给你提供有相当大的折扣力度的住所;抑或你打算带年迈的父母一起出去游玩,旅游的资费也会相对地减少(韩广忠 & 肖群忠,2009)。

"孝道"作为儒学文化的基石,在韩国社会精神文化生活中占有主导地位,浸透在社会物质生活和精神生活的各个角落。韩国《东亚日报》会长曾表示:"在韩国,不尽孝就无法在社会上立足。"[1]孝道在韩国一直都被重视,民众认为孝道是家庭和睦、人类得以生生不息的基础。

(三)孝道文化推广运动

在 20 世纪六七十年代,随着市场经济的迅猛发展,韩国传统孝道在西方个人主义、拜金主义、享乐主义等观念的影响下面临着严重的挑战,渐渐失去了其原有的光环,也导致韩国社会出现了家庭失和、犯罪率上升等一系列道德伦理滑坡的严重社会问题。因而,从上世纪 70 年代开始,一些民间志士和团体发起了孝道文化推广运动,并且针对现代化的历史背景,赋予了孝道文化新的内涵和意义。为了提倡孝文化,强调孝之重要性,韩国一些行孝之人怀着"只有孝的存在,才能拯救所有人,拯救全世界"的内在信仰,积极自发地组织振兴推广孝文化活动团体,从多方面积极推动韩国孝道推广运动(宫丽艳,2014)。

首先,在思想方面,大力推动孝文化的学术研究。任何运动都需要以思想文化的启蒙作为先发条件。基于此,在这一阶段,各个社会团体资助,大力促进学术界对孝道文化方面的研究,为孝道推广运动创造了非常好的学术氛围,这一时期也出现了许多关于孝道的著作:姜育哲先生于 1977 年出版《孝和社

会教育》，全易中先生于 1988 年出版《父母和家庭教育》，及高丽文化史编辑部所编的《行孝之路》。在这其中最重要的人物是崔圣奎，他对于孝道方面的研究受到了一致认可，他所著的《孝学概论》《孝之延续》《圣经与孝》等，不但对孝道发展史做了相关研究，而且还对孝道的内涵重新进行阐述，将其扩充到七方面。另外，为了进一步促进孝道推广运动，韩国学术界专门成立了"韩国孝学会"。自 1998 年发起到 2001 年正式成立，这一机构的设立，吸引了孝道研究方面的许多专家和人才。并且，在孝学会的带领下，许多重点大学和科研机构都开展了孝道相关的研究，每年至少召开一次研讨会，邀请国内外的其他专家学者与会共同讨论，至今已经成功举办过 14 次大型的学术研讨会，为推动孝文化的深入研究及整个孝运动的开展提供了思想上的支持。

其次，设立专门的孝行推广基金会（财团）。成立基金会募集资金以奖励孝子孝女。部分宗教联合企业财团发起设立了孝行福利财团，进而倡导鼓励尊老、敬老的孝道行为。设立孝行奖以奖励行孝的孝子孝女。在这些基金会中，最著名的便是三星福利财团和圣山青少年培养财团。三星福利财团自 1976 年开始每年设立孝行奖，以弘扬传统孝道、营造健康和谐的社会氛围环境为宗旨，每年奖励全国范围内 12 位杰出的孝道模范，孝道模范将通过各地政府、教育部及宗教团体的推荐，经过两轮的审查及现场调查而产生。圣山青少年培养财团是一个由仁川纯福音教会发起的民间财团，以加强青少年德行孝行的培养为目的，主要设立"模范青少年大奖"，用来奖励有突出事迹的孝行模范青少年。每年也要通过各地教育部门的推荐，再经过调查审查选出"模范青少年奖"8 名和"善良儿童奖"7 名。财团设立孝行奖既奖励了孝道模范人物，也为全社会树立了孝道学习榜样，同时促进了各地孝行运动的推广。

与此同时，韩国还将学校作为推广孝文化的重要阵地，通过学校教育弥补家庭教育的不足。在各大社会团体的大力推动下，许多中小学相继都开设了关于孝道文化的课程，举办孝文化课外实践活动，帮助同学们更深刻地体会孝道及行孝的作用和重要性。此外，在民间社会财团的资助下，还出版了系列青少年孝行课外读物，如《孝道故事》《二十四孝歌谣》等朗朗上口、图文并茂的小书籍。另外，还设立了孝文化研究的专门大学——圣山孝大学院大学校，以培养孝学博士和硕士研究生为主，以培养社会孝行指导者和中小学教师为目标，以支持未来社会和中小学的孝行教育活动（韩广忠 & 肖群忠，2009）。

最后，为了使孝道运动更好地得到推广，积极组织孝道相关志愿服务运动。以社会志士为主，自发组成服务团并长期开展志愿者服务。包括去福利院做义工,照顾福利院的孤寡老人,陪他们聊天,表演节目等,来消除这些老人的孤独感,增加老人的幸福感。还有一些志愿者主要负责社会宣传工作,如孝道的市民游行,散发一些孝道推广运动的传单等。还有一些专门由青少年组成的志愿服务团队,如圣山青少年志愿服务团,该服务团主要是开展孝文化宣传活动、孝发展大会活动、孝行实践活动以及孝奖励活动,不但教育了志愿服务者本人,而且还宣传了孝文化,另外对青少年父母的行孝意识也有所激励,因为孩子若是成为父母的榜样,其对父母的促动作用将会成倍放大(王曰美,2015)。

二、《孝行奖励资助法》

韩国孝道氛围如此浓厚,也经历了漫长的争取过程。在最初面对"孝"逐渐消失在社会之中的尴尬现实,各界呼吁为弘扬孝道提供立法保障。在孝运动团体总联合会会长崔圣奎为代表的专业人士的带领下,确认制定奖励行孝相关法律的重要性以及必要性,自 2003 年组织制定孝行法的学术大会开始,便逐步拉开了韩国为孝立法的大幕。为了确定"孝法"的科学性及合理性,相关专家学者依托韩国孝学会这一组织对孝立法的各个细节进行讨论协商,组织孝学学术研讨会,通过这样的一个活动,使得孝行法制化这一观念逐渐被各界社会人士所了解与支持,进而推动完成了孝行法律草案的准备工作。在草案确立后,便开始了一系列宣传活动,开始与国会议员接触,与其沟通孝道立法的相关事宜。经过不懈努力,议员分别于 2005 年的 4 月和 5 月向韩国国会的保健福利委员会提交了《孝行奖励资助法议案》和《实践孝行奖励及资助的相关法律议案》。为了加快提交草案的确认,韩国孝运动团体总联合会于 2006年 1 月成立"孝行奖励法推进总部",开展向国会等相关部门的游说活动,传达倡导弘扬行孝之人的一致心声。在一系列有规划的逐步推进下,国会相关分委员会于 2006 年 2 月至 6 月分别审议并通过了孝行法草案。2007 年 7 月 2日,《孝行奖励资助法》经过议会集体表决获得高票通过,从此世界上第一部孝行法诞生了。这可以说是孝文化发展史上具有里程碑意义的标志性事件。其内容主要包括以下几方面。

1. 阐述立法目的并界定孝的内涵

《孝行奖励资助法》第一章第一款便阐述了立法的目的:"本法律旨在以国家政府名义对那些把美好的传统文化遗产——孝付诸实践的人进行奖赏资助,鼓励推广宣传行孝来达到解决当今老龄化社会面临的各种问题,为国家发展提供原动力,甚至为世界文化发展作出贡献。"这条表明,立法意在呼应民间孝道推广运动,这是通过政府来宣传孝道文化,倡导奖励孝行,以期来缓解老龄化这一问题。《孝行奖励资助法》第一章第二款对"孝"定义如下:孝是指子女赡养父母等,以及与之相关的行为。也就是说,韩国孝行法倡导的是在家庭内部赡养老人的行为,不同于民间孝道推广中所使用的"移孝为爱"这一泛化的定义,而是回归孝道最初的传统内涵(徐善姬,1998)。

2. 制定孝行鼓励与资助措施

韩国《孝行奖励资助法》第二章第四条规定:"保健福利部部长,与相关中央行政机关的首长每五年一次共同协商制定孝行奖励基本规划。"

该法令的具体内容包括以下四点:

(1)对孝行教育进行鼓励。《孝行奖励资助法》第二章第五条规定:"国家及地方自治团体努力在幼儿园、小学、中学、高中进行孝行教育;国家及地方自治团体努力在婴幼儿保健所、社会福利设施机构、终身教育机关、军队等地方进行孝行教育。"

(2)对行孝之人进行表彰和资助。《孝行奖励资助法》第三章第十条规定对那些孝行突出的子女要及时进行表彰,并且第三章第十一条规定国家和民间团体对于赡养老人的国民可以资助其部分赡养费用。

(3)向父母等长辈提供居住设施。《孝行奖励资助法》第三章第十二条规定:"国家或地方自治团体向与子女共同居住于一个住宅房或住宅区域内的父母等提供具备与之相应的设备和功能的居住设施,以此表示奖励行孝行为;国家或地方自治团体可以依照第一款规定向提供居住设施服务的供应者,进行资助。"

(4)为了更好地推广孝行实践,国家对民间孝道推广团体将提供支持和资助。《孝行奖励资助法》第三章第十三条规定:"国家及地方自治团体对从事孝行奖励工作的法人、组织或个人,可以补偿其必要费用的一部分或者全部,而且也可以适当支援其相关的工作。"

3. 设立孝文化振兴院以及孝之月

《孝行奖励资助法》第二章第七条规定:"为了奖励和资助、振兴孝文化相关事业和活动,可设立孝文化振兴院",并指出了设立孝文化振兴院的目的和意义。关于孝文化振兴院的业务范围,《孝行奖励资助法》在第二章第八条也做了具体的规定:"与振兴孝文化相关的调查研究;与振兴孝文化相关的信息综合及提供;与振兴孝文化相关的教育活动;与孝文化振兴相关资源的开发、评价以及支援；与振兴孝文化相关的专门人才的培养；对那些从事孝文化振兴运动的团体的资助；保健福利部政令中规定的与振兴孝文化相关的其他业务。"《孝行奖励资助法》第二章第九条规定："为了加强社会对孝的关注和鼓舞激发子女的孝的意识，把每年的 10 月份规定为孝之月。"在每年的 10 月份，政府和自治团体将出资组织一系列的孝行推广活动，以加强对孝道推广运动的宣传。

《孝行奖励资助法》对于孝道推广运动具有巨大的推动作用。《孝行奖励资助法》不是调节公民或法人之间关系的一般法律，而是调节行政主体与公共事务主体之间的法律关系的行政法；它是一部奖励法，对民众孝行奖励的计划与实施都有很强的操作性；它还是一部推动法，对于孝道孝行的发展有强大的推动力（孟静华，2016）。

三、韩国孝道践行优势特征

韩国的孝道立法经历了一个民间人士呼吁酝酿、讨论准备、强力推动，最后国会议员提案，经过相关法律程序，最终立法的过程。从这一系列逐步推进的活动中，可以清晰地看出韩国孝道推广运动及孝道立法的显著特征（金香花，2015）。

1. 有识之士的觉醒使得韩国孝道推广运动表现出了很强的团体组织性

在相关专业人士的带领下，孝道推广运动层层分工，打下了坚实基础。一方面，在学术上有专门的孝学会来进行统一的组织，对于孝行的奖励也交给专业的财团来进行组织；另一方面，在这些有着负责孝行专业分工的组织之外，还有一个为整个孝行推广运动的发展来制订蓝图和规划的重要的统一协调"领头羊"组织——韩国孝运动团体总联合会。这一机构为整个孝道推广运动制作民间孝运动的宣传文案，协调各个孝道宣传组织团体的常规活动，有效地团结起孝道推广运动的每一支力量，发挥出整个组织的最大的功效。

2. 通过对各个孝道推广运动的细节的观察，孝道推广运动体现出很强的可操作与实践性

在最初确立孝道运动的目的及各个计划的实施时，韩国对孝文化的推广将实践与可操作性放在首位，而非仅仅空喊一些口号。每一个孝行推广团体或财团里都会有专业的人士负责并监督把每一项活动都落到实处，并对活动的实际效果做记录，为下一步计划提供参考。通过活动中的每一个细节去深刻践行其在《孝是人类生存的动力》宣言书中所表达的"有必要通过具体的实

践把孝作为人生之理加以深入化"(韩广忠 & 肖群忠,2009),使孝道推广运动的效果落到实处。

3. 韩国孝道推广运动体现了社会各界的广泛参与性

从各个民间组织与学术研究机构的发起再到财团基金会与宗教团体的支持,直至后来政府官方广泛推广,这一过程体现出韩国整个社会对孝道文化的重视,积极组织各界有识之士参与到孝道推广运动中去。其中在民间团体中为孝道推广运动做出重大贡献的应属基督教。基督教作为韩国三大宗教之一,在韩国影响巨大。韩国基督教会通过将《圣经》体现的孝道观点与传统儒家孝思想相结合,并在礼拜时对孝道思想进行宣传,以此来呼应孝道推广运动。在这其中,一些有经济条件的教会组织还成立了孝行财团,设立孝行奖,创建社会福利院,创办了大学以推动孝文化的教育事业,例如圣山孝大学院大学校即为基督教会所创(韩基采,2003)。

4. 孝道内涵的迁移性与创新性

传统认知中的韩国孝道内涵主要体现为养老、敬老、爱亲、祭祖等思想以及在封建社会中被广泛传播的"移孝为忠"思想,随着经济发展,个体自我意识的觉醒,这些传统的包含愚孝的孝道思想受到了批判与考验。从事孝道推广的学者们一致认为必须依据当前的时代背景对传统孝道内涵进行创新,以此来更好地推动孝文化在民众中的接受与认可度。于是相关学者不断探讨研究,提出了许多具有时代特性的孝道新理念,在这里面最具代表性的是韩国孝运动团体总联合会提出的"七大理念":实践敬天爱人思想;孝敬父母和师长;关爱儿童、青少年学生;爱家;爱国;热爱大自然,保护环境;爱近邻,服务全人类。将孝定义为超越理念和思想的普遍性精神,孝是超越时间与空间的永恒文化,由传统的"移孝为忠"转变为"移孝为爱",将传统孝道的内涵进行扩充,融入现世的价值观念,进而形成了以孝为核心的价值体系(徐善姬,1998)。但又与传统的"泛孝主义"存在一定差别,其对时代精神的把握,在传统孝道中融入"热爱大自然,保护环境"等现代价值观念,使其可以在新时代背景下重焕光芒。

四、韩国孝道教育的反思与启示

韩国的孝道推广运动所体现的组织性、实践性及社会各界广泛的参与性,及其对孝道内涵在新时代背景下的创新都对我国有很大的启发。

1. 孝道问题凸显与文化者责任感的觉醒

在新的世界环境与思想浪潮冲击下,传统孝道面临着巨大挑战。面对这一现象,自上世纪 70 年代开始,部分文化者觉醒,便开始对孝道的传播与创新体现出高度的自觉性与实践推动。我国自上世纪 50 年代开始,曾在相当长的一段时间内将传统孝道视为封建文化的产物而对其摒弃。到了上世纪末期,传统孝道才再一次被重新重视,得到了专门的孝道研究。我国自上世纪末开始出现老龄社会的征兆,养老问题也颇受大众关注,与此同时,在个体的道德与精神生活领域在现代社会的发展及个体思想观念的更新的冲击下,传统道德如何在现代生活中发扬光大的问题也摆在了我们的面前。不过,从韩国目前的实践来看,有理由相信孝道在当代社会养老问题的解决、孝亲尊老的良好社会风气的形成、亲子以及代际与社会和谐、增强人们的社会责任感及民族凝聚力方面的巨大作用,这也使得我们更加确信弘扬并创新传统孝文化的必要性及重要性。

2. 弘扬孝道需鼓励重视民间力量的参与

韩国孝道推广运动最初是在民间人士及团体的呼吁酝酿、强力推动下一步步实现的过程。我国素来有政府官方主导社会教化活动的传统,在当今这个信息发达的时代,更应重视社会各阶层及民间力量的参与,来逐步唤醒民间孝道推广的自发性,以便提高孝道推广的实效性。可以借鉴韩国相关经验,首先,成立专门的孝道研究机构,注重并支持学者对于孝道的理论及实践的研究。其次,要积极鼓励企业人士主动捐资兴孝,为孝道的传播与践行提供一定的物质基础。此外,关注主流媒体对孝道的宣传推广,以及民间组织对孝道传播践行的积极作用,政府和民间上下协调,动员全社会配合支持,一起实现中国的孝道文化的复兴。

3. 促进孝道立法,使其规范化

法律对全体社会成员具有普遍约束力。一方面,通过加强立法完善我国的法制建设。可以在相关研究机构的共同努力下,通过协商制定关于孝道的具有科学合理性的新时代的"孝道法",使孝道传播与践行制度化、法制化,从而为孝行教育和孝行实践提供法律保障。除了鼓励行孝之外,对于不道德、不孝的行为也要有相应的法条进行惩处,增设"不孝罪"等,使其具有一定的法律约束力。另一方面,政府还应制定相应的政策,来鼓励以及奖励大众的孝行,倡导大众集体传承中华民族的传统美德,传承孝道理念,发扬尊老敬老的思想。与此同时,积极鼓励社会各界开展弘扬孝道的活动,为孝道文化建设提供资金及相关的资助,并规范相关的传播手段及传播理念,对于不符合时代要求及社会价值观的传播者有一定的处罚,使整个社会环境更加利于孝道的传承与践行。

4. 重视学校这一弘扬孝道文化重要阵地

学校对于孝道文化的传承有着极为重要的作用。学校教育担负着传承中华民族传统美德与提升国民素质和精神风貌的重任。一方面,课堂教学是传授儒学知识、弘扬孝道文化的主要渠道,因此,必须对青少年进行以孝道为核心的儒学教育,为其建立孝道的精神世界。根据不同年龄段学生的身心水平的发展特点,开展形式多样的孝道文化活动,形成传孝行孝的氛围。另一方面,实践是学生获得对孝道的认同并使之内化的重要环节。学校可以组织开展孝道实践活动,使学生先从自身做起,从自己家庭、自己最亲近的父母开始践行孝道。学生通过自己切身的实践体会获得深切感悟,使孝道思想得到真正的认同,从而树立正确的观念去对待自己与周围的一切。

传统孝道不仅体现的是我国传统文化与道德的核心价值基础,其在整个东亚儒家文化圈内同样有着悠久的传统和深远的影响。随着现代经济的迅猛发展及信息化时代的到来,传统的孝道文化渐渐退却了往日的风采。传统孝道文化在新时代下的消解,带来了整个社会的道德失范这一隐患。在我国全面建成小康社会实现中国梦这一伟大征程中,我们更应积极借鉴他国的经验,"他山之石,可以攻玉",采取有效的手段进一步继承、创新和发扬中国的孝道文化,并在现代化过程中为孝道文化扩充新的时代内涵。这将对全社会孝亲尊老良好社会风气的形成以及中国特色社会主义和谐社会的建设产生巨大的推动力,为中华民族伟大复兴强国梦的实现提供重要保障。

第二节　新加坡公民教育与孝道

新加坡又被称为狮子城,这是由"新加普拉"(Singapura)意谓"狮子城"衍生而来的。相传,苏门答腊一位王子在第一次踏入新加坡岛游历时,看到一只如老虎模样的野兽,将其描述为"行动敏捷而美丽,艳红的身躯,漆黑的头"。而王子显然非动物学家,因为他所见的野兽可能就是头狮子。但由于他一言九鼎,这样富有想象力的词藻,便自 13 世纪一直沿用至今。

一、中新孝道历史文化渊源

华族、马来族、印度族及欧亚族是新加坡的四大民族,在其中,华族约占总人口的四分之三,可以说新加坡是一个以华人为主的国家。早期离乡背井到新加坡再创家园的移民者将各自的传统文化带入新加坡,各种族之间的交流与融合,不仅创造了新加坡今日多民族的和谐社会,也留下了丰富的多元化文化特色(林远辉 & 张应龙,1991)。但中华传统文化的精髓依旧在深深影响着新加坡独特的生活形态(朱海荣,2013)。新加坡自1965年脱离马来西亚联邦独立之后,仅用短短的30年时间就迅速实现了现代化,成为东南亚地区最先进的、工业化程度最高的国家。更为引人注目的是,在促进经济发展的同时,新加坡的政府和社会以高效、廉洁、和谐、富有活力的形象赢得了世界的赞誉。现今的新加坡是一个多元文化的现代发达国家。新加坡政府致力于将新加坡建设为亚洲的观光、商务和金融中心,因此在教育和技术训练课程、投资策略、航天科技和环境政策方面的发展,均不遗余力。

新加坡作为一个东亚国家,试图通过亮眼的经济、高度发达的国家形象跻身西方现代发达国家之列。新加坡以多元文化而著称,但也因此缺乏属于自身独特的文化标志。作为东方国家的新加坡追求经济的快速发展时一味地向西方文化靠近,较为忽视传统的东方文化,也就导致了其自身所传承的文化根基的弱化;同时又因为自身的文化传统也并未得到西方文化的认同,反而形成了不中不西的风格,使其在国际社会中的地位稍显尴尬。也正是这一问题的出现,迫使新加坡在后续的发展中重新开始思考自己国家的文化定位。上世纪90年代所提出的"亚洲价值观"很好地印证了这一点。所谓的亚洲价值观,其实便是以传统儒家文明为主体的价值观。于是,自此以后,作为其原本传统文化核心的儒家思想及其所传达的价值观重新被新加坡政府重视、使用,其国家领导人也曾在多个场合强调传统文化及传统价值观对于国家建设的重要性(陈晓丽,2012)。新加坡政府、社会、企业、基层等各界也开始挖掘传统儒家文化在现代社会的时代价值,并期待对其加以传承和应用。

二、政府重孝立法保障传统孝道

新加坡政府认为孝道对于塑造个人品质、稳固家庭、延续人类社会都有非常大的用处,认为孝道是一个人最基本的品性。新加坡政府及国家领导人非常重视国民孝道教育,并对孝道教育实行统一指导,全面干预。新加坡领导人把家庭视为"社会的砖块",认为提倡尊老爱幼、互敬互爱的精神有助于促进家庭的和谐和社会的稳定(陈晓丽,2012)。李光耀前总理就曾指出:家庭的稳定团结,使华人经历了五千年而不衰,尽管经历过许多天灾人祸,但家庭始终支撑着文明的延续。"四十年的治国经验"使李光耀坚信:"失去一些旧建筑物虽损失严重,却不是最根本的问题。"如果失去维系"家庭凝聚在一起的传统价值观和传统观念,家庭成员不再互相尊重,不理长幼有序,也不注重礼节,这一切损失是难以弥补的"。因此,对于许多年轻人追求个人享乐,不尽孝道,危害社会的基本单位——家庭,政府不能坐视不管,必须积极采取措施进行引导和干预。李光耀认为,家庭是社会的最基础组成部分,而孝是"巩固国家,永存不败的基础"。1971年春节,李光耀曾发言:"孝道不受重视,生存的体系就会变得薄弱,文明的生活方式也因此变得粗野。"前总理吴作栋也认为:"稳固的家庭是照顾年长国人的需要,满足年轻人期望的重要基础。"

共同价值观的构建和传播必须有相配套的法制来作为基础和保障,运用法律所代表的具有强制性的力量来促进民众对行为规范的遵守(吕元礼,2002)。正是在主要领导人这一系列思想的指导之下,新加坡确立了以法律建设为载体推动道德建设的基本思路,政府制定了一整套体现共同价值观精神的法律、法规和禁令。如在家庭方面,新加坡在1995年便颁布了《赡养父母法》。自此,新加坡成为世界上第一个将"赡养父母"纳入法律体系中的国家。《赡养父母法》体现了新加坡政府对于孝行的倡导以及极大的鼓励与支持。如新加坡民众在购买房产时选择与父母亲共同居住,抑或是选择在父母亲住所一公里内的地方居住,都可以获得1万新元的奖励以及优先选择房屋的机会,政府以此鼓励子女生活在父母住家附近。另外,若是一个家庭赡养了父母长辈,便可获得5000新元的退税奖励。若是三代同堂的家庭,将被优先安排住所(顾丹颖,2014)。

同时,新加坡政府也清楚,单靠立法来治孝行孝并不是完全可靠的。法律往往只是被视为问题最后的解决方式。在亚洲范围内,新加坡的老龄化程度仅次于日本。为了应对人口老龄化问题,政府需大力加强在医疗和养老护理方面的设施和人员投入。新加坡在很多政策上也都尽量在推动孝道和维系家庭凝聚力,将弘扬传统孝道的措施扎扎实实地落实到社会福利的各个相关环节。此外,新加坡在弘扬孝道时为其相关举措注入了人文关怀,除了在物质上给予老人相应的支持与关爱外,还注重对其内在精神与心理上的关照,给予他们更贴心的照顾。除此之外,鼓励民众孝亲敬老,为老人解决一定困难,更鼓励老人可以老有所为,使老年人也可以实现自己的价值。同时,新加坡设立了"父亲节",以此来让子女可以有更好的氛围来表达对父母的关爱与孝敬。

此外,新加坡政府还组织了相关的活动来深刻地贯彻对于孝道的宣传与践行。一方面,在社会舆论方面,宣扬在家庭中父母子女都应尽量发挥出其在家庭生活中的功能,做好自己的本分,为和谐家庭奉献自己的一份力;另一方面,对在孝道践行方面有突出事迹的个体进行表彰,为民众树立孝道楷模。与此同时,大力开展孝道宣讲活动,发挥孝道的感化作用,并在社区举办以"礼貌周""孝老月"为主题的参与性活动,协力在全社会营造"爱老、敬老、助老"的风尚。新加坡政府认为,对个体孝道的培养必须从学校教育开始,从未成年人开始,因而在学校教育方面,需要重视对于学生孝道品格的培养,尤其是对于身心处于快速发展阶段的青少年,更应帮助其树立正确的孝道观。

由此看来,一方面,新加坡不断完善的立法以及严格的执法风格为其整体孝道教育及建设模式的发展提供了坚实的法律保障;另一方面,其法律法规所体现的详细且高度的可操作性易于引导和规范民众的行为。可以说,这一举措为新加坡家庭和社会的和谐稳定作出了巨大贡献。

三、新加坡公民教育与孝道教育

被誉为"东方现代文明的典范"的新加坡在学校思想道德教育方面也取得了举世瞩目的成绩。在新加坡的中小学教育中,公民道德教育被认为是个体思想道德建设的重要组成部分(刘罗茜,2015)。在新加坡,这一课程的整体设计首先是基于对本国思想道德建设的大局考虑,与此同时,牢牢把握每个阶段青少年思想品德发展的规律,整体设计体现出贴近实际、贴近生活、贴近青少年的特点。新加坡学校品德教育课程的设计符合国家意识培养的要求,基于此,新加坡公民道德教育的目标便确立为将学生培养成为有国家意识、有社会责任感和有正确价值观念的个体(夏惠贤 & 陈鹏,2017)。这一目标从个人、社会、国家三个层面出发,对青少年的培养提出要求与期望,因而,学校的课程教材编写也主要针对这三点来逐一落实。

新加坡在学校教育阶段对个体思想品德的培养主要依托于"好公民"这一课程。"好公民"全套教材包括三十五个主题,并依次按照个体—家庭—学校—社会—国家的逻辑逐层推进。每个主题包括清晰的学习要求与目标,如"责任感"这一主题,主要体现的是对个体对自身、对所在的家庭及他人的所要承担的道德要求。

例如，家庭这一单元主要体现的是对个体"孝顺"这一品质的培养，并在不同的阶段有不同的具体的学习目标与要求。如：四年级两个学期的课程对于"孝顺"这一主题的要求主要包含以下 6 项内容[①]：

(1) 为父母长辈做自己力所能及的事，来为他们分担辛劳，并能够及时表达对于长辈的爱；

(2) 清晰地阐述家庭聚会对于家庭成长发展的作用；

(3) 列举出一些他们表达对父母长辈的爱、为父母分忧的事例；

(4) 学会耐心虚心地接受父母长辈对自己成长的教导；

(5) 列举出他们曾经为家人所着想的事例，并阐述原因；

(6) 说明有哪些会损害家庭名誉的事情，以及这些事情的危害，并表明自己的态度。

而到了五年级，教材上下两册关于"孝顺"主题的要求主要包括 5 个内容[②]：

(1) 能够对自己的所作所为承担责任，不让父母家人为自己担心；

(2) 能够重视他们家庭所保留的传统活动，并表达自己对这一活动的态度；

(3) 能够阐述在家庭生活中，为了让家庭更和谐美满，每个家庭成员应该怎么做；

(4) 能够理解每个家庭成员之间的关心与理解对于增强家庭凝聚力的重要性；

(5) 理解父母长辈的处境，并提及表达对他们的理解。

通过以上的表述我们可以发现，新加坡在公民培养教材的编写上对个体认知发展水平的重视与把握，针对不同学习阶段有不同的学习要求，并在年级

[①] 唐碧梅：《新加坡小学公民教育教材〈好品德 好公民〉研究》，湖南师范大学硕士学位论文，2016。

[②] 陈卓：《新加坡"品格与公民教育"中家庭教育环节的特点研究——基于小学〈好品德 好公民〉教科书的文本分析》，《比较教育研究》2016 年第 9 期。

间体现连续性,适应学生的发展水平,充分体现了他们对于学生的关注。在具体内容方面也是从实际出发,摒弃了大而空的理论,而是以具体、有很强操作性的条目为主,让学生很容易理解、践行。此外,从教学的具体实施过程来看,在注重系统规范的传统东方道德教育教学方式的基础上,又融入重视个体道德思维判断能力培养的西方教学理念,通过一系列更体现学生主体的教育方法,如设身处地考虑法、价值澄清法、道德认知发展法,使这两种教学理念有机结合,实现孝道教育效果的最优化。

除了在学校课程中渗透对个体的孝道教育,新加坡还注重家庭、社会在个体孝道培养方面所发挥的作用,在此三者协力作用下推进公民教育。学校教育是构建核心价值观的重要辅助力量,政府把社会共同价值观融入学校、家庭、社会教育之中,形成合力推进孝道教育。首先,学校是培养个体孝道品质的教育主阵地。在新加坡,自小学到大学都覆盖了"新公民学"和"公民与道德"等专门的课程,对个体的道德品质进行培养,以此来培养学生的国家和公民意识、社会公德和家庭美德意识、宽容和合作意识等,并针对不同年龄层次的学生采用符合其身心发展规律、认知发展水平,便于其接受的实用性、操作性强的教育方法,而不是一味的空洞无趣的说教。其次,新加坡非常认同家庭是个体品德教育的重要渠道,制订了学校家庭教育计划,在每个社区设立家庭教育民众委员会,定期委派专业人员对家长进行专门的课程培训,内容包括如何对子女进行道德品质方面的教育、增强家庭内部凝聚力的方法,以及高效沟通技巧等(肖智,2015)。另外,新加坡注重通过社会实践活动,比如通过设计组织环境清洁、福利院儿童组织服务等学生社区服务计划,实现对个体的道德品质的培养与教育。据统计,新加坡每年都会举办二十多场全国性教育活动,如睦邻周、礼貌周、敬老周等,以此来营造一个良好的社会教育氛围,宣传共同价值观和公共道德。

四、新加坡孝道教育的特点

1. 把"孝道"上升为国家意识,列为治国之纲

李光耀曾提出八条治国之纲:忠、孝、仁、爱、礼、义、廉、耻。其中,孝仅次于忠,可见李光耀将孝道放在一个相当高的位置。他曾说,若传统的孝道没有被重视起来,生存体系就变得薄弱,而文明的生活方式也变得粗野。如果小孩没有学会如何去尊重自己的父母长辈,无视家庭重要性,那么这个家庭便是很危险的。如果孝道没有形成良好的风气的话,整个社会都会支离破碎、濒临险

境。加之新加坡存在的多种族、多文化、多宗教的现象，在现代化的快速进程以及各类异化思想的迅猛攻势下，对于传统孝道的需求更显必要。基于此，新加坡政府在广泛商讨的前提下发表了《共同价值观白皮书》，其中第二条便提到了对家庭重要性的论证："家庭为根，社会为本"，体现了孝道对维护家庭和社会和谐的重要作用。因为，家庭在社会中不仅仅承担着抚育后代的重任，更肩负着赡养老一辈的义务，家庭更是维系人类社会健康文明发展的重要枢纽。只有家庭和谐美满，国家社会才能稳定繁荣。对于家庭和社会来讲，一"根"，一"本"，根壮才能固本，本固才能强根。这些理论与举措为新加坡的现代化的稳固发展提供了坚实的思想保证。

2. 将孝道法制化规范化

将传统孝道文化建设纳入国家的法律体系，体现了新加坡政府的决心与魄力。新加坡的律条素以严格著称，详尽具体，深入社会的每个角落，且新加坡法律高度有效，执法严格。新加坡借助法律的效力来规范引导民众的行为，通过将自律与他律结合，不但使得新加坡公民整体的孝道素质得到了有效的提高，更是为孝道的教育与传播营造了一个非常好的社会环境。因此，新加坡的这一做法是得到普遍认可的，其对孝道传播所起到的效果也是举世公认的（靳莉，2006）。分析新加坡孝道建设法制化的这些举措所取得的成果，我们发现如果要试图从根本上来扭转目前民众对于孝道的认知与践行存在脱节的现象，一定要借助法律强制的杠杆作用，实现以法律促进全体公民德育的发展，以此来保证全社会在孝道教育上的规范性和有效性。相形之下，我国对孝道教育的重视更多地是停留在口头上或文件上。要改变这一现状，必须由政府和地方行政出面组织，由教育专家作参谋，把校内的孝道教育与校外的孝道教育结合起来，从而在社会上营造强大的孝道教育氛围（顾丹颖，2014）。

3. 学校孝道教育体现对学生发展规律的关注

学校是实现对学生孝道教育的主阵地，新加坡自小学到初中都开设了"好公民"课程，实现对公民个体道德素养的培养。以孝道教育为支点，以孝敬父母为起点，促进学生道德品质的形成与发展，帮助学生树立正确的世界观、人生观、价值观，在潜移默化中让学生感受到孝道的魅力，使他们明白行孝是一种美德，爱老敬老是每一个人的责任，更是一种义务。新加坡在设置孝道课程时，对于学生身心发展规律及认知水平的把握，体现了以学生为主体的思想，使学生通过不同阶段的学习，来实现对个体品质培养的连续性发展。因此，在孝道教育方面对于学生的关注这一点非常值得我们学习，它使教育不再是脱离学生发展的存在。也正因如此，新加坡的孝道教育可以取得如此出色的成就。

4. 加强社会实践，开展社区服务活动

新加坡教育界有一种看法，即学生在课堂上所习得的书本上的知识，只有在现实生活中亲自践行，才能获得最终的学习效果，孝道的学习也是如此。正所谓："纸上得来终觉浅，绝知此事要躬行。"因此，对于学生孝道的教育，一方面重视理论知识的学习，塑造其对孝道的精神感知，对日常的行为表现加以训练指导；另一方面，鼓励学生主动参加有关孝道的社会实践，使其在真实的情景中获得对孝道的感悟，内化对孝道的认知。除此之外，新加坡重视家庭教育对个体孝道发展的影响。首先，家庭是每个孩子成长发展的第一场所，也是最重要的场所，父母是孩子的第一任老师。没有哪个政府、教师或者学校能够取代父母在孩子成长中的作用。其次，家庭这一媒介场所能够更加直接地传授孝道这一价值观念。家庭是个体孝道生存繁衍的第一场所，家庭是向个体传授孝道价值观，帮助各个成员之间相互支持、建立关系的更直接有效也是必不可少的途径。

五、新加坡孝道教育实践经验

在对新加坡孝道教育的研究考察中，我们发现其中存在的可借鉴的成功经验，对我们探索和构建有中国特色的孝道教育模式有很大启发。

1. 政府及全社会对传统孝道价值的普遍认同

在新加坡，弘扬孝道是和谐社会建设的重要内容，同时，政府领导人更是将传统孝道的发扬传播看作对现今国家出现老龄化这一现实问题的重要解决策略(杨红梅 & 张想明，2017)。政府领导人及全社会对孝道价值的普遍认同为孝道在当今时代的存在提供了发展的空间与土壤。与此同时，将孝道与养老问题相结合，从实际问题出发，制定相应的问题解决策略。推动形成以家庭为单位的养老机制，通过下一代对上一代的反哺，解决国民的养老问题。可以说，弘扬孝道是新加坡的重要国策之一。

2. 从政策与法律层面上对孝道教育的推动

为了使传统孝道发扬时代精神，新加坡政府相继出台了许多带有倾向性的政策。比如政府在每年正常的财政盈余分红后，还会给予额外的补贴，以及前面提到的许多孝老爱亲的优惠政策，这些政策的存在不但在一定程度上解决了一些实际问题，更难能可贵的是它表达的是对一种社会风气的肯定。虽然我国也在 2012 年年底颁布了一部《老年人权益保障法》，但并没有对孝道孝行做出明确的法律规定，抑或是法律强制的必须保证孝顺。《老年人权益保障法》并没有规定子女应该对父母履行哪些孝道赡养的责任及义务，也没有对若子女没有及时履行责任及义务应承担哪些法律责任做出明确的规定，利用法律的强制性来约束规范子女对于父母应尽的孝道，保障老人的真实权益，这是我国在制定维护老年人权益的相关法规时的薄弱环节。而通过新加坡的做法，我们可以很直接地看到孝道建设法制化的重要性及可行性。

3. 孝道教育扎根于孩子

1982 年，时任新加坡总理李光耀建议将传统儒家伦理的忠孝、节义、廉耻理论思想纳入中学三四年级的道德教育必修课程中。众所周知，传统儒家思想的内涵便包括"孝敬父母，尊重长辈"这些理念。将传统伦理纳入基础教育课程这一举措，扩大了孝道教育的覆盖面，更利于其影响力的发挥。此外，新加坡的中小学每年还会定期举办以孝为主题的戏剧节、动画制作、演讲比赛等寓教于乐的活动，提高学生参与的积极性，进而深入推动孝道教育的发展。通过对新加坡孝道教育特点的研究，可以发现他们对孝道的教育不是仅仅只停留在口头上、书面上，而是通过采取具体的可操作的措施推动其实现。对于学生自身的关注，对于学生身心发展规律及认知水平的把握，体现了以学生为主体的思想。

4. 孝道立法着眼于对现实问题的解决

新加坡孝道教育的发展及《赡养父母法》的出现离不开对老龄化社会这一现实问题的关注。在关注个体的孝道孝行的培养及对老年人权益的维护外，更是关注到了老年人在晚年实现自身价值这一问题。一方面是通过法律手段来实现老有所养。在新加坡，老年人即便自己没有积蓄，通过政府各种渠道的资助，他的生活也是有保障的。另一方面是鼓励老年人实现自己的价值，做到老有所为，在身体状况许可而自己又愿意的情况下可以在退休后继续工作。我国目前也面临着人口老龄化这一严峻挑战，借鉴新加坡的相关经验，在对老年人权益保障的基础上鼓励其对自我价值的再利用也是值得我们思考的。总而言之，所有的政策举措都必须基于对实际问题的考量，针对现实存在问题的解决，只有这样，它才具有真实的价值。

第三节　西方宗教感恩教育以及"精神赡养"

一、西方宗教感恩教育与孝道信念

在西方，人们通常将宗教教义作为其日常的行为准则与要求。对于世界三大宗教之一的基督教，"感恩"是其基本信条之一，其作为一种伦理思想，与传统孝道一样都有着悠久的历史传统。通过比较，笔者发现西方基督教感恩文化和东方传统儒家孝道文化存在很多相似之处，究其根本，表达的都是"爱"与"感恩"，都宣扬"尊重父母""感激父母"。两者都是非常美好的道德品质，对维护和谐社会、保障社会秩序良性运行都有重要意义。西方借助宗教仪式唤醒公民心中的感恩，东方尚用儒家伦理的精华塑造国民的品性（阙敏，2010）。

1. 西方宗教的感恩文化

基督教作为世界三大宗教之一，具有广泛的传播力及影响力。基督教在人类发展的进程中，尤其是在中世纪的欧洲，有着非常重要的地位。随着历史巨轮的前进，即使历经宗教改革、工业革命等的冲击，基督教仍在欧美地区保持着广泛且持久的影响力。西方的主流文化就来源于基督教，"原罪说"是其基本教义。基于"原罪说"对人类本性的认识，知晓人类与生俱来的缺陷与不足，因而更加重视人类所保留的美好品德与善行，并将此视作对上帝的回报，由此便产生了"感恩"这一概念。

几乎所有笃信基督教的信徒都会在饭前饭后虔诚祷告："感谢我主，赐予我食。"其他很多情况也会有类似的表达以来感谢主的恩赐或祈求力量（钟铧 & 解芳，2013）。《献上感恩》这一基督教著名诗歌在宗教仪式中被反复吟咏。《圣经》中有这么一句话："每个基督徒都是以感恩的心去信仰上帝的，在任何条件任何环境下都要时刻铭记感恩。"所以从一开始，"感恩"便被看作基督教的基本信条之一。

2. 感恩与儒家孝道文化的共通

在众多感恩信条中，孝敬父母便是具体表现之一。《圣经》当中也记载了许许多多关于儿女孝顺父母的故事，如《旧约》的摩西十诫中提到："打父母的，必要把他治死。"（And he that smiteth his father, or his mother, shall be surely put to death.）第17节写道："咒骂父母的，必要把他治死。"（And he that curseth his father,or his mother,shall surely be put to death.)《箴言》23章25节中提到:"你要使父母欢喜。使生你的父母快乐。"《以弗所书》6章1节中提到:"你们做儿女的,要在主里听从父母,这是理所当然的。"《歌罗西书》3章20节中所提到:"你们做儿女的,要凡事听从父母,因为这是主所喜悦的。"《马太福音》19章19节中提到:"当孝敬父母,又当爱邻舍如同自己。"以及"要孝敬父母,使你得福,在世长寿。这是第一条带应许的诫命"。通过《圣经》的这些教义,我们都可以看出其对于子女与父母间关系的定义,以及子女应如何对待父母。这些行为与我们所宣扬的儒家孝道有共通之处。

此外,《箴言》《旧约》里都有很明确地写应该如何惩处不孝敬父母的人。如《申命记》21章第18至21节有这样的话:"人若有顽梗悖逆的儿子,不听从父母的话,他们虽惩治他,他仍不听从,父母就要抓住他,将他带到本地的城门,本城的长老那里;对长老说:我们这儿子顽梗悖逆,不听从我们的话,是贪食好酒的人。本城的众人就要用石头将他打死;这样就把那恶从你们中间除掉。"由此可以看出,基督教把子女对父母的不敬不从看作不可饶恕的行为,是"大逆不道"。

笔者总结发现,孝道在《圣经》中有着极其重要的地位,并且贯穿于《圣经》教义的始终。孝敬父母在《圣经》中被尊为人伦之首,以必须遵守的诫命的形式提出来。《圣经》指出,人应该服从上帝的诫命孝敬父母。本质上,感恩父母、孝敬父母也正是我们传统儒家孝道文化所提倡的。

二、从"孝"与"honor"看两种孝文化的异同

(一)孝的涵义

中国人通常将子女尽心奉养父母、顺从父母的意志行为习惯性地表达为孝顺,有孝有顺;而在西方,《圣经》通常讲子女对待父母时多讲的是孝敬,除了"孝"之外还有"敬",即尊敬、敬重,在英文中多表达为"honor"。honor在英文字典里,多表达尊敬、给以荣誉等含义。当honor的对象变为父母的话,那就是说身为子女的你需要在众人面前给予父母高度的尊重、光荣、荣耀的地位(陈德才,2009)。这也很好理解,类似于我们传统孝道中所表达的"荣亲",即让父辈脸上"有光"。而在希伯来语中其意为:很重,很有分量。这对于父母来说便是,这个人在你的生命中举足轻重、很有分量,而且你非常看重这个人,表达父母在子女心中应有的地位,这就叫作孝敬,这又从另一个角度说明父母对于子女的价值。中国传统儒家思想中也有提到:"孝的最高点是使父母受天下

人的尊敬，其次是不使父母因自己的行为蒙羞，最基本的是尽自己的力量奉养父母，不使父母冻饿。"此外，honor 还有"承认"的意思，就是要子女公开地把荣耀归于父母亲，不单单只是让他们私下知道。即身为子女应该懂得如何在公开的场合将我们对父母的爱和感谢表达出来。表达对父母为我们所付出一切的肯定，也是让父母感到光荣的一件事情。

孝与感恩都是以孝敬父母为本的孝道文化的基本元素。"感恩"是世间所有有生命的个体共有的情感，就像我国一直传颂的"乌鸦反哺""羊羔跪乳"等等典故，被认为是一种生而有之的天性。而"孝敬父母"是人类这一高级生物所独有的高级情感。基于此，可以说感恩是泛化的孝道，孝道是人类特有的感恩。感恩是孝道的基础和底蕴，孝道是感恩更高层次的具体表现，是人类文明的象征。虽说西方宗教的感恩文化与中国传统孝道文化有着不同的历史文化背景起源，但其在更深刻具体的内涵与外延上也存在许多相通之处。

（二）表达方式

"孝"从来不仅仅只是书面的美德、口头上的夸赞，只有实实在在的践行才能算作真实的"孝"。孝主要是指子女应对父母所表现的态度及行为。中国传统孝道及西方宗教教义中都有对孝道表达方式的阐述。

1. 孝表现为子女能够为自己的行为负责

不让父母操心。关于这一点，《论语·为政》是这样说的："孟武伯问孝。子曰：'父母唯其疾之忧。'"孟武伯请教孔子怎样才算是孝。孔子说："子女最大的孝心就是让父母在各个方面都不用操心，只是担心忧虑他的身体。"其实这是一句很好理解的话，如果子女品行端正，不惹是生非，不让他的父母长辈为其担忧，这就是孝。其实换句话说，不让父母操心也可以理解为对父母的顺从。就如同《圣经》《以弗所书》6 章 1 节中提到的："你们做儿女的，要在主里听从父母，这是理所当然的。"可见子女对父母的顺从是最低要求。然而在当今充满诱惑的社会，子女听从父母的意见，不让父母操心，对自己的行为负责，也算是孝的表现了。

2. 最实在的表现便是赡养父母

中国有句话"养儿为防老"，说的便是这个意思。即子女应在父母年老时，承担起回报、赡养父母的责任。同样地，《圣经》谈及孝道时认为，孝敬父母的最重要表现便是赡养父母。当父母年老时，应尽可能地回报父母之前对我们所付出的一切。要对他们耐心，要善待他们，应尽自己所能为其提供帮助；除了物质之外，我们也应当常常在他们的精神层面给予关心，使其由内而外都能够生活得快乐。《圣经》中曾讲道："如果有人不看顾亲属,就是背了真理。"上帝的儿子耶稣基督作为《圣经》中践行孝道的榜样,他对母亲玛利亚的孝行也值得称赞和效仿。《约翰福音》中记载,耶稣被钉在十字架上的时候,虽然痛苦万分,但他没有忘记十字架下的母亲。在临终前还念念不忘自己的生身母亲,把母亲托付给自己心爱的门徒,完成自己在家庭中的责任,践行孝道至生命的最后一刻,堪称遵守上帝"孝敬父母"诫命的完美典范。

3. 最真挚的表现是对父母时刻怀有一颗感恩之心

孝的真正表现应是发自内心地对于父母的敬爱,除了心理情感上的表现,还应重视外在的情绪,只有内外一致才是真正的孝心。当今社会上存在的虽然子女在物质上供养父母,但其内心不情愿,给父母脸色看的行为会令父母更伤心。在行孝时尽量避免"刀子嘴,豆腐心",更要拒绝"笑里藏刀"的不一致行为,自己的孝心孝行应该能够让父母从内而外地感受到。以此,孔子所表达的强调自我内心感情的真实性,要时常保持对于父母养育之恩的感恩,用自己的真实感情与实际行动报答父母,这才是孝道的根本。

通过上文,我们便可以对西方宗教与儒家孝道中的孝道有所了解:不让父母操心是孝的本初的含义;能够赡养父母,让父母安享晚年、老有所养是孝的重要体现;能够发自内心地关怀体贴自己的父母,是孝的核心表现;孝道表达应是由内而外的,从语言、情感、行为都保持一致。

(三)行孝的出发点的异同

东方传统观念中,通常将孝视为子女对父母应尽的责任义务,这种关系里只存在两个对象,即子女与父母(长辈)。同时,我们也将行孝视作一种自发的美德,若一个人对待父母尽心尽力,在践行孝道时有突出的表现,人们就会称颂他。与传统东方孝道观念不同的是,西方基督教中所表达的孝道或者说"honor",其存在一个前提,即对上帝的认同,在一定程度上说,行孝是在奉行上帝的旨意。也正因如此,以上帝福祉的获得来促使民众践行孝道,你若行孝,便会获得福音(顾平,2010)。

在宗教观念中,神是最高的存在,他指引规范人们所有的行为,并给人带来福音(王珊,2009)。孝敬父母也是如此。基督教教义中提到:"当按着神的心意去孝敬父母的时候,神也将福分赐予我们。"此外,摩西十诫中提到孝敬父母是被上帝肯定和赞许的。这一诫命应许孝敬父母的人可以蒙上帝的悦纳而得到福祉。

三、西方感恩教育的目的

西方的感恩教育在很大程度上受到了基督教的影响,带有浓烈的宗教色彩。因而,其实施感恩教育的主要目的包含两方面:拯救灵魂和培养良好行为。具体来说包括以下三点。

1. 因生命而感恩

将感恩视为生命的支点,在感恩教育中融入对生命的关怀,是西方感恩教育的重要内容。生命只有一次,这段人生旅途中的一切都应被珍重、珍爱和珍惜。1986 年美国品德教育学会编制了《品德教育教程》,使品德教育尤其是感恩教育更加系统化。

2. 为爱而感恩

西方感恩教育倡导感恩是出于爱,感恩是表达爱的主要形式。西方宗教教义要求的爱是泛爱,人不仅要爱上帝、人及自然,还要爱国家。因此,爱国主义教育也是西方感恩教育的重要内容之一。1945 年美国联邦教育局编写了《对美国民主的热忱》一书,提出学生应对国家、社会怀有热爱和感激之情,有了这种感恩之情,民众就能真诚地遵守法律、维护正义、热爱国家并为之牺牲(顾平,2010)。所以在这一点上,西方感恩教育与我国的孝道教育有同样的教育维护社会稳定的教化作用。

3. 以行来表达感恩

感恩不应只是口头上的话语,更应用实际行动来践行。彼此之间诚挚的感恩的行为会进一步拉近人与人之间的距离。通过具体的行动来表达自己内心深处的感动,便为感恩赋予了浓厚的情意。即使有些行为微不足道,但正是因为有了自己尽心尽力的付出,微小的行为依旧能够温暖人心。基于此,美国在进行感恩教育的实践中,也鼓励按照社会现实进行感恩意识的培育,反对与社会脱离的、知行脱节的传统灌输,把感恩教育渗透到各科理论学习和各种实践活动中。

四、西方感恩教育的特点

西方实施感恩教育的对象不仅仅只局限于学校里的学生,更包括普通民众,以唤起广大民众内心的善,营造出温馨和谐的氛围,让受教育者更深层次地了解体会"恩",能够发现、尊重和感激并铭记别人对自己所施予的"恩",并能够将"恩"在合适的时间以恰当的方式施予人(朱芳缘,2015)。对西方的感

恩教育进行分析,发现其主要有以下几个特点:

1. 浓烈的宗教色彩

在西方社会中,感恩教育思想蕴藏在日常的宗教感化中,无处不在。所以,可以很明显地看出其所实施的感恩教育也带有浓烈的宗教色彩。由于基督教宣扬人的幸福是神的恩典,所以人应该心怀上帝爱上帝,并学会感恩与施予,并对这个由神所创造的世界怀有感恩之心。英国每座教堂的墙上都贴上了"感恩"以时刻提醒人们心怀感恩。美国每年的感恩节都会特别举行活动表达对耶稣的纪念。同时,学校也允许学生在特定时间到基督教堂进行礼拜。美国公民自小就受到基督教教义的洗礼,其中的感恩思想也会一点点深入意识中,形成学会感恩的价值观念。在日常生活中人们也会铭记感恩,在集体活动之前通常都会进行一个短暂的感恩仪式,表达对上帝的感激。西方感恩教育依托基督教的传播,早已渗透在其社会生活的各个方面。

2. 对个体心理体验的重视

西方普遍比较注重对个体的心理教育,从个体体验出发,通过对其心理感知的影响进而达到教育的目的。首先,在学校教育中,他们整体更倾向于在社会实际状况的背景下对学生进行感恩意识的培养,让教育更有情境感,学生也更有代入感,通过真实的情景来激发他们对感恩的认知。同时将感恩教育与相关学科的具体学习相结合,让感恩教育渗透到各种理论学习以及实践活动中去,排斥那些脱离社会现实的、不注重实践的单纯的理论灌输。其次,在家庭生活教育中,西方的父母也偏向于采用心灵教育和情感教育的方式对子女进行感恩教育,希望子女可以通过自己的真实体验与操作实现对知识的理解与掌握。这一方法体现了西方在教育过程中对孩子个人情感及意愿的尊重。此外,政府更是斥资建设博物馆、纪念馆、历史遗迹等具有教育意义的公共场所。通过此举来形成一个大的社会氛围,让感恩观念和爱国之情随处流淌,通过将学校教育、家庭教育和社会教育三者有机结合,为孩子创造更好的体验感恩的环境。

3. 感恩教育与社会责任感培养相结合

教育的最终目标是培养有社会责任感和服务精神的人才。西方教育意识到将感恩教育与社会责任感培养相结合,可以更好地实现这个目标。所以美国公民教育自始至终都非常强调个体对社会的服务贡献,一直致力于义工精神的养成和传承。学校教育学生从小就要有服务社会的意识,因此在西方社会,通常五六岁的小男孩就会去参加童子军,六七岁的孩子就被鼓励在社区进行力所能及的服务。同时,美国教育部订立了义工章程,目的是培养未来公民的社会责任感和感恩的信念。可以说义工活动已成为在校学生学习、生活的重要部分。美国教育部门对每个学生做义工的时间有明确的要求,很多高校明文规定,高中毕业前必须进行至少 200 小时的义工服务。在美国,中学生如没能够完成义工活动要求,不但无法毕业,且很难进入高等学府(余习勤,2014)。

五、对我国孝道教育的启示

1. 教育应尊重个体的情感体验

我国传统的教育价值观过分关注学科知识,往往将知识的传授凌驾于育人之上,缺乏对生命存在及发展的关怀,学生的个体发展没有得到应有的重视,对个体情感体验的关注更是缺乏。西方的感恩教育讲求对生命的关怀,追寻的是生命体的自主发展、精神成长和健康成长。其关注的是学生在课程中的情感体验,况且教学过程本来就是充满学生情绪生活和情感体验的过程。教学中蕴藏着丰富的孝道、感恩的因素,积极关注和引导学生在教学活动中的各种表现和认知情感发展,以此来提升学生的学习兴趣与积极性(李伟 & 平章起,2012)。对教学中的各种可育因素的不断挖掘,对学生在课堂上的表情、态度进行观察,时刻掌握学生的学习发展程度,使教学变成一种包含高尚的品德涵养和丰富人生体验的过程。

2. 注重教育的方法与途径的多样化

由于历史传统的问题,我国教育中一直存在教师满堂灌输的现象。太过刻板单一的教育方式对于正处在身心急速发展又非常活跃的中小学生而言,不太容易激发他们的积极性。近年来,基础教育也开始重视各类社会实践活动,学校也积极组织志愿服务、勤工助学、支教等活动,但多数是仅流于表面形式,并未取得应有的教育成效。西方感恩教育中所提倡的体验性教育,通过多种活动体验培养学生感恩的品行,取得了一定的成效。借鉴西方社会的相关教育经验,我国可以尝试把孝道文化内涵渗透在我国的传统节日里,渗透在我们的日常生活里。同时,对传统的只重视理论知识而不注重对情感体验的教育模式进行反思改进,通过多种教育方法来促进学生对孝道的深化感知,从而达到润物无声的效果。积极地尝试从认知、情感和实践等不同方面来拓展我国孝道教育的途径,寻求孝道教育的有效方法。

3. 倡导家庭、学校和社会三位一体的教育

托马斯·里克纳曾提出："主流价值观的教育若想要取得长远的效果，就一定要联合学校之外的力量，家庭、学校、社区三者之间共同协作，来更好地满足学生的实际需求，促进其全面健康发展。"（何安明 & 刘华山，2012）由此我们可以看出，对个体尤其是孩子的教育并不能简单地只依靠学校或家庭，而应为保证教育的完整性，建立起家庭、学校和社会三者联合、三位一体的教育体系，从而为孩子提供一个非常完整的教育氛围与环境。感恩教育与孝道教育都是需要家庭和谐温馨互助的氛围、积极健康的学校环境、社会创造良好的孝道环境共同涵养培育的。基于此，我们在实施孝道教育时，在学校积极创建孝道文化氛围的同时，加强与学生家庭和社会的联系，在家庭和社会的协力宣传和指导下共同营造积极的孝道环境，以强化整体的孝道教育效果。

4. 注重教育从特定的情境向日常生活过渡

在西方，宗教意识渗透在人们生活的各个方面，进而感恩也成为民众生活中重要的行为准则。西方将原本只存在于特定宗教活动中的感恩教育逐步转移到民众日常生活的行为习惯中，使其溶解为一种公共的文化和社会秩序（陈驰，2010）。这一内化发散的措施对维护其社会稳定、促进社会进步起了很大的作用。在中国，很多关于孝道教育的活动形式单一，经常出现形式大于内容、与现实生活相脱节的状况，导致受教育者很难把其在活动中获得的经验与感悟迁移到其日常的生活行为习惯中。因此，此后的孝道实践活动设计应尽可能地考虑到实践活动的时效性及向日常活动迁移的可能性，使学生可以将其在实践活动中的感悟与习得的技能应用于日常生活中，发挥孝道教育的真正作用，使孝道自然而然地变成一种大家自愿遵守的规则和秩序。

第四节　台湾和香港"新孝道"教育与演化

孝，一个温暖的名词。黑格尔说，"中国纯粹建筑在这一种道德结合上，国家的特征便是客观的'孝敬'"。中国传统孝道，受到两千多年封建文化的推崇，历史赋予它中国传统道德根基的地位。作为中国人的最高道德准绳和行为规范，传统孝道在提升个人道德修养、进行家庭传统孝道教育、促进和谐社会建设等方面有着重要价值，深深影响着中华民族的生活习惯、家庭传统和民族精神。

一、香港蒙学孝道教育

中国香港是亚洲繁华的大都市、地区及国际金融中心之一,是条件优越的天然深水港,面积约 1104 平方公里,人口超过 700 万,主要产业包括地产业、银行及金融服务业、旅游业、工贸服务业、社会和个人服务业。香港以廉洁的政府、良好的治安、自由的经济体系以及完善的法制闻名于世。除了亮眼的经济旅游特色外,香港的教育事业也取得了瞩目的成绩。教育作为香港的公共开支中最大的项目之一,其预算开支约占经常公共开支总额的五分之一。政府重视发展教育,保障每个公民受教育的权利。政府设有学生资助计划,确保学生不会因经济问题而失去受教育的机会。

(一)香港德育及公民教育与孝道教育

香港公民教育,从幼儿园开始就会强调对孝道的学习,将"孝道"看作幼儿教育的重要组成部分。"孝道"是传统文化的重要道德价值观,香港道德及国民教育的世界范畴的第二阶段目标中明确提出:"汲取中华文化的精髓,实践仁爱、孝道、诚信、俭朴等美德。"可见孝道是其公民道德教育中的重要一环。

香港教育有四个关键项目,排在第一位的便是德育及公民教育,此外还有从阅读中学习、专题研习及运用资讯科技进行互动学习的能力(赵光达 & 张鸿燕,2016)。为了完成德育及公民教育,香港于 2013 年特别在中小学开设德育及国民教育科这一课程。这一课程的内容将分为个人、家庭、社群、国家和世界 5 个范畴,旨在通过持续的学习,加深学生对祖国(中华人民共和国)的认同及对国民身份的自豪感,并以价值观和态度为导向,帮助学生养成良好品德和国民素质,从而达到丰富生命内涵,确立个人与家庭、社会、国家及世界范畴的身份认同的目的。同时培养学生独立思考及自主能力,使他们明辨是非,能够做出情理兼备的价值判断,并建立个人抱负及理想,对家庭、社群、国家与世界作出承担及贡献(朱白薇 & 孟庆顺,2005)。

对于学生,在每个阶段都明确地制定了学习目标。在此课程的五大范畴内的国家范畴的学习目标:以孕育家国情怀为中心,乐于了解国情,包括自然国情、人文国情、当代国情和历史国情。通过有系统的国情学习,引领学生探讨国家发展的机遇与挑战,做出情理兼备的判断。借此让学生培养国民素质,提升国民身份的认同,并继往开来,既能传承中华文化,亦能对国家发展有所承担,愿意为国家及民众谋福祉,加强和谐团结、关爱国家民族的情怀,成为了解国情、关爱社群、乐于承担、敢于创新的国民。

（二）香港蒙学孝道教育

1. 香港蒙学孝道教育简介

孝道作为中国传统中重要的伦理价值观,有着非常丰富的教育意义。由于孝道源于我国传统儒家文明,香港幼儿教育主要是通过传统蒙学经典来实现对幼儿的教育。他们认为从传统儒家蒙学经典出发学习孝道可以同时实现对幼儿的文学教育、品德教育,以及文化修养的培养。

首先,在文学教育方面,蒙学读物常以偶句编排,形式优美。如《三字经》中的"首孝悌,次见闻",《教儿经》中的"恐防父母思念我,不如朝夕不离身"等等。这些语段表达简洁扼要,注重韵律仪式,便于诵读,符合幼儿记忆力的特点,幼儿可以享受中国传统文学体现的语言的对称性和美感,在学习孝道义理的同时也提高了自身的文学素养。

其次,在品德教育方面,孝道是公民教育的重要范畴。中国传统蒙学教材包含许多经典文句,是上佳的德育教材。如《孝经·开宗明义》中的"身体发肤,受之父母,不敢毁伤,孝之始也"。这些话蕴含深刻的孝道内涵却又非常便于幼儿理解,提醒幼儿要好好保护自己,不让父母担心。幼儿们明白这个道理后,可以在日常生活中践行,学会为父母着想,这样既培养了道德品质,也促进了家庭和谐。

此外,在文化修养方面,通过传统儒家蒙学经典来学习孝道义理,可以为幼儿认识了解中国文化开辟一条新的途径。由此可见,我国传统的儒家蒙学经典是一块待开发的矿藏,其中所蕴含的传统文学魅力及其广博的内涵与外延是非常值得我们探究的。

2. 香港蒙学孝道教育理念

香港教育注重培养学生的独立思考及自主能力,使他们明辨是非,能够做出情理兼备的价值判断。这一理念也渗透到了幼儿蒙学孝道教育中。幼儿教育在传授孝道时,其不拘泥于传统的理论灌输,而是将学习重点放在促进幼儿反思,来实现对孝道观念的建立(刘继青,2010)。其从性情教育、生命教育入手,通过多种手段来促进幼儿孝道观念的形成。

香港课程发展议会曾于 2006 年提出:"幼儿需要从直接的生活经验、感官的接触、富趣味的活动来学习。幼儿透过游戏能自动自发、主动投入、轻松愉快和有效地学习。"基于这一理念,香港蒙学孝道教育的教育方式主要从生活体验入手。这一观点也正好与我国著名儿童教育家陈鹤琴所提倡的"教育要解放幼儿的双手与大脑,鼓励幼儿用脑去想、用手去做,以探索活动培养主动学习的精神"观点不谋而合,两者都体现了建构主义学习观。

而教学中的另一主体——幼儿教师,通常被认为是课程的策划者与辅助者。教师应运用不同策略去激发幼儿主动思考与学习,如提供生活实例、师生共同讨论等,让幼儿把书本知识与生活经验相连结等等。基于这样的教学理念,其制定了相应的教学策略来实现教学目标。

3. 香港蒙学孝道教育策略

香港蒙学孝道教育策略的制定主要是运用三种建构学习的方法,来让幼儿明白孝道内涵,包括说故事法、环境影响法、合作延展学习法。

(1)说故事法。这是一种通过复述内容让幼儿明白孝道内涵的建构主义学习法。说故事法通过教师与学生之间的互动,来帮助幼儿重新提取课程中的主要内容。

《二十四孝》中郯子取鹿奶奉亲的故事[①]

教师在为大班孩子讲完故事后,立即引导孩子思考郯子的行为,一些孩子对他的行为表示深切的赞同,有些孩子对他的行为有所保留。赞成他的行为的孩子表示郯子为了给母亲治病,愿意自己冒着生命的危险去野外寻取鹿奶,他的孝心与勇气都是非常值得肯定的;此时,反对者提出,他独自一人去野外求取鹿奶的行为太过冒险,而且还指出如果出了意外被猎人枪杀,反倒还会使得父母都伤心,且会导致父母失去希望与依靠,是一种对自己及父母都不负责的行为。还有一位同学提出郯子采取的方法不对,不应该这样冒险,而是建议他应努力地工作赚钱来聘请更多的专业的医生来帮父母治疗。通过这样的一个讨论并不是为了让师生对郯子"取鹿奶奉亲"这一行为达成共识,而是在于通过这样一个案例,引起大家的讨论与关注,让老师和学生共同在讨论中建构孝道观。

除说故事外,利用教室学习环境,亦可深化幼儿对孝道义理的认识。根据意大利瑞吉欧学前教育的看法,倘若幼儿接受两位教师的启蒙,学校环境便是幼儿的"第三位教师"(Gandini,1998),所以应充分运用教室学习环境,让幼儿耳濡目染,激发互动沟通、学习,加深幼儿对孝道义理的认识。

(2)环境影响法。除了说故事法外,还可以通过对课堂学习环境的改造,

---

① 林志德:《浅说孝道义理融入香港幼儿教育》,《香港教师中心学报》2007第6期。

来影响幼儿对孝道的认识。将教室环境看作幼儿的"第二位现场老师"。在教室安排以孝道为主题的学习区,包括张贴单词和图片、展示图片和设计家庭角三个方面。首先,张贴宣传孝道图画,可以贴上"二十四孝"故事的彩色图片。在教学中可以将讲课和图形组合,让幼儿见图识意,加深印象。其次,教师展示"二十四孝"的邮票以及孝道相关图片。使用图像辅助教学有助于提升幼儿学习的积极性,帮助幼儿更好地理解掌握孝道。另外,学校的课堂"家庭角"也应按照孝道理念来设计,可以通过扮演父母子女完成指定的任务,如:让幼儿表达身为子女应如何对待父母等。通过这个活动将幼儿带入目的角色,通过角色扮演,反思自己的行为,从中了解孝道的重要性。由此可以看出,科学的、用心设计的学习环境和活动可以使教室成为幼儿探索孝道的理想之地。

(3) 合作延展学习法。教室学习以外,课外合作延展学习有助于巩固幼儿对孝道义理的认识。若要从生活经验掌握孝道,学校需要创造更多的学习空间,充分利用学校以外的资源。如学校每年都会进行亲子旅行,通常地点也都选择富有孝道教育色彩的目的地,如位于元朗锦田的"便母桥"。在旅游的过程中,教师向幼儿和家长讲述这座桥的孝道故事。通过孝道故事,参与的父母与幼儿都受到孝道的洗礼。将亲子旅行变成一次有意义的学习过程,不但可以巩固幼儿们的课堂学习,也为教师、家长和幼儿们提供生活的例子,通过共同的体验来一起构建孝道。

(三) 香港蒙学孝道教育启示

梳理已有文献,笔者认为香港培养学生的独立思考及自主能力,使他们明辨是非,能够做出情理兼备的价值判断这一理念已经深深地渗透到了其幼儿蒙学孝道教育中。从建构主义学习理论出发,通过提供真实的道德情境注重对幼儿判断力的培养是非常值得我们学习的。但此外,有些方面也是需要我们思考的。

1. 辩证看待传统儒学经典作为孝道蒙学教材

当然,在教学中注重对我国传统文化的传播这一点是非常值得肯定的。但由于我国传统儒家经典中所包含的孝道思想是非常复杂的,且由于其产生于封建时期,其中的许多内容已不符合现代人的观念,且处在幼儿阶段的孩子,由于身心发展水平及认知发展水平的限制,很难对其中所蕴含的道理做出正确的判断,因此,若要将传统儒学经典作为孝道的蒙学教材需要深思熟虑,不可只是"拿来主义",要因地制宜、因时制宜和因学制宜,这就对教师及教材编写者提出了更高要求。

2. 提高教学者的专业素质

香港蒙学孝道教育的组织会取得如此成效,通过对其教学的研究,不难发现这其中教师专业素质的影响力。一方面,香港蒙学孝道教材多为传统儒家经典,能从经典中发现故事,这就需要教师有深厚的文学素养。另一方面,教师要善于为学生创设真实的道德情境,对传统孝道义理与现代生活之关联、冲突做出调适,然后对孝道赋予现代诠释,可以正确地引导学生思考及讨论,并以生活化的方式让学生建构知识,最终于日常生活实践,这都需要有专业素养的加持。教师若没有专业的素养,在进行教学时难免会力不从心。

3. 将传统儒家经典融入蒙学孝道教育,多方配合才能取得成效

教师参与投入尤其重要,为学生创建富有意义的学习历程,尚有赖学校、师资培育机构的专业支援协作,以及家庭与学校的合作。在这其中,家校合作是促进学习成效的关键所在,不仅学校推行孝道,父母在家亦要重视孝道,多管齐下,才可以让学生体会孝道义理,愉快和均衡地成长。

二、台湾青年的孝道观及孝道行为

台湾自古以来就是中国的一部分。台湾民众的价值观、风俗习惯等也深刻体现了中国传统文化的浸染。因此,台湾民众的传统孝道观念深受我国传统儒家思想的影响,形成了非常传统的带有封建父权思想的孝道观。在台湾民众的传统孝道观念里,一方面,他们认为子女只是父母生命的延续,"身体发肤,受之父母",子女必须听从父母的命令,在父母面前必须谦虚恭敬;另一方面,他们认为子女孝敬父母是天经地义的事情。子女还应该努力拼搏来取得成就,以实现"荣宗耀祖,以显父母"的目的。

(一)当代台湾青年孝道观剖析

在现代的台湾社会,父母与子女间的关系随着时代的变化也发生了不小变化。当代年轻人不再严谨地恪守着传统的"凡事不违就是孝"的观点。一次对台湾青年的调查中有"结婚后,你会选择与父母同住吗"这一题目,其中70%的人选择不会和父母同住,他们认为:"最好是与父母比邻而居,这样的话既可维持联系,又可保持相对的独立。"且受教育程度越高的人,对这一观点越认同(伊庆春,2014)。这一点深刻地反映了当代台湾青年的孝道观与传统孝道观的差异。当代台湾青年的孝道观主要有以下两个方面特征。

1. 当代台湾青年讲求孝道应具有双向性与互益性

台湾青年不再束缚在父母的严格管制下,他们眼中,父母子女之间应以良

好方式互相尊重,善待对方。孝不应是对自己的单向要求,也就是说,他们讲求孝道的双向性与互益性。有些学者指出传统的孝道也考虑到了"父慈子孝"的双向关系,然而即使是儒家的经典,也处处暴露出"重孝轻慈"的明显倾向。如儒家著"孝经"而不著"慈经"便是重孝轻慈的千古明证。当代台湾青年更重视孝应以子女对父母的深厚感情为基础。今日中学生与父母是有代沟的,在开放的现代社会环境中,子女有些事会闷在心里,不肯告知父母,或对父母行径不满而表示沉默或无言的反抗(林顺华,1997)。

鉴于此,当代台湾青年认为孝道的新理念应该是双向互利的。当代的台湾青年不再因传统受到父母的严格控制,他们认为父母与子女之间应该是相互尊重的。孝道不应该只是父母单方面对子女提出的严苛要求,也就是说,当代的台湾青年非常看重自己与父母之间权利的对等,他们希望的是可以与父母保持一种双向互利的关系。有学者指出,虽然传统孝道观念提倡的是"父慈子孝"的一种良性的互动模式,但在封建传统的伦理纲常之下,"父慈"往往被抛弃、被忽略,而是只将"子孝"这一方面进行放大,这是由于传统的封建农业社会,为维持社会及家庭的稳定性和连续性,便只强调"父权至上"。这种观念随着人们个体意识的觉醒,在当代社会很难被认可。在当代,不仅仅是子女,父母也都普遍认为亲子之间最重要的应该是浓厚的亲子感情。

2. 当代台湾青年的孝道观还体现了自律的道德原则

根据威尔森的理论,个体的社会性思维方式主要有两种:"他人中心取向"和"自我中心取向"。

"他人中心取向"的思维方式主要表现为以他人为权威,即会将他人的标准和命令来作为自己行为的基础。"自我中心取向"体现的是以客观存在的原则作为自己行为的基础。这两种一般的思维方式体现在道德上便是所谓的"他律道德"和"自律道德"。他律道德表现为个体道德判断随外部环境和条件的改变而改变。而自律道德体现的是对道德原则精神的理解,不容易因外部环境和条件而变化。孝道观念作为一种道德伦理价值观念,其运作一定会受到个体思维方式的影响。因而在孝道观中持他律道德的通常表现为盲目遵从外在的道德要求,只是机械地"扮演"被要求的孝道角色,而不在意真正的孝内涵。孝道观中持自律道德的通常是超越了机械化、脸谱化的道德行为,其会依照道德原则的理解来决定自己的孝道角色与行为。

在古代封建社会,孝道被看作一整套的"他律道德",单纯强调封建伦理纲常的作用。这样的孝道观念已经不符合当代台湾青年的社会生活观念,当代台湾青年个人的倾向很强，他们不再盲目服从，而遵从自我内心的选择。因此，他们认为孝道的原则是非常私人化的，不需外部权威或规范来监督（陈宏志，2011）。

通过对当代台湾青年孝道观的了解，笔者发现随着中国社会的快速变迁，在市场经济不断完善，社会流动性逐渐增强，家庭结构发生根本性变化，以及西方思想价值观的影响的大背景下，个体的孝道观念也已发生了根本性的转变。当代青年强调权利的对等，体现亲子间情感关系的互利互惠的孝道观念占据主流地位，且相信自我的道德判断很难再受传统条条框框的束缚。

（二）孝道习俗与践行——"祖父母节"与"祖父母饼"

自2010年起，台湾教育主管部门将每年8月份的第4个星期日定为"祖父母节"，希望通过这个节日，让祖孙间多些互动，推广重视孝道伦理的观念。2012年更是创意出"祖父母饼"，用这个方式推广这个既年轻又具深刻传统意义的节日。

其实，"祖父母节"并非台湾首创，在美国、英国、俄罗斯、新加坡等国家已经存在。台湾已迈入老龄化社会，加之低出生率，使得传统的家庭结构发生了巨大变化，成为"豆竿型"多代少人的家庭结构越来越多。为了关心老年人生活，强调老人在家庭中的作用，特别设立"祖父母节"。台湾教育主管部门希望通过这一举措强调老年人的重要性，希望能够发挥"家有一老，如有一宝"的作用，促进老龄化社会的协调发展（叶光辉＆曹惟纯，2014）。

一提到中国传统节日，往往会和美食挂钩，因此，为了推广"祖父母节"，台湾教育主管部门在2012年特别创意推出"祖父母饼"，以饼传情，令人印象深刻。据台湾媒体报道，祖父母饼由红绿黄三种颜色的馅饼组成，绿色是祖父母饼，红色是父母饼，黄色是子孙饼，代表祖孙三代人三代爱与三代共享。为了真正实现借饼传情的目的，台湾教育主管部门也将祖父母饼的原材料和生产工艺等内容发布在互联网上，鼓励人们亲自动手做祖父母饼，共享三代人的温馨时光。

虽然外国也有祖父母节，但是台湾的"祖父母饼"是首创，且知识产权归台湾教育主管部门所有。此外，在祖父母节期间，台湾还会组织有关的康乐活动，提供更多游园参观优惠政策。

（三）小结

台湾孝道的发展历程也经历了由传统到现代的转变。从传统的父权至上的强调父母单向权威的传统孝道观念到现今提倡平等互惠的孝道观的形成，可以很清楚地看出因为社会的快速变迁,市场经济的不断完善,社会流动性的逐渐增强,家庭结构发生的根本性变化,以及西方思想价值观的影响,个体的孝道观念也已发生了根本性的转变。当代青年强调权利的对等,体现亲子间情感关系的互利互惠的孝道观念占据主流地位,且相信自我的道德判断不再被传统的条条框框所束缚。不得不承认时代发展对传统文化的冲击,以及个体思想转变对传统文化态度的影响。

当然,现今孝道依旧是台湾重要的伦理价值观念,且政府也在积极地采取措施大力地推广孝道,说明孝道在当今社会依旧存在价值。在传统与现代之间,如何找到平衡点与结合点,将传统文化的现实价值彻底地发挥出来,服务于当前的社会经济文化建设,将是一个值得我们长期探寻的问题。

第五节　新时代孝道教育的价值实现与启示

孝道的基本内容反映了人类世代交替和社会和谐、稳定发展的客观规律,是不同社会制度的国家进行公民道德建设的共同需要。儒家伦理道德的最高准则是"仁",而"仁"的含义是"孝悌"与"爱人"。在社会道德实践中力倡此类道德规范,协调个人与家庭、社会、国家之间的关系,达到人性和善、家庭和睦、社会和谐的目的。

一、新时代孝道教育的价值

由于对中国文化的普遍认同,韩国也有着非常悠久的重孝传统,且在现在大力推广孝道发展,是对孝道现世价值的肯定。新加坡在进行现代化建设时,将孝道塑造成其文化内核,并将孝道列为治国之本,通过精准化立法来保障孝道。东方国家在相似的文化背景下,基于对传统的坚守,对孝道传统与现世价值的肯定,通过现代化的手段来实现孝道在新时代背景下的转型。

西方国家原本源于宗教的感恩思想与中国传统孝道虽然有着截然不同的历史背景及思想文化氛围,但因其在表达与践行上存在一定的相似性,被认为是"西化泛化宗教化"的孝道,这是对孝道在维系人与人、人与社会之间关系的作用的肯定。而面对全球越来越严重的老龄化趋势,精神赡养的提出更是对孝道现世价值的再一次肯定。从关注物质到关注精神也体现了孝道的丰富内涵。

无论是通过立法、政府活动、教育等措施来维护传统孝道在现代的价值，还是香港采用传统儒家蒙学经典对幼儿进行孝道教育，并在其中融入现代的教育目的与教育理念与方法，还是台湾从传统的父权至上的强调父母单向权威的传统孝道观念到现今提倡平等互惠的孝道观的形成，无一不体现着传统孝道在现代社会背景下的分化。

二、孝道现世价值的转化

目前，我国正在全力构建社会主义和谐社会。尊老爱幼、家庭和睦、社会稳定等和谐社会公德的建立，需要弘扬孝道，进行孝道建设，发挥其积极作用，将其作为新时代道德建设的旗帜，引导人们注重自身道德修养，提升道德境界。要使历经两千多年发展而来的传统孝道在现代社会发挥价值，促进人类社会的发展，需要把握以下几个基本点。

首先，要立足于当前的实际国情。只有清楚认识了问题，才能更好地解决问题。分析当前社会现实问题的症结所在，发掘孝道的时代内涵，针对性地采取策略，是促进孝道现世价值转化的前提。

其次，加强法制建设，培养人们的民主意识和法律意识。法律有一定的约束力，把握当前的实际问题，借鉴他国经验，对当前孝道立法进行不断细化完善，这是孝道现世价值转化的保障。

再次，发展孝道教育是实现孝道现世价值的根本。关注学生个体内在发展，掌握学生的真实发展情况，以便及时采取措施。注重因材施教，注重运动和全方面素质的发展和能力培养，保护学生的个性与想象力，培养独立思考与判断能力，为践行孝道现世价值培养接班人。

最后，正确科学地推广传播孝道时代内涵是实现孝道现世价值转化的基本防线。当下媒体舆论传播影响力越来越大，同时媒体舆论也是双刃剑，如果能够科学合理地利用媒体资源对孝道的时代内涵进行宣传，将起到事半功倍的效果。应把握好内容与方法，守住这道基本防线。

总之，中国传统孝文化既有民主性的精华，也有封建性的糟粕，对于传统孝道所主张的封建迷信部分，应以科学理性的态度加以祛除，在此基础上结合现代生活，对其进行现代转化。为实现传统文化的现世价值，须坚持辩证法与唯物论，融入亿万人民建设社会主义的鲜活实践，赋予体现社会发展方向的时代精神，使其与当代社会相适应，与现代文明相协调，保持民族性，体现时代性，将孝文化这一传统优秀文化推向一个新的高度，为构筑中华民族精神家园作出新贡献。

三、新时代孝道教育的启示：传统与现代的博弈

通过对我国香港及台湾地区孝道相关活动的梳理，笔者很明显地发现传统孝道与现代孝道关系密切。孝道的传统性与现代性之间的博弈会随着社会发展、家庭变化和个人价值观的演化共生发展。

面对文化从传统到现代的转向，民众都有自己的判断标准。思想文化的流行都是基于当时的社会政治经济背景才产生的，当今我国正处在经济转型和文化重构的重要历史时期，如何建立好现代文化，找到传统文化与现代文化的衔接点是至关重要的。美国文化哲学家怀特说过："文化是一个连续的统一体，文化发展的每个阶段都产生于更早的文化环境。"（陈阳，2014）"现在的文化决定于过去的文化，而未来的文化仅仅是现在文化潮流的延续。"（丛桂芹，2013）所以，不能全盘否定传统文化，而应区分传统文化中的精华与糟粕，吸收其精华为社会主义服务，使传统文化走向现代化，才能更好地为社会报务，融入于家庭，陶醉于自我。

第三章 青少年孝道的内涵特征与现状

第一节 绪 论

青少年时期是个体生理和心理成长的重要时期,这个时期孝道信念的形成与发展将会对其一生的孝道行为产生重要影响。随着生理和心理的快速发展成熟,个体在认知情感等各个方面也都逐步完善,青少年时期也是孝道信念形成和发展的关键期。

首先,个体自我意识趋于成熟。随着知识的积累、智力的发展以及独立安排生活道路这一客观要求的逼近,青年的自我意识日渐成熟。他们倾心于认识自己的身心发展及其社会价值;独立地评价自己和别人,并逐渐克服评价的片面性,力求全面分析;初步形成稳定的性格特征;能较好地进行自我教育。其次,世界观初步形成。世界观的形成是一个人个性意识倾向性成熟的主要标志。世界观萌芽于少年期,初步成型于青年初期,到青年中后期进一步成熟。青年世界观的成型表现在他们对自然、社会、人生和恋爱都有了比较稳定而系统的看法。再次,青少年的兴趣、性格趋于稳定,能力有所提高。兴趣是个性倾向性的一个重要方面。青少年的兴趣是广泛而多样的,随着时间,逐步稳定,持久性提高,日益深刻。性格和能力都是最能表现个性差异的心理特征。性格在青年初期基本定型,此后的改变十分细小。最后,道德意识和道德行为水平提高。青少年开始进入自觉的道德水平阶段,形成信念,知道自己行动的原则。这一方面表现在道德意识在道德行为中的作用日益加强,所掌握的道德准则范围广、质量高;另一方面表现在道德情感中的直觉式情感逐渐减少,伦理道德式的情感体验开始占优势。此外,道德理想更为现实,知行脱节的现象也日趋减少。通过以上梳理,笔者了解到青少年时期的特点促进了孝道信念的发展。

一、孝道信念概念

我国孝道伦理流行至今,广泛被国人认同的基本含义为,孝是子女对父母所表现出的善行与美德,是奉养父母的准则。关于孝道内涵的划分,学者们的见解莫衷一是,主要观点如表3-1。

表3-1　孝道内涵的分类

学　者	内涵出处	包含维度	具体内涵表征
杨国枢等(1989)	《礼记》、"四书"、《孝经》及著名家训等	15	敬爱双亲、顺从双亲、谏亲于理、事亲于礼、继承志业、显扬亲名、思慕亲情、娱亲以道、使亲无忧、随侍在侧、奉养双亲、爱护自己、为亲留后、葬之以礼、祭之以礼
黄坚厚(1989)	现代生活中的孝道实践	6	爱护自己、使亲无忧、不辱其亲、尊敬父母、进谏双亲、奉养父母
肖群忠(1997)	现代生活中的孝道实践	4	爱心、敬意、忠德、顺行
范丰慧、汪宏等(2009)	经典文本与实证调查	4	养亲尊亲、顺亲延亲、护亲荣亲、丧葬祭念

随着我国心理学研究的本土化,学者们对孝道的心理学定义及内涵产生了较为一致的看法。在现代社会心理学角度下,杨国枢将孝道定义为子女以父母为主要对象而产生的社会态度与社会行为,即孝道态度和孝道行为的组合(杨国枢 & 叶光辉,1989;张立鹏,2012)。金灿灿(2011)指出,孝道信念为个体根据自己对孝道的看法和理解而采取行动的个性倾向,它影响着子女的孝道态度与孝道行为。

本书拟采用杨国枢的孝道心理学概念及金灿灿的孝道信念界定,两者均已被广泛认可和应用。

二、孝道信念的结构

杨国枢(1989)在归纳出传统孝道的15项内涵基础上,为有效测量孝道而将孝道分为四部分,即孝道认知(孝知)、孝道情感(孝感)、孝道意志(孝意)、孝道行为(孝行),分别编制了对应的测量问卷。其中,孝知与孝感的互相作用影响孝意,孝意则影响孝行的产生(杨国枢 & 叶光辉,1989),如图3-1所示。

叶光辉等人(2003)基于传统文化、现代文化与孝道之间的复杂关系,从认知发展取向角度出发，建立了双元孝道模型，指出中国人的孝道包含"互惠性"及"权威性"两种成分，即互惠孝道（reciprocal filial piety）与权威孝道（authoritarian filial piety），相对应地，代际存在两个层面上的亲子关系——独立平等关系与等级秩序关系。

互惠孝道以"爱与亲密"为情感基础，是子女发自内心感恩父母的情感；而权威性孝道以制度的"责任与义务"为根源，子女抑制自我甚至牺牲自我以完成父母要求。双元孝道模型发展已较为成熟，在实证研究中具有极为重要的地位，目前国内外孝道研究主要以此模型为研究基础或在其基础上编制测量问卷。不足在于，双元孝道模型只测量两类孝道，但现实中并非只存在两类孝道（利翠珊，2009）。

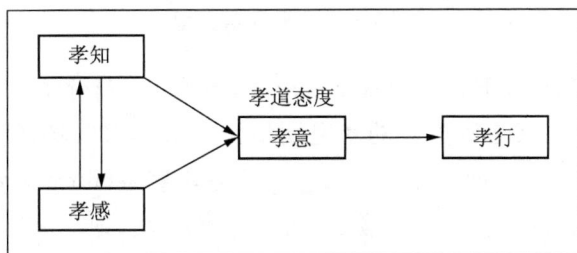

图 3-1　孝道结构

三、孝道信念的测量

整理国内外文献发现，目前常用且具有代表性的孝道问卷包括双元孝道信念问卷、孝道期望问卷、当代孝道问卷，具体内容如下。

1. 双元孝道信念问卷（Dual Filial Piety Scale，简称 DFPS）

Yeh 和 Bedford（2003）选取杨国枢等（1989）编制的孝道问卷题项，由尊亲恳亲、奉亲祭亲、抑己顺亲和护亲荣亲 4 个一阶因子构成互惠孝道与权威孝道 2 个二阶因子。在"亲子情感"和"家庭角色规范"2 个维度上，对互惠孝道和权威孝道进行排列组合，理论上得到 4 种孝道类型：高情感高权威型、高情感低权威型、低情感高权威型、低情感低权威型。（如图 3-2）但在实证研究中，叶光辉主要测量互惠性孝道（高情感低权威）和权威性孝道（低情感高权威），故称"双元孝道模型"。

目前研究中常应用的是 16 个题项的双元孝道问卷。16 题项双元孝道问卷的拟合指标良好，内部一致性系数均符合统计测量学的要求（Yeh，2004），已成为目前最为广泛应用的孝道问卷。因此,本书采用叶光辉的 16 题项双元孝道问卷。

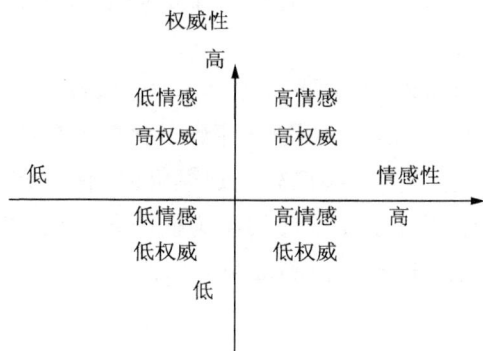

权威性

高

低情感 高情感
高权威 高权威

低 ——————————————————→ 情感性

低情感 高情感
低权威 低权威

低

图 3 - 2 4 种孝道类型

2. 孝道期望问卷(Filial Piety Expectation Scale,简称 FPES)

量表用于测量父母对子女的孝道期望。Wang 等(2010)针对研究中发现的孝道期望的二元性,即期望(expectation)与非期望(non-expectation),编制了孝道期望问卷。问卷共 13 个项目,分为 2 个维度,即期望维度与非期望维度,采用 5 级计分,其中“1”表示非常不同意,“5”表示非常同意。目前该问卷已对 495 名 53～88 岁中国大陆人施测(傅绪荣,汪凤炎,陈翔 & 魏新东,2016)。存在主要问题为非期望维度题项较少。

3. 当代孝道问卷(Contemporary Filial Piety Scale,简称 CFPS)

Lum 等(2015)基于传统孝道的家长绝对权威淡化,编制符合现代孝道特点的当代孝道问卷。此问卷共 10 个题项,包含 2 个因子——实用性义务(pragmatic obligations)与同情性尊重(compassionate reverence)。当代孝道问卷对 1080 名中国香港人进行施测,研究对象的年龄跨度为 18～97 岁(傅绪荣等,2016)。存在主要问题为缺乏扎实的理论基础,且有待进一步扩大施测范围。

第二节 青少年孝道信念的内容及演化规律

本书选取中学生(初中生、高中生)、大学生及研究生 3 个群体作为调查对象,期望能发现青少年从初中一直到研究生阶段的整体孝道变化与差异,对青少年孝道信念现状做一个基本的梳理,希望可以从中归纳出青少年孝道信念的概况及其演化规律,为更好地促进青少年孝道信念的形成和良好地践行其孝道行为提出建议。

一、研究对象

在将数据整合后,得到了1157个样本,包含中学生、大学生及研究生,人口学变量分布如表3-2所示。

表3-2 人口学变量分布(N=1157)

变 量	类 别	频 率	百分比(%)
学生类型	中学生	537	46.40
	大学生	284	24.50
	研究生	336	29.00
性别	男	491	42.40
	女	666	57.60
年级	初一	48	4.10
	初二	149	12.90
	初三	51	4.40
	高一	20	1.70
	高二	58	5.00
	高三	211	18.20
	大一	37	3.20
	大二	59	5.10
	大三	126	10.90
	大四	62	5.40
	研一	144	12.40
	研二	110	9.50
	研三	82	7.10

二、研究工具

采用叶光辉(2004)编制的双元孝道信念问卷(DFPS)作为量表,该量表共16个项目,包含2个维度即权威孝道信念与互惠孝道信念,问卷采用 Likert 6

点计分,每个项目按1(完全不认同)~6(完全认同)级评定,得分越高,表示孝道信念程度越高。以上均表明该量表具有良好的信效度,可用于研究。

表3-3　双元孝道信念问卷信效度指标(N=1157)

KMO 值	Bartlett 近似卡方	df	Sig.	累计解释方差	Cronbach α 系数	互惠孝道信度	权威孝道信度
0.865	6452.612	120	0.000	53.16%	0.834	0.859	0.796

三、青少年孝道信念总体水平

表3-4　青少年孝道信念总体水平(N=1157)

变　量	极小值	极大值	均值	标准差	每题均分
互惠孝道	12.00	48.00	44.26	4.77	5.53
权威孝道	8.00	46.00	23.67	6.68	2.96

从表3-4可以得出结论:权威孝道信念因子平均数得分为24分左右,互惠孝道信念因子得分在44分左右,各项目中单个题目的平均分值分别在3分、5分左右,数据相差较大。实际中整体对于涉及权威孝道信念的问题是"有点不认同"居多,对于互惠孝道信念所涉及的问题"相当认同"的居多,说明如今青少年的互惠孝道信念高于权威孝道信念。

表3-5　青少年整体孝道信念各题目水平分布(N=1157)

维　度	题　项	极小值	极大值	均值	标准差
互惠孝道信念	a1	1.00	6.00	5.73	0.67
	a2	1.00	6.00	5.31	0.88
	a3	1.00	6.00	5.37	0.87
	a4	1.00	6.00	5.43	0.89
	a5	1.00	6.00	5.43	0.89
	a6	1.00	6.00	5.69	0.79
	a7	1.00	6.00	5.68	0.82
	a8	1.00	6.00	5.39	0.90

维　度	题　项	极小值	极大值	均　值	标准差
权威孝道信念	a9	1.00	6.00	3.50	1.12
	a10	1.00	6.00	3.04	1.35
	a11	1.00	6.00	2.25	1.22
	a12	1.00	6.00	2.47	1.21
	a13	1.00	6.00	3.20	1.25
	a14	1.00	6.00	3.46	1.36
	a15	1.00	6.00	2.77	1.45
	a16	1.00	6.00	2.99	1.41

表 3-5 是对青少年整体孝道信念 16 个项目的极小值、极大值及均值和标准差的描述。在各项目均值上,得分排在前三的依次是 a1、a6 和 a7,这三个项目所代表的题目"对父母亲的养育之恩心存感激""多留心父母亲的身体健康""父母亲去世,不管住得多远,都要亲自奔丧",体现了对父母亲由内而外的整体的孝道观念,说明青少年群体对孝道信念的认可程度基本一致。

均分排在后面的三个依次是 a11、a12 和 a15,与之前的结果一致。这也体现了青少年群体孝道信念的连续性,整体都对传统孝道中的不认同成分表示不赞同。

四、青少年孝道信念在不同人口学变量上的差异分析

1. 青少年孝道信念在性别上的差异分析

为探究青少年孝道信念在性别上是否存在差异,本研究将孝道信念的两个维度作为因变量,将性别作为分组变量进行独立样本 t 检验,得出的结果如表 3-6 所示。

表 3-6　青少年孝道信念在性别上的差异分析($N=1157$)

	性别	均值	均值差值	标准差	F	t	$Sig.$(双侧)
互惠孝道	男	42.841	−2.058	5.436	38.091	−7.410***	0.000
	女	44.899	−2.058	4.012			

	性别	均值	均值差值	标准差	F	t	$Sig.$（双侧）
权威孝道	男	24.387	1.244	6.964	1.098	3.143**	0.002
	女	23.143	1.244	6.420			

注：* 代表 $p<0.05$，** 代表 $p<0.01$，*** 代表 $p<0.001$

如表 3-6 所示，青少年互惠孝道信念上，男女生存在显著差异（$t=-7.410***$，$p<0.001$），且女生高于男生；在权威孝道信念上，男女生存在显著差异（$t=3.143**$，$p<0.01$），表现为男生高于女生。所以，在青少年阶段，其孝道信念在性别上的差异表现为女生相较于男生持有更高的互惠孝道信念，男生相较于女生持有更高的权威孝道信念。

2. 青少年孝道信念在不同阶段上的差异分析

为探究青少年不同阶段在孝道信念上是否存在差异，将孝道信念的两个维度作为因变量，将学生类别作为因子变量进行单因素方差分析，得出的结果如下表 3-7 所示。

表 3-7 青少年孝道信念在不同阶段上的差异分析（$N=1157$）

变量	阶段	N	均值	标准差	F	显著性
孝道信念	中学生	537	67.674	8.646	4.899**	0.008
	大学生	284	66.570	8.179		
	研究生	336	68.684	8.115		
互惠孝道	中学生	537	44.216	4.037	9.591***	0.000
	大学生	284	42.993	6.523		
	研究生	336	44.595	3.928		
权威孝道	中学生	537	23.458	6.701	0.959	0.384
	大学生	284	23.577	6.829		
	研究生	336	24.089	6.521		

注：* 代表 $p<0.05$，** 代表 $p<0.01$，*** 代表 $p<0.001$

由表 3-7 可以看出，青少年的孝道信念在年级上存在显著差异（$F=4.899**$，$p<0.01$），通过比较均值可以发现，研究生整体孝道信念水平最高，且在互惠孝道信念和权威孝道信念上的均值也最高。通过事后比较发现，在互惠孝道信念上，中学生、大学生和研究生之间均存在显著差异（$F=9.591***$，$p<0.001$）。（具体分布如图 3-3，图 3-4 和 图 3-5）

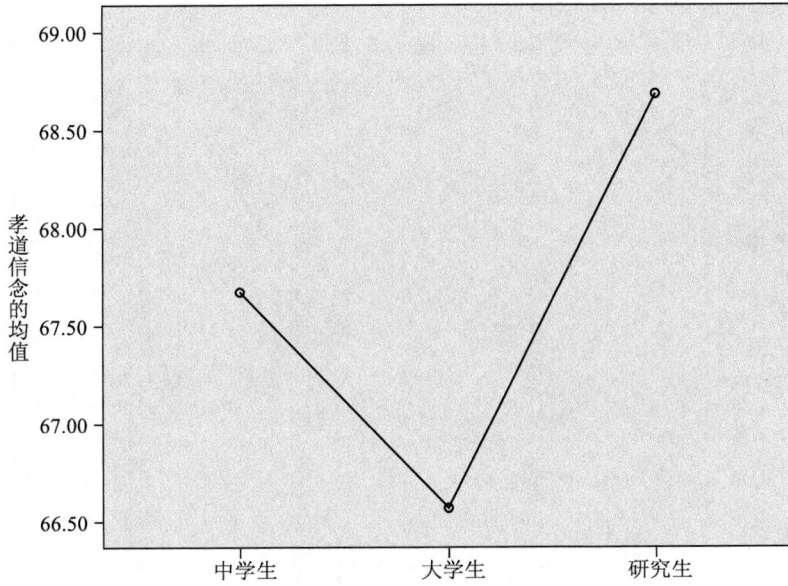

图 3 - 3　孝道信念在不同阶段上的分布

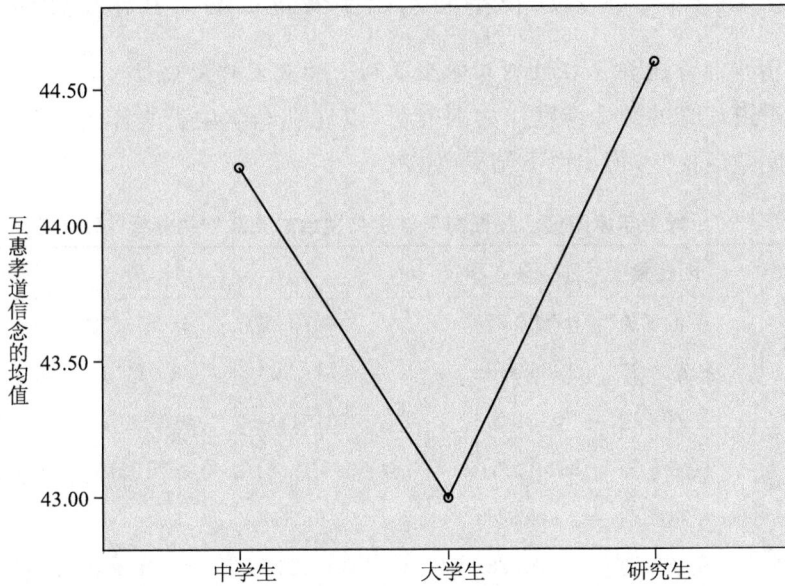

图 3 - 4　互惠孝道信念在不同阶段上的分布

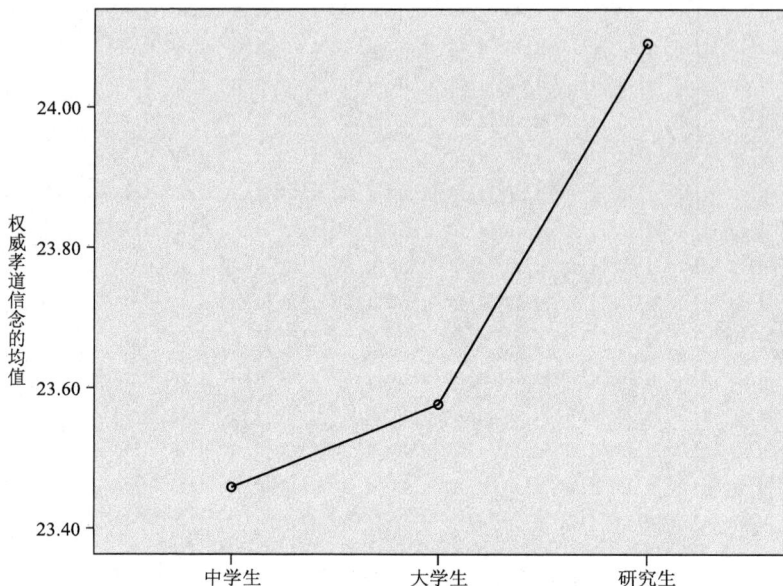

图 3-5　权威孝道信念在不同阶段上的分布

五、青少年孝道信念在不同人口学变量上的交互作用分析

1. 青少年孝道信念在性别与学生类别上的交互作用分析

将孝道信念的两个维度作为因变量，以性别和学生类别作为交互变量进行主体间效应检验，得出以下结果，如表 3-8 所示。

表 3-8　青少年孝道信念在性别与学生类别上的交互作用分析（$N=1157$）

源	因变量	Ⅲ型平方和	df	均方	F	$Sig.$
校正模型	互惠孝道	1788.280a	5	357.656	16.739***	0.000
	权威孝道	1086.313b	5	217.263	4.95***	0.000
截距	互惠孝道	2016425.5	1	2016425.5	94372.837***	0.000
	权威孝道	591102.616	1	591102.616	13467.331***	0.000
学生类别	互惠孝道	332.624	2	166.312	7.784***	0.000
	权威孝道	128.528	2	64.264	1.464	0.232
性别	互惠孝道	1165.321	1	1165.321	54.539***	0.000
	权威孝道	678.807	1	678.807	15.466***	0.000

续　表

源	因变量	Ⅲ型平方和	df	均方	F	$Sig.$
学生类别 * 性别	互惠孝道	284.643	2	142.322	6.661**	0.001
	权威孝道	549.199	2	274.6	6.256**	0.002

注：* 代表 $p<0.05$，** 代表 $p<0.01$，*** 代表 $p<0.001$

　　由表 3-8 可见，大学生的性别与学生类别在互惠孝道信念与权威孝道信念上均存在显著的交互作用，具体交互作用如图 3-6 和图 3-7 所示。在互惠孝道信念上，男生大学阶段的得分远低于中学及研究生时期，而女生整体都比较平缓，且处于较高水平。在权威孝道信念上，男生在大学时期的得分远高于中学阶段，在中学到大学这一阶段，其权威孝道信念水平有一定加强，而女生在大学生阶段出现了最低值。

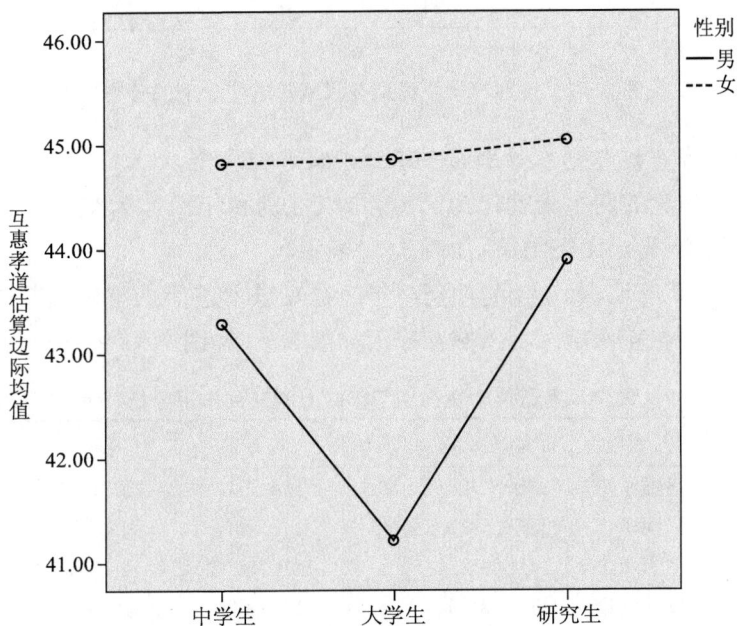

图 3-6　性别与学生类别在互惠孝道信念上的分布

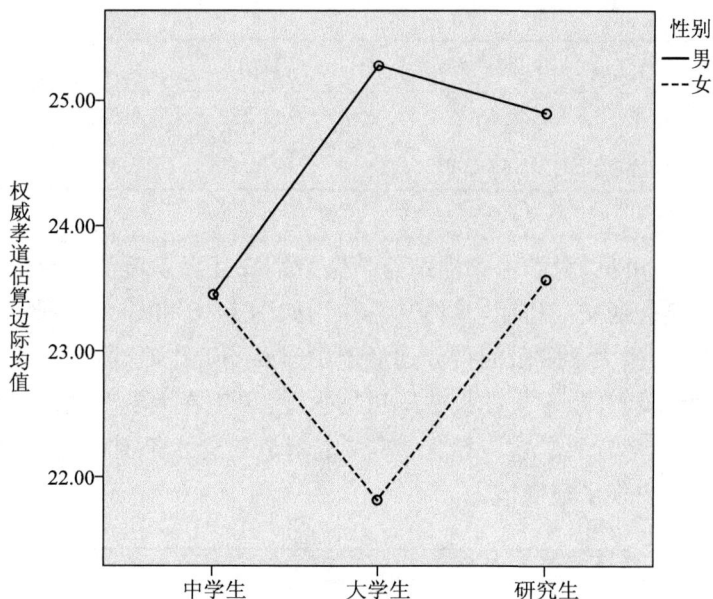

图 3-7　性别与学生类别在权威孝道信念上的分布

2. 青少年孝道信念在性别与年级上的交互作用分析

将孝道信念的两个维度作为因变量，以性别和年级作为交互变量进行主体间效应检验，得出以下结果，如表 3-9 所示。

由表 3-9 可见，大学生的性别与年级在互惠孝道信念与权威孝道信念上均存在显著的交互作用。具体交互作用如图 3-8 和图 3-9 所示。

表 3-9　青少年孝道信念在性别与年级上的交互作用分析（$N=1157$）

源	因变量	Ⅲ型平方和	df	均方	F	$Sig.$
校正模型	互惠孝道	3869.772a	25	154.791	7.777***	0.000
	权威孝道	3578.112b	25	143.124	3.37***	0.000
截距	互惠孝道	1441620.291	1	1441620.291	72428.587***	0.000
	权威孝道	415378.29	1	415378.29	9781.762***	0.000
性别	互惠孝道	270.512	1	270.512	13.591***	0.000
	权威孝道	903.222	1	903.222	21.27***	0.000
年级	互惠孝道	1415.696	12	117.975	5.927***	0.000
	权威孝道	1702.068	12	141.839	3.34***	0.000
性别＊年级	互惠孝道	951.65	12	79.304	3.984***	0.000
	权威孝道	1717.966	12	143.164	3.371***	0.000

注：＊代表 $p<0.05$，＊＊代表 $p<0.01$，＊＊＊代表 $p<0.001$

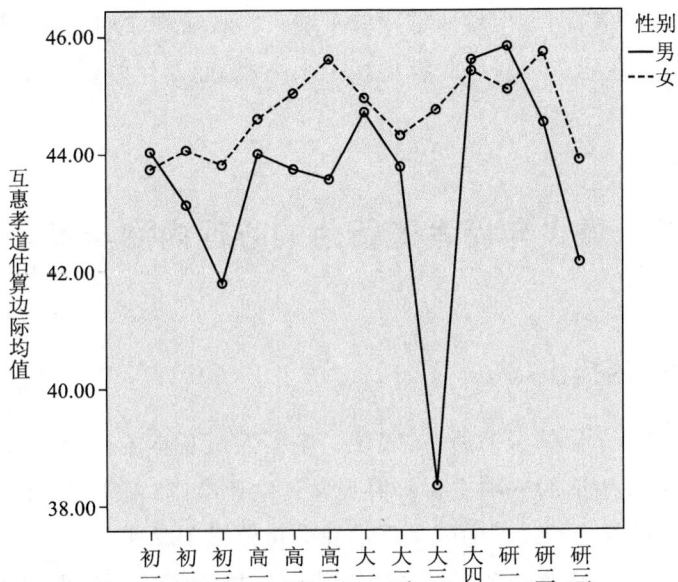

图 3-8　性别与年级在互惠孝道信念上的分布

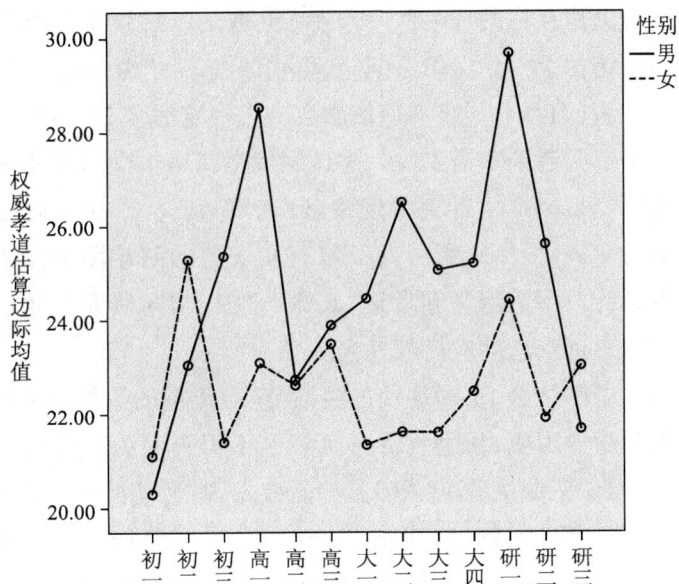

图 3-9　性别与年级在权威孝道信念上的分布

在互惠孝道信念上，男生整体略低于女生，整体趋势有较大波动，在大三时期出现了最低值；而女生整体都比较平缓。在权威孝道信念上，男生整体高于女生，且男生在初三和研一时都出现了小高峰，而女生整体的波动水平相较于男生来说显得较为缓和。

第三节　青少年新孝道行为的心理内涵与实证研究

一、问题的提出

孝道是中国文化的根源所在，表现了中国人最基本的社会和宗教观念，至今仍是中国家庭生活的一项主要价值观念和生活准则（范丰慧，汪宏，黄希庭，史慧颖 & 夏凌翔，2009）。中国父母的社会化植根于孝道，亲子关系中的角色规范、责任、义务也来源于孝道。孝道对子女从物质到精神都做出了一系列的要求，包括对父母的赡养、祭念、顺从、尊重和爱。在传统社会，孝道被视为儒家的伦理之首，一直以来都被奉为行为的圭臬（董文婧，2016）。

作为特殊历史而存在的"80 后""90 后"更多是以独生子女的身份成长的"新生代"。与传统的上一代父母不同，新生代的"90 后"在自我追求过程中，面对外在世界的冲击，内心对传统孝道信念会产生一定程度的抵抗，履行家庭孝道行为的过程中也会遇到孝道困境。孝道困境是指有关父母需求或孝道价值与个人的其他价值目标产生冲突的现象（叶光辉，1995）。田圣政（2013）提出对于孝道困境的解释，指出晚辈尽孝长辈时所遭遇的两难境地及当前的种种孝道失范现象。针对孝道困境和孝道"衰微"现象，国内研究者通过实证研究发现青年子女的孝道观念确实已经发生改变。

日益严峻的老龄社会、不断加快的生活节奏、繁重的工作压力使得城市中年子女必须面对赡养困境，新生代的孝道观也不得不因为自己行为的改变而发生变化（李琬予，寇彧 & 李贞，2014）。研究发现，目前社会整体孝行水平和孝道期待正在下降（Croll，2006；Wang et al.，2010）。路佳（2016）基于湖北省 14 个村的调查数据，以共计 327 位 60 岁及以上的农村老年人为研究对象，分别考察了这部分老年人对传统孝道观念的看法和对子女孝行为的评价。研究结果发现，父母和子女由过去的"盲目顺从"变成"平等商议"，传宗接代观念逐渐弱化,男女平等观念增强。老年人不再要求子女时刻随侍在身,"悦亲"得到强化。

关于孝道行为,杨国枢和叶光辉(1989)等曾提出"尊勤恳亲""抑己顺亲""奉养祭念"及"护亲荣亲"等孝道成分的四方面。但随着时代变迁和研究的深入,叶光辉指出护亲荣亲、抑己顺亲及传宗接代的重要性已经逐渐淡化,但是奉养父母依旧是孝道最核心的部分,因而提出了"双元孝道模型"。双元孝道模型虽然经典,但主要聚焦在孝道信念上,针对孝道行为并没有再深入通过实证检验。黄坚厚(1989)也曾指出,孝的内涵包括爱护自己、不辱其亲、使父母无忧、尊敬父母、向父母进谏、奉养父母等六项。从心理学的观点来解释上述行为,孝道行为包括比如子女应学会保护自己,以免父母担忧;争取自我的充分发展,不辜负父母的期待;尊敬父母,要与父母融洽相处,为了父母好可适当对父母进行规劝;应该承担起赡养、扶助父母的责任。黄坚厚(1989)对初中、高中和大专学校的学生的孝道态度进行了研究,研究得出孝道行为不因被试的年龄或者是教育程度高低产生不同这一结论。同时,赡养父母、使父母高兴、荣耀父母等是被调查者赞同的比较重要的孝道行为。2012 年 8 月13 日,全国妇联老龄工作协调办、全国老龄办、全国心系系列活动组委会共同发布新版"二十四孝行动"标准。从新的标准上,笔者发现,社会变化促使孝道行为的表达和表现方式上都发生了变化,但依然基于传统孝文化践行孝道的内涵。

鉴于已有研究的梳理,笔者更有浓厚的兴趣:针对"新孝道行为",青少年群体的认同度如何;在现实生活中,青少年群体的新孝道行为体现了传统孝道的哪些元素。

二、研究方法

Lee(1974)曾提出有关个体孝道认知发展的五阶段模型。理论模型认为孝道的外在体现是通过物质性和精神性(情感性)来表达,物质奉养和精神支持越多,表达越充分,认为孝道的程度就越大。孝道的核心内涵是"善事父母",包括赡养、顺从和悦亲等内容(杨国枢,1989),既包括对父母的认知与情感,也包括与之相应的行为。李琬予、寇彧和李贞(2014)通过分析经典孝道语句的内容发现,关于赡养的传统孝道观念是"随侍在侧"和"奉养双亲",即子女必须优先、亲自赡养父母且兼顾父母物质和精神两个层面的需求(叶光辉 &

杨国枢,2009)。基于已有文献,笔者总结大学生新孝道行为主要从力所能及的物质和精神两个方面界定,结合内心感悟和外在表达,从四个维度挖掘"新孝道行为"的结构内涵。

(一)半结构访谈和问卷编制

本研究在对 19 名大学生、5 名初中生和 5 名高中生进行的半结构访谈的基础上,结合新版"二十四孝行动"标准和 Ng 等(2000)开发的孝道实践问卷,根据访谈提纲回答孝道行为的问题。采用半结构访谈和群体焦点访谈的方式,要求回答者对题目描述的特征表达知觉。采用焦点访谈追问的方式,被试需要采用具体事例表达如何践行孝道行为,以及孝道行为的前因后果和相关脉络。通过完整的表述,笔者和研究团队对访谈资料进行整理、编码,形成新孝道行为初步量表。

该量表测量"养亲奉亲""荣亲悦亲""抑己顺亲"和"护亲谏亲"4 个维度共27 个项目,由于本研究立足于青少年的孝行感受,因此基于青少年的测量集中于回答者对成长过程中感受的践行孝道的知觉,根据这种不同情境的变化以及访谈所得到的质性研究材料,本研究对上述题目的表达上又进行了适应性修改。从直接开发的问卷题目看,虽然已有文献发现"抑己顺亲"不再是青少年认同的主流孝道行为,但笔者认为面对冲突如何作出决策正是青少年表达孝道行为的最敏感的有效测量方式。因此,本研究把"新抑己顺亲"的孝道行为纳入"新孝道行为"的量表中,经过对内容的反复推敲,最后 3 位心理学成员构成的小组对内容效度做了一致性判断。

从问卷的试测看,调研对象主要集中在上海、南京、无锡、常州等长三角地区,通过试测,进一步检验问卷题目在代表性、区分度、简洁性和准确性方面的质量,在 5 位专家的建议下,对一些问卷题目进行修改,并删除一些题目,形成最终的正式问卷,共 22 个题目。问卷采用 Likert 5 点量表,1 到 5 表示从很少如此到经常如此。

(二)取样与数据收集

第一套样本由 455 位青少年样本填写的问卷组成。研究者发放问卷 520份,回收问卷 475 份,回收率 91.35%,剔除无效问卷 20 份,有效问卷 455 份,有效回收率为 87.50%。样本的基本情况如描述所示,收集的数据用于青少年新孝道行为的探索性因素分析。

第二套样本由 485 位青少年样本填写的问卷组成。研究者发放问卷 553

份,回收问卷 515 份,回收率 93.13%,剔除无效问卷 30 份,有效问卷 485 份,有效回收率为 94.17%。收集的数据用于青少年新孝道行为概念构思的验证性因素分析。从回答者的情况看,女性 63.2%,男性 36.8%,初中生 12.6%,高中生 15.2%,大学生 48.5%,研究生及以上 23.7%;从样本背景看,独生子女 63.6%,非独生子女 36.4%;在家庭类型上,双亲家庭 81.2%,单亲家庭 18.8%。

(三)统计分析

数据分析采用 SPSS19.0 和结构方程建模软件 AMOS17.0。统计分析方法包括探索性因素分析和验证性因素分析。

三、研究结果

(一)探索性因素分析

经过项目变异和样本检验,本研究发现母群体可以进行因素分析(Bartlett's 球度检验:Approx. Chi-Square = 1529.621, $df = 390$; $KMO = 0.896$***),碎石图显示保留 4~5 个因素较为适宜。探索性因素分析结果表明,上述 22 个项目经过项目分析,去掉 2 个题目,剩下 20 个题目的"新孝道行为问卷"可初步抽取出 4 个因素,其中养亲奉亲共 6 个项目,荣亲悦亲共 6 个项目,抑己顺亲共 4 个项目,护亲谏亲共 4 个项目。所有项目的因素负荷都大于 0.30,范围从 0.498~0.867,内部一致性系数从 0.811~0.922,整体问卷的信度系数为 0.902。探索性因素分析结果具体见表 3-10。

表 3-10 青少年新孝道行为探索性因素分析结果(N=455)

测量项目	因素 1	因素 2	因素 3	因素 4
因素 1:养亲奉亲 α 系数=0.922 —为父母举办生日宴会	0.867			
—父母的零花钱不能少	0.799			
—定期带父母做体检	0.712			
—为父母购买和建议购买合适的保险	0.628			
—带父母去旅行或故地重游	0.616			
—陪父母看一场老电影	0.567			
因素 2:荣亲悦亲 α 系数=0.859 —带父母一起出席重要的活动		0.833		

测量项目	因素 1	因素 2	因素 3	因素 4
——支持父母的业余爱好		0.756		
——适当参与父母的活动		0.702		
——经常为父母拍照		0.678		
——教父母学会上网		0.652		
——节假日尽量与父母共度		0.498		
因素 3:抑己顺亲　α系数＝0.861 ——为了顺从父母亲,即使朋友不开心,也不会做违背父母利益的事情			0.845	
——不惜代价,放弃个人的志向,达成父母亲的心愿			0.832	
——有了勤工助学收入,首先想到送给父母礼物			0.759	
——从不跟父母提出超越其能力的物质需求,即使对自己很重要			0.747	
因素 4:护亲谏亲　α系数＝0.811 ——常跟父母做交心的沟通				0.849
——仔细聆听父母的往事				0.817
——打开父母的心结				0.716
——每周给父母打个电话				0.569
各因素解释变异的总百分比	69.652%			

（二）验证性因素分析

研究采用样本二对青少年"新孝道行为"问卷进行了验证性因素分析,其模型如图 3-10。研究发现,探索性因素分析的四维度模型得到了很好的验证:① 各因素与观测指标之间的路径系数值都较高,说明因素有较强的代表性和抽象性;② 各因素之间的路径系数都处在中等偏下水平,说明因素间有一定的区别性但存在关联性。从拟合指数情况来看,模型的整体拟合性良好。

本研究通过把四因素模型与其他备择模型进行比较,来判断其优化拟合程度(如图 3-11)。备择模型主要包括:M1,虚无模型;M2,单因素模型,即所有题目整合为一个维度;M3,二阶四因素模型,即在四因素基础上进一步抽取二阶因素;M4,四因素模型。

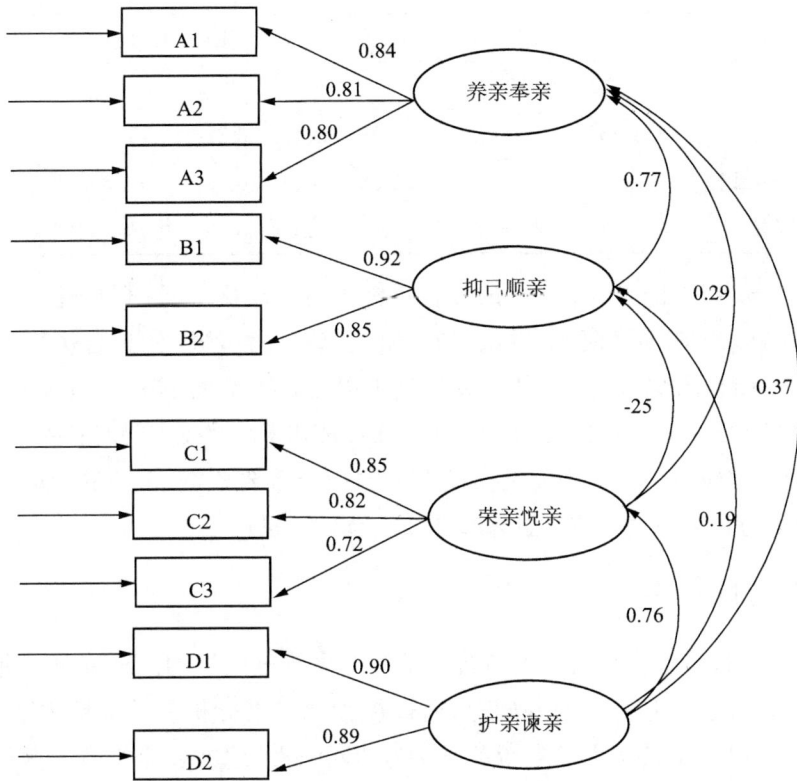

图 3-10　青少年新孝道行为结构模型的验证性因素分析

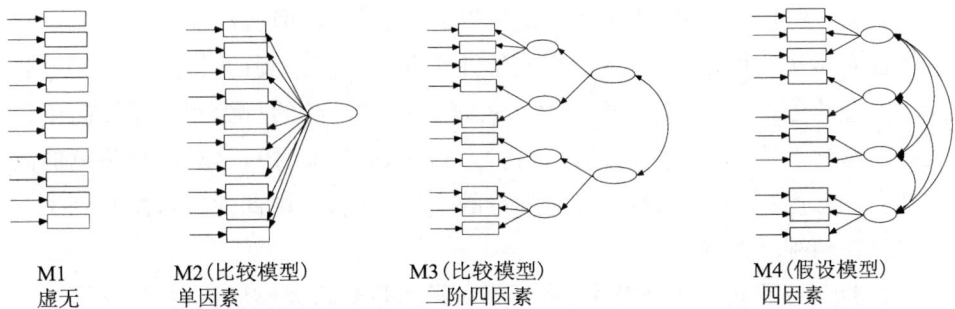

图 3-11　青少年新孝道行为备择模型:验证性因素分析拟合指数对比

表 3‑11　新孝道行为结构方程验证模型的对比（$N＝515$）

测量模型	X^2	df	GFI	AGFI	NFI	TLI	CFI	IFI	RMSEA
M1 虚无	719.396	36							
M2 单因素	1316.557	47	0.54	0.28	0.46	0.32	0.45	0.47	0.33
M3 二阶四因素	90.201	31	0.92	0.86	0.92	0.96	0.94	0.92	0.11
M4 四因素	89.003	29	0.95	0.90	0.92	0.93	0.94	0.92	0.79

　　表 3‑11 对上述 4 个模型的拟合指标进行了对比。M3 已经达到了可接受水平，即二阶四因素模型是可靠的。但是相对而言，M4 的拟合优度更为明显：① X^2/df 的比值更小。即自由度增加以后，X^2 减少的幅度更大。② 指标更优。即 GFI、AGFI、NFI、TLI、CFI、IFI、RMSEA 的显著性进一步增强。③ 模型更加简洁。化繁为简是模型选择的一个重要依据（温忠麟，侯杰泰 & 马什赫伯特，2004；侯杰泰，温忠麟 & 成子娟，2004）。

四、讨论

　　本研究提出青少年的新孝道行为是一个多维度的结构。经过对已有研究进行梳理，在访谈和开发的基础上，通过探索性因素分析和验证性因素分析，研究发现，结果支持了大学生新孝道行为的四因素模型。4 个维度包括养亲奉亲、抑己顺亲、荣亲悦亲和护亲谏亲。这 4 个因素构成了青少年"新孝道行为"的概念模型。这 4 个因素中，养亲奉亲（6 个项目），是个体能够亲自侍奉父母，从形式上，通过一定的物质条件满足父母的情感需求；抑己顺亲（4 个项目），即个体首先顺从父母，通过一定的物质条件实现他所能达到的目标，获得父母认同的心理感受；荣亲悦亲（6 个项目），表现为通过自己的行为和成绩倾向于让父母在精神上感到荣耀开心的评价；护亲谏亲（4 个项目），是对自我角色的内在知觉，通过关爱父母的行为和对父母的支持性建议，由此使父母感知到子女对自己在精神上的爱护。

　　在验证性因素分析环节中，采用更大样本量进行模型验证，在新孝道行为的 4 个备择模型中，四因素模型比二阶四因素模型具有更高的可靠性和准确性。

　　关于青少年新孝道行为内涵的探讨，国内外的研究只有有限的探讨，本研究基于已有孝道理论和实证文献，深入挖掘了中国青少年新孝道行为的问卷，取得了丰富的成果，也是一个不小的收获。新版青少年新孝道行为量表不仅信度和效度可靠,构思延续了传统孝道研究的成果,也更加完整,重要的而且很特别的一点是,新版问卷非常具有时代感。

本研究也存在局限性,取样仅局限于 4 所高校和 2 所初高中,更多集中在长三角 211 高校大学生样本中,小学高年级学生并未纳入样本。今后的研究中,笔者将继续在已有青少年新孝道行为的测量工具基础上进行拓展,并在更宽泛的不同层次的样本群体中深入挖掘,使测量工具更具代表性和可靠性。

第四节　青少年孝道信念的教育理念与建议

一、青少年孝道信念的教育理念

(一)理性自律,互相尊重

受到封建文化的影响,中国传统的孝道教育蒙上了一层封建迷信色彩,存在着一些因牺牲自己或他人,孝行感天动地的故事,或因不孝而遭到天谴的故事。较典型的有元代郭居敬的《二十四孝》中的部分故事。如郭巨"埋儿奉母",为了孝敬母亲,让母亲吃饱,郭巨决定把自己的儿子活埋,省下一份口粮,这样的孝行感动了上天,他在挖坑时得到一坛天赐的黄金。类似的故事还有真情融化冰河、"卧冰求鲤"的王祥。相反的故事有《镜花缘》中不孝的子女变成怪鸟的故事。这些故事主要把孝行和因果报应联系在一起,行孝则有好事发生,不孝则遭天谴。这样的设计忽视了人本身的自律和理性,让行孝变成一种外在的压力或诱惑。而现实生活中这些是不存在的,这样的观念会让真正的孝道理念大打折扣。因此,在进行孝道教育时,要注意培养青少年理性和自律的特质,摒弃传统孝道文化中的封建迷信成分。

尊重是最基本的礼貌,但当今社会,在亲子关系中,尊重常常容易被忽略。有些人认为礼貌是对外人的,在自己家中就可以随心所欲一些。由此会引发两种情况:一是青少年对父母的不尊重,二是父母对青少年的不尊重。前者也许是由于父母对孩子的溺爱,孩子会认为父母做所有事情都是应该的,所以对父母所做的事没有一句感谢。后者一般情况下会导致父母对孩子管教过严,或把自己的理想强加在孩子身上,强迫孩子按照自己的意愿行动。这样培养出的青少年在形成正确的孝道信念过程中都会存在一些障碍:不尊重父母的青少年因为获得的爱过多而忽视了父母的爱,不被尊重的青少年因为获得的爱过少而感受不到父母的爱。互相尊重是建立合理孝道信念的前提，要引起重视。

（二）注重平等，民主交流

孝道自古代发展以来，走向过政治化，成为过封建专制统治思想的根基。"父为子纲""天下无不是的父母""父叫子亡，子不得不亡"等等，都显示出孝道的极端化和不平等化，表露出封建统治下孝道的残酷和虚伪。这样的孝道利于封建君主维护社会的秩序，却不利于培养独立自尊的人格。我们现在生活在一个"人民当家做主"的时代，父母也应该抛弃那种"儿女是自己的私有财产"的想法，而应该注重现代孝道中与子女的民主关系。有民主，才能有效地沟通。在沟通中将孝道教育渗透到生活的方方面面，拒绝单方面的灌输和服从。

也应该建立家庭中的民主与和谐，要倡导父母与子女之间的民主协商、平等交流。一方面，父母与子女平等交流，能更加生动具体地了解子女的成长情况；另一方面，子女被当作平等独立的个体，在平等的方式下接受孝道的感染，这样才利于他们良好孝道信念的形成。在平等的交流中，遇见事情，父母可以以身作则，成为子女学习的榜样，子女也能在一定程度上体会到父母的辛劳。

（三）严爱相加，慈孝结合

俗话说"严师出高徒"，但单纯的"严父"不一定拥有好的亲子关系，亲子关系又影响着孝道信念的形成。好的"严父"是在该严厉的时候严厉，更重要的是他少不了对子女的爱。这样的父母既平等地倾听孩子的对话，为孩子创造出和谐的家庭氛围，又不会溺爱他们，同时用适度的教养方式规范孩子的不良行为。这种严爱相加的教育理念才是正确的教育理念。

传统孝道一开始要传达的思想是父母养育孩子花费了巨大的心血，这是"慈"，子女应该用"孝"来回报，这种思路有一定的合理性。但是在后来的发展过程中，君主专制统治下过于强调"父权至上"，片面强化"孝"，弱化"慈"，从而导致亲子之间形成被动、无交流的机械关系。现代社会，亲子之间的思维方式、行为模式、情感体验、世界观和价值观等存在较大差异，青少年的个体意识增强，思想倾向独立，这种强化"孝"、弱化"慈"的模式是行不通的，可能导致亲子关系紧张。当然，强化"慈"、弱化"孝"的模式也是不可取的，这样易导致亲辈抚养的义务加重，子辈赡养的责任弱化，形成"啃老族"。最好的模式是"慈""孝"结合，两者相容与交互。

二、青少年孝道信念的教育建议

(一)把握孝道的时代价值,树立现代孝道教育观

随着时代的发展,传统孝道的局限性逐渐暴露。如青少年自主意识加强,不再盲目接受传统文化的规范,以及提倡个人成就取向的现代成功评价标准,削弱了家庭意识,使得个人本位高于家庭本位,孝道的意识越来越淡化。尽管如此,孝道文化作为中华文化的一部分并没有消失,其对父母的赡养责任这一核心内容仍具有很强的时代价值。我们需要把握这个价值,在继承传统孝道的过程中"取其精华,去其糟粕",适应时代的发展,适应当下注重个体意识的现状。

传统孝道向现代新孝道转化是一个必然的趋势。新孝道只强调家庭内的亲子关系,与传统的泛孝主义不同;新孝道注重亲子间的亲密情感,与传统孝道中的父母权威不同;新孝道提倡互惠型亲子关系,与传统孝道强调权威型的亲子关系不同。此外,新孝道还重视子女的自律性和自主性,希望子女真正理解孝道的内涵,自愿孝敬父母,而不是被道德绑架。同时,新孝道的内涵也具有多样性。了解了传统孝道的变化和新孝道的特点,父母们更要引起重视,把握孝道的时代价值,树立现代孝道的教育观。

(二)强调亲子的双向义务,形成平等孝道价值观

在传统孝道强"孝"弱"慈"观念的影响下,亲子间的双向义务——"父慈子孝"的伦理实质易被人忽略。这其实是孝道信念中重要的一点。父母用心尽到养育的责任,慈爱子女,子女自发孝顺父母,感恩父母,这两者应该是相对应并成正比的。父母和子女都用心做到这一点,亲子关系才会越来越好。

随着平等观念的深入人心,青少年的个体意识加强,这就需要我们形成平等孝道的价值观,关心子女,父母将子女视为独立平等的个体。在现代社会中,子女作为社会成员的一分子,有独立完整的人格,有权利按照自己的意志行事,体现个人价值,自信自立已经成为现代人不可缺少的品质。父母不一定永远是对的,代际处理问题不再是单方面的顺从,而更多地是要通过沟通、对话等双向互动来协调亲子之间的关系。子女有自己独立的人格,有自己的想法,有自己的隐私,也有要求父母不加干涉的权利。代际关系为代际的互动提供了很多可能性,不拘泥于传统单向的输送,而是更有活力的双向的互动。平等和谐代际关系的建立更利于孝的形成与发展,也使得孝道的传承更有生命力。

（三）采取合理的教养方式，发展双元孝道信念观

家庭作为孝道形成之起点与核心，是子女构建孝道信念的基点。不同孝道信念的形成根源于不同的亲子互动模式，而不同的亲子互动模式产生于不同的家庭教养方式。父母应采用合理的教养方式，促进双元孝道信念的形成。基于双元孝道模型，家长应采取"理性施爱，慈严相济"的教养方式，均衡子女互惠孝道与权威孝道信念的发展。一方面，父母为子女营造轻松、和谐的家庭氛围，建立平等的亲子关系，以"关爱者""理解者"的身份教育与劝导子女，实施平等对话，学会倾听他们的想法，尊重他们的思考，积极对他们的行为和情感做出反应，形成具有安全感和强大的感情支撑的良性亲子关系，丰富他们内心的积极情感体验，促进互惠性孝道信念；另一方面，父母对子女应"爱而不宠、养而不骄"，切忌溺爱和放纵，而要采用适度的行为控制教养方式来规范他们的不良行为，促进权威孝道的形成。如此严爱相加的教养方式，有利于青少年双元孝道信念的均衡发展，促进他们心理社会适应的和谐发展，避免产生心理适应不良的现象。

（四）推动亲子间情感交流模式的构建

现实可行的孝道应以父母与子女间的深厚感情为基础，追求温馨愉悦的家庭氛围；推动亲子间情感交流模式的构建，帮助传统孝道的精神从传统忠孝观转向科学与民主意识、亲子人伦规范从片面义务的价值取向转向亲子人格平等的双重价值取向。这些转变体现在亲子情感交流中，从父母的角度看，意味着对子女个别差异的尊重和接受；而从子女的角度看，是重视自己的内在独立，同时也正确看待和维系对父母的感情依恋。因此，这种加强代际交流可以更好地促进和谐家庭氛围的营造，促进亲子关系的健康发展。除此之外，在强调代际情感交流模式构建的同时，也需重视子女的内在独立。协助代际的情感交流成为两者在内在独立和关系亲密之间维系平衡与和谐的桥梁。加强亲子间的情感互动与体验，让孝可以有对象表达，有地方表达，有合理的方式表达。构建亲子间的情感交流模式，可以使孝道更深入人心，更具稳定性。

三、小结

在对青少年孝道观念的梳理分析中，我们可以很清晰地看出传统孝道与当前时代发展要求及个体需求之间的差距。对青少年这三个阶段的孝道信念的分析使我们更好地理解传统孝道与现实社会发展之间的关系，为传统孝道的重建提供了现实证据。面对传统孝道从"失范"到"重建"，与其说对传统孝

道"取其精华,弃其糟粕",倒不如说是现实社会对孝道的"物竞天择,适者生存"。关于孝道的实证研究正是传统孝道与现实社会背景下相互选择与适应的验证。在时代浪潮的更迭中,孝道的失范是历史发展的必然,孝道的重建也是时代的要求。所谓的"取"与"弃",其实在发展过程中,时代与个体早已做好了选择,不适应时代需求的自然会被摒弃,符合时代要求的自然可以得以保留。不过,当然也不能否定个体的主动性,我们所要做的便是顺应规律并发挥主动性去使其更好地适应这个时代的需要。在传统与现实之间找寻到时代的规律,使孝道在新的时代能够重新绽放光彩。

第四章　大学生孝道信念的关键影响因素

第一节　绪　论

家庭功能对子女孝道信念的作用,不言而喻。孝道最初产生于家庭,其最初表达的是家庭内部最基本的伦理规范,也就是人与人之间的关系。在中国,传统文化、伦理道德以及各种舆论等都看重亲情,子女要孝敬父母,才能维系好亲子关系,照顾、赡养父母是子女应尽的义务和职责(王春艳,2014)。孝道应成为现代和谐的人际关系的价值渊源,从而和睦社会风尚。

1. 从教养方式视角,在家庭系统中,子女形成不同的孝道信念,父母扮演了重要角色

我国孝道本经由家庭教养而来,父母控制性和关爱性的教养方式是影响个体双元孝道形成的主要教养方式(李启明 & 陈志霞,2013)。父母常采用监督、规定、控制等较为固定的方式管教子女的行为和活动,被称为"父母控制"(冯琳琳,2013)。父母控制对青少年的身心发展具有十分重要的意义,一方面可促进青少年的社会化,另一方面阻碍了青少年的自主实现(李丹黎,张卫 & 李董平,2012)。家庭作为孝道形成的孵化基地,在教养活动中,父母对子女所采用的控制方式必然影响着其孝道信念。

在中国文化背景下,父母控制具有一定的特殊性。在儒家思想影响下,我国尊崇孝顺和长幼有序,孝也被拓展和泛化到家族以外的广大领域,孝道成为我国家庭生活、社会生活、政治生活以及宗教生活中最核心的伦理基础之一(叶光辉,2009),使得在家庭中易形成父母绝对权威与子女绝对服从的教养模式。父母采取心理控制性教养方式,与子女的互动具有一定的相对性和控制性,会运用撤销爱、服从权威、利用情感等手段,而互惠孝道强调父母是以平等理解的方式规劝子女,重视个体的友善性、平权态度、同理心倾向等特征,父母

与子女的互动具有一定的广泛性和开放性。因此，父母的心理控制与关爱性教养方式背道而驰，充满情感温暖和理解的教养方式是互惠孝道形成之基础。

2. 从亲子关系视角，父亲在位对子女的心理发展也发挥着重要功能

子女与父亲的关系是父亲在位和心理发展中最重要的部分。子女的父亲在位在心理上，并不依赖于任何一种家庭结构。即使父亲在位的功能不完整，比如，再婚家庭、单亲家庭以及隔代抚养家庭中的孩子和农村留守孩子所面临的父亲缺位都可以在一定程度上通过其他方式获得补偿。再婚家庭中的继父、单亲家庭中的母亲、隔代抚养家庭中的祖父或者外祖父，以及其他男性长辈成员、兄长、老师等对孩子心理发展的促进，使孩子获得高品质的父亲在位和积极的心理发展（蒲少华，李臣，卢宁 & 王孟，2011）。相关分析发现，父亲关爱、父亲鼓励自主与孝道各要素都存在显著正相关，而父亲控制和尊亲恳亲、奉养祭念、护亲荣亲都呈显著负相关，即父亲的过于严厉可能不利于孩子对孝的认知，只有父母的慈爱才能促进孩子对孝的认知，这与《颜氏家训·教子》中说到的"父母威严而有慈，则子女畏慎而生孝矣"是不一致的，时代的变迁也正促使着父母教养方式的变化（周红梅，2016）。

3. 从个体自我成长视角，青年独立自主的自我成长个性对孝道信念的形成和发展具有重要价值

大学生的个性发展在大学阶段非常明显。经济上还不独立的大学生，对父母的孝则更多地侧重于精神层面（梁明玉，2016）。已有研究发现，女生在养亲尊亲、护亲荣亲上的得分显著高于男生，表明女生更赞成养亲尊亲、护亲荣亲。随着社会的进步，"重男轻女"的思想在社会中已经淡化，男女在照顾父母、为家族带来荣誉等方面承担的责任相同，父母在对子女的抚养教育中会给予女孩更多的情感温暖、理解，女孩即使有过失也很少会受到像男孩一样严厉的惩罚，由于女性的情感细腻性，女生更愿意照顾、满足父母各方面的需求和期望（冯辉，张小培，杨昕岳 & 雒保军，2014）。

周红梅（2016）研究发现，大学生的外倾性、开放性与孝道中的抑己顺亲、尊亲恳亲、奉养祭念、护亲荣亲四要素都呈正相关；宜人性与尊亲恳亲、奉养祭念、护亲荣亲呈正相关；责任心与抑己顺亲、尊亲恳亲、护亲荣亲呈正相关；神经质与抑己顺亲、尊亲恳亲、护亲荣亲呈负相关。这说明大学生的个性特征与孝道信念关系密切。而张馨芳（2016）研究发现，作为独生子女的"80后""90后"这个特殊群体，虽然是继承和传递传统孝亲观念的主力军，但在孝亲观念上表现出"式微化"特点。独生子女的家庭责任感同感恩反哺父母的意识更加

淡薄,独生子女的自我意识严重,分享意识淡薄,对孝亲观念的"知"与"行"脱节。

综上所述,已有研究分别从家庭父母角色和个体自身个性视角梳理了其对大学生孝道的影响,本章内容拟从这两个方面验证大学生孝道信念的关键影响因素及其规律。

第二节 大学生孝道信念的影响因素:父亲在位视角

一、问题的提出

费孝通先生在《乡土中国》的"差序格局"经典观点中曾认为人与人之间的关系像水的波纹一样,根据亲疏远近,形成一层一层推出的差序。传统家庭孝道讲究人伦。肖群忠(2010)对伦的解释是:"从自己推出去的和自己发生社会关系的那一群人里所发生的一轮轮波纹的差序。"

作为子女最亲密的差序关系的父亲在位,其对孝道信念会产生重要的影响。差序格局中,最亲密的关系是家庭中的"亲子关系"。个体最早接触的人际关系就是与父母的关系,父母首先给予子女慈爱和呵护,子女在父母的爱中感受爱,体验并形成最初的道德责任感。孝道信念就是在这个家庭成长过程中形成的。孝不仅是"德之本",也是"教之所由生"。但是它确是一切道德的精神实质。

本研究中的父亲在位是强调以父亲的角色分析对子女的影响。孝不仅是养亲,还包括爱亲、敬亲、悦亲,从物质上赡养父母,并在精神上发自内心地爱父母。在接受了父母的慈爱后,大学生群体慢慢成为精神上成熟的个体。大学生虽然身体成熟,但他们在接受父母的慈爱过程中是无意识的,并没有深刻意识到对父亲的感恩,如"我完全没有意识到,正是父亲帮助我保持心态平衡"。(雷火香,2016)不仅如此,新生代大学生"弃孝和无孝"的现象凸显,作为修身的内容出现了严重缺失。孝道是中华民族的传统美德,是一个人事业成功发展的最重要的品质(韩文根,2016)。作为家庭关键影响因素,针对父亲在位对其孝道信念产生反哺影响的程度以及差异,本研究拟验证在不同家庭背景因素中,父亲在位对大学生孝道的影响及其变化规律。

二、父亲在位对大学生孝道信念影响的实证研究

（一）研究设计

1. 研究目的

个体孝道信念的形成与其家庭各个要素都有着不可分割的关系,之前的研究通常将孝道信念作为自变量,讨论个体孝道信念对其相关心理素质的影响,鲜少探究个体孝道信念形成发展的影响因素。基于此,本研究试图基于父亲在位这一理论模型,从个体对父亲的感知出发,探讨个体孝道信念形成的影响因素,即子女对父亲的感知以及家庭代际关系是否会影响个体孝道信念的发展与形成。这有助于家庭教养者对父亲存在的重要作用有一个更清晰、深刻的理解。因此,本研究的目的在于厘清父亲在位与大学生孝道信念的关系。

2. 研究对象

研究随机选取江苏省 3 所高校共 670 名本科生为调查对象,共发放问卷670 份,回收问卷 631 份,回收率为 94.18%,剔除无效问卷后得到有效问卷606 份,有效回收率为 90.45%。其中包括一年级 144 人(23.7%),二年级 160人(26.4%),三年级 164 人(27.1%),四年级 138 人(22.8%);男生 302 人(49.8%),女生 304 人(50.2%)。

3. 测量工具

(1) 父亲在位量表(FPQ - R - B)。采用蒲少华等(2012)修订的父亲在位问卷中文简式版。该量表有 31 个项目,采用 Likert 5 点计分。包含 3 个高阶维度,即与父亲关系(与父亲的感情、母亲对父子关系的支持、父亲参与的感知、与父亲的身体互动、父母关系)、家庭代际关系(母亲和外祖父的关系、父亲和祖父的关系)、父亲信念(父亲影响的信念)和 8 个子维度,即对父亲的感情(比如,"对我来说,父亲很重要")、母亲对父子关系的支持(比如,"母亲喜欢父亲和我共同参加活动")、父亲参与的感知(比如,"父亲参加我学校的典礼")、与父亲的身体互动(比如,"父亲曾让我坐在他的肩膀上")、父母关系(比如,"父亲和母亲相互帮助和支持")、母亲与外祖父的关系(比如,"母亲尊敬外祖父")、父亲与祖父的关系(比如,"和祖父在一起,父亲感到温暖和安全")以及父亲信念(比如,"父亲影响了子女在学校的表现")。

在本研究中,8 个子维度信度分别为 0.867,0.896,0.838,0.908,0.929,0.758,0.915,0.894,问卷整体 Cronbach α 系数为 0.946,以上均表明该量表具有良好的信度。

（2）双元孝道信念问卷(DFPS)。采用叶光辉(2004)编制的双元孝道信念问卷作为量表,该量表共 16 个项目,采用 Likert 6 点计分。包含 2 个维度,即权威孝道信念(比如,"当自己与父母亲意见不合时,要顺从父母亲的意见","放弃个人的志向,达成父母亲的心愿")与互惠孝道信念(比如,"多留心父母亲的身体健康","常关怀父母亲,了解父母亲")。在本研究中,权威孝道信念一致性信度值为 0.871,互惠孝道一致性信度值为 0.822,该问卷的整体信度数值 Cronbach α 系数为 0.914,此量表具有良好的信度。

4. 统计分析

本研究采用 SPSS19.0 进行统计分析,包括描述性分析、相关分析、回归分析和差异性检验。

(二) 研究结果

1. 描述性统计与相关分析结果

通过对父亲在位八维度和孝道信念两维度的统计,各子维度的平均数和标准差以及皮尔逊积差相关值见下表 4-1。

由表 4-1 可见,大学生父亲在位的 8 个维度分别与互惠孝道信念、权威孝道信念呈显著性相关。其中,对于互惠孝道信念,与父亲感情($r=0.552^{***}$,$p<0.001$)和父亲信念($r=0.504^{***}$,$p<0.001$)与其相关值最高。这说明,在位子维度中,与父亲的情感交流和思想交流对子女的作用与子女形成互惠孝道信念的关系最密切,父亲与子女的沟通越充分,情感交流越密切,子女越容易形成互惠孝道信念。

对于权威孝道信念,母亲对父子关系的支持($r=0.377^{***}$,$p<0.001$)和父母自身的关系程度($r=0.314^{***}$,$p<0.001$)与其相关值最高。这说明,父母之间的关系融洽,更容易建立一致性的教养方式和教养观念,母亲支持父子的关系更容易使子女信任,内心不产生冲突,易于服从,形成权威孝道信念。

此外,从母亲与外祖父的关系($r=-0.392^{***}$,$p<0.001$)和父亲与祖父的关系($r=0.281^{***}$,$p<0.001$)与权威孝道的关系的数据来看,父亲与祖父的密切关系更容易形成代际传递的家庭孝文化,子女更认同隔代传承的观念,因此内心的接受和服从很自然地渗透到子女的孝道信念中。本研究发现,母亲与外祖父的密切关系却呈现出相反的趋势。呈现显著性的负相关,说明母亲与外祖父的关系越密切,自己的子女与父亲越不容易形成权威孝道,分析原因,根据费孝通的差序格局理论,相比与祖父的关系,外祖父在子女心目中还要差一层差序格局,父亲和祖父的关系是直系血缘关系,母亲与外祖父的关系的作

表 4-1　父亲在位与孝道信念各子维度的相关系数、平均数和标准差 (N=606)

变　量	1	2	3	4	5	6	7	8	9	10	M±SD
1 与父亲的感情	1										17.33±3.29
2 母亲对父子支持	0.673***	1									11.32±3.24
3 父亲参与感知	0.683***	0.682***	1								12.31±4.33
4 与父亲身体互动	0.371***	0.386***	0.631***	1							12.46±4.65
5 父母关系	0.619***	0.681***	0.582***	0.189***	1						15.29±4.07
6 母与外祖父关系	0.053	−0.037	−0.112**	−0.174***	0.054	1					17.82±2.35
7 父与祖父关系	0.591***	0.545***	0.602***	0.435***	0.480***	0.074*	1				14.00±4.07
8 父亲信念	0.656***	0.537***	0.517***	0.430***	0.442***	0.047	0.452***	1			15.01±4.22
9 互惠孝道	0.552***	0.279***	0.271***	0.293***	0.385***	0.058	0.353***	0.504***	1		43.65±4.08
10 权威孝道	0.281***	0.377***	0.280***	0.090	0.314***	−0.392***	0.281***	0.281***	0.224***	1	24.81±6.67

注：$*\ p<0.05$，$**\ p<0.01$，$***\ p<0.001$

用不会产生像祖父那样的直接效应，但是会形成"社会比较效应"，即外祖父与母亲的关系更亲密、更温暖，反而父亲与子女的关系会形成"抑己顺亲"，自己会在内心产生认知冲突，因此不易产生权威孝道信念。

2. 父亲在位对孝道信念的回归分析

本研究分别以权威孝道信念和互惠孝道信念作为因变量，以父亲在位各高阶子维度作为自变量，进行逐步回归分析得出表 4-2。

表 4-2　父亲在位各高阶子维度对孝道信念的回归分析（$N=606$）

因变量	预测变量	R^2	ΔR^2	Beta	p	F	DW
权威孝道	与父亲关系	0.106	0.106	0.330***	0.000	96.370	
	家庭代际关系	0.127	0.021	−0.183***	0.000	59.001	1.897
	父亲信念	0.139	0.012	0.144**	0.001	43.625	
互惠孝道	父亲信念	0.253	0.247	0.366***	0.000	277.183	
	与父亲关系	0.275	0.020	0.155***	0.000	155.920	1.953
	家庭代际关系	0.281	0.020	0.095**	0.007	107.222	

注：* $p<0.05$，** $p<0.01$，*** $p<0.001$

表 4-2 结果表明，在父亲在位各高阶子维度对权威孝道信念的预测作用中，父亲在位中的 3 个高阶维度都进入回归方程，其总解释量为 13.9%，与父亲关系对权威孝道信念的预测力最强，可以解释 10.6%（β=0.330***，$p<0.001$），即子女与父亲的关系可以显著正向预测子女的权威孝道信念。家庭孝文化对子女的渗透作用，并非通过专制的方式，一旦子女与父亲形成强烈的亲密关系，比如，与父亲的感情深厚、母亲对父子关系的支持、父亲积极参与子女的活动、父母的关系和谐，都会形成良好的整体核心家庭关系支持系统，父亲在子女心目中占据了无可替代的特殊地位，子女会愿意"孝顺"，接受和服从父亲权威，从而形成权威孝道信念。

在父亲在位各高阶子维度对互惠孝道信念的预测作用中，父亲在位中的 3 个高阶维度都进入回归方程，其总解释量为 28.1%，父亲信念对权威孝道信念的预测力最强，可以解释 25.3%（β=0.366***，$p<0.001$），即子女的父亲信念可以显著正向预测子女的互惠孝道信念。父亲信念是指父亲对子女认知和行为的直接影响，比如，影响了子女与朋友的交往、子女的道德观和行为、子女在学校的表现甚至与异性之间的关系。从某种意义上，父亲信念不仅影响了与子女本身的关系，也影响了子女的生活社交网络，会使子女更关注与人的关系质量，因此，子女更易于形成互惠孝道信念。

　　此外，为了更进一步分析父亲在位各子维度对孝道信念的作用，本研究分别以权威孝道信念和互惠孝道信念作为因变量，以父亲在位8个子维度作为自变量，进行逐步回归分析得出表4-3。

表4-3　父亲在位子维度对孝道信念的回归分析（$N＝606$）

因变量	预测变量	R^2	ΔR^2	Beta	p	F	DW
权威 孝道	母与外祖父关系	0.153	0.153	−0.451***	0.000	147.357	
	母亲对亲子支持	0.285	0.131	0.245***	0.000	161.701	
	父与祖父关系	0.302	0.018	0.206***	0.000	117.311	1.855
	与父亲身体互动	0.334	0.032	−0.253***	0.000	101.844	
	父亲信念	0.356	0.022	0.186**	0.000	89.596	
互惠 孝道	与父亲感情	0.305	0.305	0.562***	0.000	357.629	
	父亲信念	0.340	0.035	0.232***	0.000	209.786	
	父亲参与	0.370	0.029	−0.389***	0.000	158.667	1.853
	与父亲身体互动	0.395	0.025	0.268***	0.000	132.222	
	父母关系	0.415	0.020	0.284***	0.000	114.708	
	母亲对亲子支持	0.439	0.025	−0.255***	0.000	105.544	

注：* $p<0.05$，** $p<0.01$，*** $p<0.001$。

　　表4-3结果表明，在父亲在位各子维度对权威孝道信念的预测作用中，父亲在位中的5个子维度进入回归方程，其总解释量为35.60％，母亲与外祖父关系对权威孝道信念的预测力最强，可以解释15.30％（$β＝-0.451***$，$p<0.001$），即母亲与外祖父关系可以显著负向预测子女的权威孝道信念。母亲对亲子支持的解释量为13.1％（$β＝0.245***$，$p<0.001$）。其他3个子维度分别为父亲与祖父关系、与父亲身体互动以及父亲信念。笔者总结发现，父亲在位各预测因子中，母亲在家庭中的关系对子女形成孝道信念起到关键作用，子女是否形成权威孝道信念，首先应该识别母亲在父亲在位系统中的关系质量。作为家庭中重要的角色传递者，母亲如何对外祖父，子女看在眼里，记在心里，也会对其进行理解，外祖父会在此过程中更容易传递给外孙辈互惠温暖，因此子女不易形成权威孝道信念。

　　但是母亲对父子关系会给予充分的支持，有助于子女形成权威孝道信念，母亲的支持至少说明父母在对待子女的教育问题上形成一致性，子女面对共同一致的教育理念，更容易听从父母的观点，建立权威孝道信念；而其他3个因子，即父亲与祖父关系、与父亲身体互动和父亲信念都是父亲与子女的互动要素,这些因素更容易形成家庭孝文化对子女的渗透作用,潜移默化地影响子女,顺从父亲。这些因素中,与父亲身体互动对父亲在位起到负向预测作用,与父亲身体互动越少,越容易建立权威孝道信念。这是因为,亲子身体互动越少,子女越易形成与父亲的距离感,内心形成权威的形象,从而形成权威孝道信念。

表4-3结果还表明,父亲在位6个因子进入回归方程,显著预测子女的互惠孝道信念。总体解释变异量为43.9%,其中与父亲感情解释量最高,达到30.5%($\beta = 0.562^{***}$,$p < 0.001$)。因为父亲在其心目中的重要地位,给予子女更多的温暖和交流,子女同样也会形成与父亲亲密关系的状态,因此,更容易形成互惠孝道信念。

3. 不同父亲在位水平上大学生孝道信念二因子的差异

本研究以父亲在位的3个高阶维度的8个分量表各自分为高分组和低分组,作为分组变量,以孝道信念的2个维度为检验变量,进行独立样本T检验,得出表4-4。

表4-4　不同父亲在位水平上大学生孝道信念二因子的差异性分析($N = 606$)

高阶维度	变量	组别	互惠孝道			权威孝道		
			均值	均值差	T值	均值	均值差	T值
与父亲关系	与父亲感情	高分组	46.89	4.15	8.765***	21.74	4.76	4.883***
		低分组	42.74			26.50		
	母亲对父子关系支持	高分组	47.10	3.51	8.394***	21.23	5.68	6.207***
		低分组	43.58			26.91		
	父亲参与感知	高分组	46.12	2.69	4.968***	22.10	4.81	5.200***
		低分组	43.42			26.91		
	与父亲身体互动	高分组	45.15	1.02	1.915	22.96	2.68	2.847**
		低分组	44.12			25.65		
	父母关系	高分组	47.29	4.21	11.038***	23.28	2.62	2.534*
		低分组	43.07			25.91		
家庭代际关系	母亲与外祖父关系	高分组	45.55	1.33	2.810**	27.16	5.34	5.707***
		低分组	44.22			21.81		
	父亲与祖父关系	高分组	47.39	4.37	9.553***	22.94	2.79	2.885**
		低分组	43.01			25.73		
父亲信念	父亲信念	高分组	47.06	4.15	0.380***	23.01	1.77	1.899
		低分组	42.90			24.79		

注:* $p < 0.05$,** $p < 0.01$,*** $p < 0.001$

由表 4-4,可以看出,在不同水平的与父亲关系的子维度上,被试在互惠孝道信念和权威孝道信念上均存在显著差异;在不同水平的与父亲感情上,被试在互惠孝道信念和权威孝道信念上均存在显著差异;在母亲对父子关系支持维度的不同水平上,被试在互惠孝道信念和权威孝道信念上均存在显著差异。互惠孝道信念在与父亲感情、母亲支持、父亲参与、父母关系、母亲与外祖父关系、父亲与祖父关系以及父亲信念的不同水平上均存在显著差异($p <$ 0.01);权威孝道信念在父亲感情、母亲支持、父亲参与、与父亲身体互动、父母关系、母亲与外祖父关系以及父亲与祖父关系维度上均存在显著差异($p < 0.05$)。

总结表 4-4 的研究结果,笔者发现,父亲在位的 8 个因子中,对于大学生的互惠孝道信念,高水平的父亲在位品质都显著高于低水平的父亲在位品质。即,与低水平相比,父亲在位水平越高,子女的互惠孝道信念越高;而对于大学生的权威孝道信念,总体趋势为低水平的父亲在位品质要显著高于高水平的父亲在位品质。即,父亲在位水平越低,与高水平相比,子女的权威孝道信念越高;其中只有一个因子的趋势不一致,即母亲与外祖父关系越密切,子女的权威孝道信念可能越低。其中的原因在前文已经论述。

本研究没有检验出父亲信念的不同水平在权威孝道信念上存在显著差异。尽管低水平的父亲在位,子女可能形成更高的权威孝道信念,但是本研究并未发现其中存在显著性的差异。看来,权威的父亲在位并非依赖于父亲信念形成,而更多依赖于整体父亲在位系统性的关系的作用。

(三)研究讨论与结论

1. 子女对互惠孝道信念与权威孝道信念的接纳度

从研究结果上,本研究发现,作为成年子女的大学生更容易接纳的是互惠孝道信念。进入大学阶段,意味着子女真正开始了相对独立的学习生活和社会实践活动。对于大学生而言,长期受到父母百般的呵护、管束而突然来到一个相对宽松的氛围,需要有一段时间的适应过程(年晓萍,2012)。依赖与独立相互矛盾地存在着:子女有独立的强烈愿望,但是又无法摆脱现实在经济上和精神上对父母一定程度的依赖。因此,子女期望父母给予自己温暖和理解,促进自我的成长和发展。

平等、独立、自立的需求使得大学生从内心中重新审视对父母的态度。对于孝道信念中的尊亲要素,子女都在内心中深刻认同,更会慢慢体验到父母亲对自己的养育恩情。在认知上,子女会注意和理解父母的良苦用心。但是面对就业、择偶和人生发展规划及适应,受到社会、大学教育和周边同伴的影响,大学生会重新审视自身面对的选择,将父母的选择作为重要的参考,但是仍旧会综合各种因素为自己设计人生。因此,权威孝道信念的接纳度上,不会只把注意力停留在单一的观念上,子女不会轻易放弃个人意愿,听从父母的安排。其实,这本质上,正是大学生发展阶段所面临的家庭、社会与自我对自身发展的决策问题,也是大学生独立人格成长和发展的必然结果。

2. 子女的互惠孝道信念与权威孝道信念受到父亲在位系统的影响

父亲在位的各要素,不会因为子女成人之后就回归到记忆中。Krampe(2009)认为高品质的父亲在位是一种积极的心理状态,有利于子女的心理发展。父亲在位系统会贯穿在子女成长的生涯中,子女的互惠孝道信念和权威孝道信念深受其影响,但是在大学阶段,表现更明显。

事实上,父亲在位体系最初已经渗透在子女的生命中。只有综合的父亲在位关系系统才能对孝道信念的形成发挥巨大的作用。比如,父亲的情感温暖、支持、理解能够使子女在愉快和安全的氛围中成长,有助于子女形成较高水平的自尊及自我效能感,并使子女学会在与他人的交往中理解宽容对方,人际适应良好。母亲对父子关系的支持可以预测子女的独立性和社会参与性,父母关系可以预测自信乐观。父母关系越亲密,家庭气氛越和谐,子女的心理健康水平就越高,当面对新的情境时,子女能更好地适应,更少地产生情绪困扰(年晓萍,2012)。这些因素形成的家庭氛围,子女身在其中而又受益于此。

本研究发现的结果认为,父亲在位的关系要素对子女的互惠孝道信念影响更强,而父亲自身的因素对子女的权威孝道信念影响更大。笔者认为,权威孝道信念不易在子女心目中建立。因为这其中的影响,并非只是单一的直接影响,更有可能有其他的间接效应在发挥作用。比如,有研究发现父亲在位影响子女的成就动机(蒲少华,卢宁 & 贺婧,2012)、人格特质(周红梅,2016)、性别角色的发展(蒲少华,卢宁 & 卢彦杰,2012)、自尊(蒲少华,李晓华 & 卢宁,2016)以及心理安全感(杨燕 & 张雅琴,2016)等等,这些要素对于子女的成长和成熟都会产生重要影响。综合这些要素的间接作用和父亲在位自身的影响,子女才可能建立发自内心的权威孝道信念。

对于子女形成的互惠孝道信念,父亲在位的家庭系统关系扮演了重要角色。儒家文化影响下的文化属性中最独特的,当属要求顺从父母的孝道思想体系。在孝道思想的影响下,受儒家思想影响的"互惠性"的孝道,被认为是父母为子女提供广泛多样的支持。作为一个全面的"感情—行为—认知"系统,孝道培养了顺从,于是父母可以在各种层面上运用子女的孝顺(柯仁泉,

2014)。父亲在位的各要素正是通过感情、行为和认知系统化地影响子女的互惠信念。大学生正处于人生价值观建立的关键期,对于互惠的理解会重新站在一定的高度上。相互支持和理解是真正的互惠,不再只是父母单方面的付出。

3. 差异性的父亲在位水平形成了不同的孝道信念水平

高品质的父亲在位必然会促进子女形成不同的孝道信念水平。高品质的父亲在位是感情、行为和认知的全方位渗透,子女自然会形成良好的互惠孝道信念和新的权威孝道信念。尤其在现代社会,独生子女仍旧是主流家庭范式,面对只有一个子女的现状,父母自然会把注意力和情感无私地给予子女。一方面,这可能会助长子女"想当然"地接受来自父母的爱;另一方面,因为受到来自家庭系统关系的更多层次的影响,子女更容易形成全方面的孝道信念。

此外,从家庭功能视角分析,家庭功能是个体成长和发展过程中必不可少的组成部分。根据 Bandura 的三元交互决定论,个体并非单向地受内在的倾向性或者外在的环境所决定和控制,情境、行为以及个体因素之间既是相互独立,又是相互决定的。比如,尊老意识及相关行为的习得受到环境因素与个体因素的相互作用影响(蒋怀滨等,2016)。因此,孝道认知反映个体受到家庭功能的积极影响。

三、父亲在位对大学生孝道信念影响的教育对策

1. 家庭系统中孝文化的渗透和传递

父亲在位是家庭教育系统中的重要影响因素。然而父亲在位所包含的因素是多方面的,同时也是系统化的。而父亲在位的系统化功能的有效发挥离不开家庭"孝文化"的渗透。随着时代的变化,生活方式也随之改变,人的观念也发生了变化。孝的方式与孝的内涵同样也跟着时代发展产生了变化。一方面,家庭系统中孝文化的渗透过程中,大学生群体强烈需要精神独立,随着社会压力的急剧增加,父母也同样需要自己的精神独立,这就需要父母亲和子女在此系统中共同发挥良好的支持功能,各自保证自我的相对独立性和依赖性的共生状态。另一方面,孝文化的传递过程中,三代人的互动不能只停留在孩童时代的单向模式,需要三代人共同构建。尊敬长辈,孝敬父母,爱护照顾、赡养老人,使老人能够颐养天年是子女的责任。同时,父母关心子女成长,给予他们足够的生活温暖,使家庭成为子女成长的港湾,也是父母应尽的义务(宋赟,2016)。

2. 子女的孝意识、孝情感和孝行动的培养

从传统到现代,孝的本质并没有变化,即子女对父母的一种态度表达。而不同的是,传统之中的泛孝主义正在为现代人所提倡的亲子互动式的孝道观念所替代(董坤,2016)。杨国枢(1989)提出的孝道概念论述了可能影响孝道态度与孝道行为的主要因素。如图 4-1,可以发现,通过多种因素,"孝知"和"孝感"综合作用直接影响"孝意","孝意"结合社会因素与条件、子女性格与状况、父母性格与行为,最后产生不同的行为结果——"孝行"。笔者认为,子女的孝道信念与孝道行为的形成并非一蹴而就,父亲在位即使是其中的关键影响因素之一,也依然需要借助社会因素外在力量和子女自身成长的内化而促成。

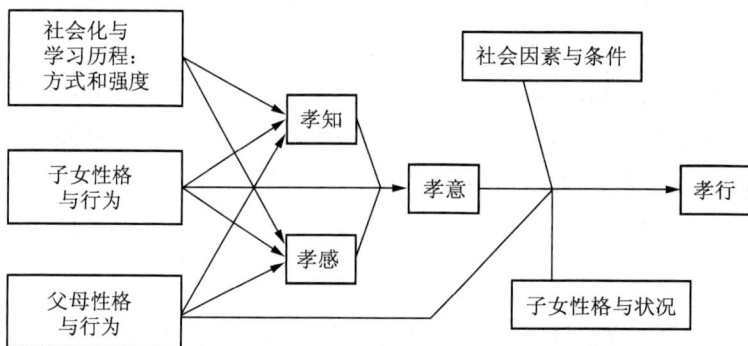

图 4-1 影响孝道态度与孝道行为的因素

此外,彭希哲和郭德君(2016)提出孝伦理的有效发挥需要协调两种关系。一种是纵向的代际关系,在此基础上产生了孝伦理;另一种是横向同辈关系的调整,在此过程中产生了调整夫妇、兄弟等伦理关系。纵横两种基本伦理既相互独立,又密切互动,从而构成了中国传统社会家庭伦理的总体关系。父亲在位体系正是家庭伦理关系的关键构成部分。子女在其中不断适应、调整,形成更多的平等孝意识、发自内心的孝情感和认同的孝行。这种关系体系和孝伦理提示我们,对大学生子女的孝道信念和孝道行为的培养和教育需要从整体理解,关注父母本身需要做的细节,在长期的潜移默化过程中将之内化于人心灵深处,形成恒定的理念,才有可能变为实际的行为。

3. 动态学习和群体孝意识的固本力量的发挥

在中国当代家庭中,大学生子女都有其独立的人格,成人之后,更期望平等。而传统孝道所言"亲亲、尊尊、长长","父子有亲,夫妇有别,长幼有序",是

一种很高的人生智慧,有其合理性和客观必然性。"各安其分"与"长幼有序"是对平等实质的合理规制。这就需要大学生群体自身对孝道本身的内涵有深刻的反思。孝文化其实是有父子双方的仁爱理性存在的,并不是一条单向的"通向奴役之路"(胡泽勇,2016)。因此,教育工作者和父母亲自身首先需要对孝文化有客观的认知,亲子双方都需要践行各自的责任,父母亲要充分利用家庭天然的孝文化教育资源,不能刻意机械式地执行家庭孝文化,而应该更多地注重培养孩子行孝的习惯,言传身教。自我教育对于大学生而言更能充分发挥其独特的作用。"孝道成为自然"是自我教育的最有效的结果反馈。

群体孝意识的功能主要发挥在孝文化教育方面。首先,创造具有孝文化特色的校园文化环境,更能够使大学生随时随处都可以感受到孝文化的熏陶与感染,达到在潜移默化中提高大学生孝文化修养的效果。其次,全面开展多项与孝文化有关的活动,比如,围绕孝文化元素开展文艺演出。再次,注重吸收中国习俗文化,弘扬中国传统孝文化的精华。利用传统节日体验孝文化就是最充分的孝行实践。最后,积极利用中国旅游文化,挖掘中国传统孝文化的底蕴,可以促进大学生群体参加孝文化旅游,渗透在自我的生活中(张伟,2017)。

第三节　大学生孝道信念的影响因素:人格特征视角

一、引言

人格也称个性,是指个人在与其环境相互作用过程中所表现出来的给人以特色的相对持久稳定的心理行为特征的总和(张伟,2013)。能够深刻认同孝道信念并践行孝道行为的大学生是否具有差异化的人格特征?已有研究者采用实证研究发现,孝道自身存在孝道人格结构,分别为放纵任性维度、严谨自制维度、外向活跃维度、温和宽厚维度、好斗能干维度、善良志远维度、孝顺体贴—粗心维度。结果表明,孝道对中国人的影响是深入的,已经形成了一种独特的孝道人格。本土化的孝道人格研究为中国人格的测量提供了一个本土化的视角(苏小七,2014)。

此外,已有研究发现,孝道信念的形成和孝道行为的践行不仅仅是因为外在家庭因素和社会因素的积极作用,青少年在成长过程中形成的人格特质也扮演了关键角色。比如,梁任菩和邹汉(2014)以青少年为样本,探讨人格与家庭孝道信念的关系,结果发现人格对孝道信念有直接的预测作用:宜人性和责任性能显著预测互惠孝道;外向性、情绪性和责任性能显著预测权威孝道,责任性对孝道信念的正性作用具有重要价值。

张红文和姜江(2016)从性别角色理论出发,发现当代女大学生的社会责任感对弘扬孝道、孝敬父母、强化家庭责任感有积极的意义。因为,关怀德性与生俱来,深藏于每个人心中,并随着人与人之间的关怀和被关怀而逐渐发育成长(应贤慈,戴春林 & 张颖,2007)。女大学生应具备社会性别敏感,批判地继承传统孝道,敬重父母,尊重父母的生活经验和实践智慧,在听从父母教诲与盲目顺从家长权威之间保持一种自主权衡的理智态度,在与父母平等对话的基础上日益强化自己的家庭责任感(张红文 & 姜江,2016)。

梳理已有研究,笔者发现,更多理论探讨和实证验证聚焦在孝道人格本身和大五人格与孝道的关系方面,对自立人格与孝道信念的研究还有进一步的挖掘空间。比如,当代大学生群体更多是"90后"的新生群体,因其价值观和独生子女的个性特点,他们对孝道信念的认同和理解必然会随着时代的发展有更多的差异。黄希庭和夏凌翔(2004)提出的自立人格从个体和人际两个层面很好地评估了个体的自立水平,其反映出个体在现实生活中,能够最优化解决个人和人际两个方面的问题,进而更好地适应环境而形成综合性积极人格特质;从心理学角度提出自立人格的概念,即"个体能够自我独立,自我行动,自我做主,自我判断,承担自我所做决定的责任"。

社会变迁对家庭的结构、家庭文化和父母角色都会形成压力,子女在动态变化的家庭环境中,如何通过自身的自立人格特质感悟尊亲、荣亲、养亲等孝道信念都是值得探索的。因此,笔者拟通过大学生群体验证自立人格与孝道信念在这其中的关系,尤其是针对不同类型的家庭背景和不同子女类型进一步细化自立人格的关键角色。

二、自立人格对大学生孝道信念影响的实证研究

(一)研究设计

1. 研究目的

个体孝道信念的形成与大学生自立人格要素有着密切的关系,之前的研究通常将外在因素作为自变量,比如讨论家庭功能或者父母因素(比如,父亲在位)对孝道信念的影响,鲜少探究个体自身的因素对孝道信念形成发展的影

响。基于此,本研究试图基于自立人格理论模型,试从个体自立人格的个人自立和人际自立出发,探讨其对个体孝道信念形成的影响,即个人自立对孝道信念的发展与形成的作用。此外,还探讨独生子女和非独生子女在这一验证模型中是否存在不同的差异,在农村和城市家庭中,自立人格又会发挥怎样的功能等。这有助于教育工作者和家庭教养者对自立人格存在的重要作用有一个更清晰、深刻的理解。因此,本研究的目的在于厘清自立人格与大学生孝道信念的关系。研究拟从不同出身背景分析二者的差异。

2. 研究对象

研究随机选取江苏省 3 所高校共 870 名本科生为调查对象,共发放问卷 870 份,回收问卷 800 份,回收率为 91.95%,剔除无效问卷后得到有效问卷 795 份,有效回收率为 91.38%。其中包括一年级 180 人(22.7%),二年级 218 人(27.4%),三年级 258 人(32.5%),四年级 139 人(17.4%);男生 364 人 (45.8%),女生 431 人(54.2%);来自农村家庭 259 人(32.6%),城市家庭 536 人(67.4%);独生子女 320 人(40.2%),非独生子女 475 人(59.8%)。

3. 测量工具

(1)自立人格量表(SSPS - AS)。本研究采用夏凌翔和黄希庭(2008)编制的青少年学生自立人格量表(Self-Supporting Personality Scale for Adolescent Students,SSPS - AS),具有良好的信效度,包括个人自立(即,"个体在应对日常生活事件过程中所产生的特质")和人际自立(即,"个体解决社会交往问题时所形成的积极人格特质")2 个高阶维度,分别包括独立性(即, "个体能够在不依赖他人前提下解决自己所面对的生活基本问题和人际问题")、责任性(即,"个体能够经过周详的思考后再作出自我决定,并且能够为可能出现的结果承担责任"或"个体对他人遵守承诺,尊重他人隐私的表现")、灵活性(即,"个体能够按照实际情况的变化来灵活变通地处理问题"或"个体在与他人相处过程中能够友善谦和及灵活应变,适时调节交往气氛及人际关系")、开放性(即"能够在坚持自己立场的基础上吸收外来有价值的意见和思想,形成一个自组织的进步模式"或"个体身上体现出的包容不同类型人的一种人格特征")和主动性(即,"个体在面对自身问题时能够迎面而上,积极主动面对"或"积极主动地与他人交往,交流意见和思想")5 个子维度。共 40 道项目,采用 5 点计分法,从 1 为"完全不符合"到 5 为"完全符合"。该量表整体的 Cronbach α 系数为 0.829,而分量表的 Cronbach α 系数分别为 0.832 和 0.797,

人际自立分量表的各子维度的信度为 0.699～0.920,个人自立分量表分别为 0.791～0.937,本研究再次验证了该量表具有良好的信度。

(2) 双元孝道信念问卷(DFPS)。采用叶光辉(2004)编制的双元孝道信念问卷作为量表,该量表共 16 个项目,采用 Likert 6 点计分。包含 2 个维度,即权威孝道信念(比如,"结婚前,要将所赚的钱全部交给父母亲处理","放弃个人的志向,达成父母亲的心愿")与互惠孝道信念(比如,"多留心父母亲的生活起居","奉养父母亲使他们的生活更为舒适")。在本研究中,权威孝道信念一致性信度值为 0.871,互惠孝道信念一致性信度值为 0.822,该问卷的整体信度数值 Cronbach α 系数为 0.914,此量表具有良好的信度。

4. 统计分析

本研究采用 SPSS 19.0 进行统计分析,包括描述性分析、相关分析、回归分析和差异性检验。

(二) 研究结果

1. 描述性统计与相关分析结果

通过对来自农村和城市不同大学生的自立人格十维度和孝道信念两维度的统计分析,各子维度的平均数和标准差以及皮尔逊积差相关值见下表 4-5 和表 4-6。

表 4-5　个人自立与孝道信念各子维度的相关系数、平均数和标准差(N＝795)

生源地	变量	个人责任	个人主动	个人开放	个人灵活	个人独立	M±SD
城市	互惠孝道	0.000	0.175**	0.007	−0.082	0.351***	44.20±3.87
	权威孝道	0.022	−0.210***	−0.325***	−0.272***	−0.059	21.40±7.39
农村	互惠孝道	0.307***	−0.209***	0.180***	−0.175***	0.102*	45.15±4.15
	权威孝道	−0.146**	0.228***	−0.085	−0.414***	−0.397***	23.84±5.85

注:* p<0.05,** p<0.01,*** p<0.001

根据表 4-5,来自农村的大学生的互惠孝道信念水平高于来自城市的大学生的,来自农村的大学生的权威孝道信念水平高于来自城市的大学生的。总体上,大学生群体的互惠孝道信念水平高于权威孝道信念。

根据表 4-5,来自城市和农村互惠孝道信念和权威孝道信念分别与个人自立的 5 个子维度有不同程度的关系。其中,来自城市的大学生的个人自立维度中,个人独立与互惠孝道信念关系最密切($r＝0.351***$,$p<0.001$),个人

主动与互惠孝道信念有显著正相关（$r=0.175^{***}$，$p<0.001$）；来自农村的大学生的个人自立维度中，个人责任与互惠孝道信念关系最密切（$r=0.307^{***}$，$p<0.001$）。来自农村的大学生的权威孝道信念，个人灵活（$r=-0.414^{***}$，$p<0.001$）和个人独立（$r=-0.397^{***}$，$p<0.001$）与权威孝道信念呈显著性负相关。而来自城市的大学生的权威孝道信念，个人灵活（$r=-0.272^{***}$，$p<0.001$）和个人开放（$r=-0.325^{***}$，$p<0.001$）都与其呈现显著性负相关。

表 4-6　人际自立与孝道信念各子维度的相关系数（$N=795$）

生源地	变量	人际责任	人际主动	人际开放	人际灵活	人际独立
城市	互惠孝道	0.365^{***}	-0.020	0.013	0.147^{***}	0.437^{***}
	权威孝道	-0.225^{***}	-0.262^{***}	-0.484^{***}	-0.347^{***}	-0.024
农村	互惠孝道	-0.050	0.069	0.083	-0.045	-0.140^{**}
	权威孝道	-0.197^{***}	0.019	-0.065	-0.148^{**}	-0.163^{***}

注：$*p<0.05$，$**p<0.01$，$***p<0.001$

根据表 4-6，来自城市的大学生的人际自立维度中，人际独立（$r=0.437^{***}$，$p<0.001$）和人际责任（$r=0.365^{***}$，$p<0.001$）与互惠孝道信念关系密切，呈显著性正相关；而人际开放（$r=-0.484^{***}$，$p<0.001$）、人际灵活（$r=-0.347^{***}$，$p<0.001$）与权威孝道信念呈现显著性高负相关。而来自农村的大学生，只有人际独立与互惠孝道信念呈显著性负相关（$r=-0.140^{**}$，$p<0.001$）；人际责任（$r=-0.197^{***}$，$p<0.001$）和人际独立（$r=-0.163^{***}$，$p<0.001$）与权威孝道信念呈显著负相关。

笔者总结发现：个体独立性越高，无论是体现在个人独立还是人际独立，城市的大学生越倾向于形成互惠孝道信念；而个体越不灵活和越不开放，无论是体现在个人独立还是人际独立，城市大学生群体越倾向于形成权威孝道信念。在某种意义上，个人的独立意识会促进其积极主动，有了独立感，才会认为自己更有能力关心父母，对父母付出情感温暖，认为有能力带给父母尊亲、养亲、顺亲和荣亲。而越灵活和开放的城市大学生，越愿意积极探索，尝试对外界事物进行体验，促进聚焦偏好，因此个体会重新认知孝道信念的权威，这类大学生不愿意遵循固守的规则，因此，不易于建立权威孝道信念。

而对于农村大学生，个人责任特质成为与互惠孝道关系密切的首要特质。但是只有人际独立特质与互惠孝道关系呈相反关系趋势，这意味着农村大学生的意识更多聚焦在自我的作用，认同自身的责任对父母孝道起到重要作用。

而个人灵活、个人责任、人际灵活和人际责任,都不会促进农村大学生群体有更高的权威孝道信念。积极探索的态度促使其成人之后对权威孝道有新的认知。

2. 自立人格对孝道信念的回归分析

(1)农村和城市的大学生自立人格对互惠孝道信念的回归分析。本研究分别以来自农村和城市的大学生的权威孝道信念和互惠孝道信念作为因变量,以自立人格的各5个子维度作为自变量,进行逐步回归分析得出表4-7和表4-8。

表4-7 自立人格子维度对生源地不同的大学生互惠孝道信念的回归分析(N=795)

生源地	因变量	预测变量	R^2	ΔR^2	Beta	p	F	DW
城市	互惠孝道	人际独立	0.191	0.191	0.602***	0.000	80.697	1.921
		个人独立	0.264	0.073	0.160**	0.007	61.276	
		人际主动	0.365	0.101	−0.478***	0.000	65.140	
		人际灵活	0.392	0.027	0.218**	0.001	54.723	
		人际责任	0.400	0.007	0.105*	0.045	44.983	
农村		个人责任	0.094	0.094	0.536***	0.000	48.764	1.926
		个人开放	0.184	0.090	0.094*	0.041	52.833	
		个人主动	0.238	0.054	−0.476***	0.000	48.782	
		个人灵活	0.349	0.110	−0.422***	0.000	62.456	
		人际独立	0.382	0.034	−0.292***	0.000	57.699	
		人际主动	0.409	0.027	0.205**	0.007	53.714	

注:* $p<0.05$,** $p<0.01$,*** $p<0.001$

根据表4-7,研究表明对于10个自立人格特质,来自城市的大学生的5个核心特质显著预测互惠孝道信念,共同解释变异量为40.0%,其中人际独立的解释量最高,达到19.1%($\beta=0.602^{***}$,$p<0.001$)。笔者发现存在一个趋势,即5个预测变量中,其中4个为人际自立的主要特质,也就是个体解决社会交往问题时所形成的积极人格特质。而人际独立是大学生能够在不依赖他人的前提下解决自己所面对的人际问题。这本身就是家庭孝文化在个体身上的外显效应。个体越独立,在人际上越主动和灵活,越会促进互惠孝道信念的形成。

而来自农村的大学生的个人自立要素更多预测互惠孝道信念,10个自立人格特质中,6个进入回归方程,其中4个是个人自立要素。与城市相对应,个人责任($\beta=0.536^{***}$,$p<0.001$)和个人开放($\beta=0.094^*$,$p<0.05$)都积极正向预测互惠孝道信念。总体6个因子共同解释40.9%的变异量。笔者发现来自

农村的数据似乎在说明，农村大学生越有责任感，越会表现出对家庭的互惠孝道信念。即农村大学生越表现出能够经过周详的思考后再作出自我决定，并且能够为可能出现的结果承担责任，越会对父母顺亲、养亲、尊亲和荣亲。

（2）农村和城市的大学生自立人格对权威孝道信念的回归分析。

表4-8　自立人格子维度对生源地不同的大学生权威孝道信念的回归分析（$N=795$）

生源地	因变量	预测变量	R^2	ΔR^2	Beta	p	F	DW
城市	权威孝道	人际开放	0.234	0.234	−0.598***	0.000	104.487	1.871
		个人独立	0.267	0.033	0.560***	0.000	62.213	
		个人开放	0.345	0.078	−0.373***	0.000	59.671	
		个人主动	0.377	0.032	−0.103*	0.044	51.368	
		人际主动	0.385	0.007	0.290***	0.000	42.291	
		人际独立	0.398	0.013	−0.221***	0.000	37.167	
		人际灵活	0.416	0.017	−0.252**	0.002	34.146	
农村		个人灵活	0.171	0.171	−0.448***	0.000	97.280	1.848
		个人独立	0.307	0.136	−0.384***	0.000	104.031	
		人际开放	0.337	0.030	0.290***	0.000	79.365	
		人际独立	0.375	0.037	−0.399***	0.000	69.952	
		个人开放	0.389	0.015	−0.290***	0.000	59.433	
		人际主动	0.423	0.034	0.312***	0.000	56.836	
		人际灵活	0.446	0.023	−0.167***	0.000	53.425	
		个人责任	0.460	0.014	−0.145**	0.001	49.390	

注：* $p<0.05$，** $p<0.01$，*** $p<0.001$

根据表4-8所示，研究表明对于10个自立人格特质，来自城市的大学生的7个核心特质显著预测权威孝道信念，共同解释变异量为41.6%，其中人际开放的解释量最高，达到23.4%（$\beta=-0.598$***，$p<0.001$）。笔者发现存在一个趋势，即7个预测变量中，无论是个人自立还是人际自立，开放、独立和主动都是预测的主要特质，人际开放特质起到最显著的作用，即"能够在坚持自己立场的基础上吸收外来有价值的意见和思想，形成一个自组织的进步模式"或"个体身上体现出的包容不同类型人的一种人格特征"。这说明，来自城市的大学生更加开放，接受新事物的能力更强，对外部环境更敏感，对来自各方面的信息先进行加工，然后有自我的判断，因此越不容易形成权威孝道信念。

而来自农村的大学生的个人自立要素更多预测权威孝道信念，10个自立人格特质中,8个进入回归方程,其中4个是个人自立要素。与城市相对应,个人灵活($\beta=-0.448{*}{*}{*}$,$p<0.001$)和个人独立($\beta=-0.348{*}{*}{*}$,$p<0.001$)都积极负向预测权威孝道信念。总体8个因子共同解释46.0%的变异量。笔者发现来自农村的数据似乎在说明,农村大学生个体越不灵活,越不独立,越不会表现出对家庭的权威孝道信念。即预测的两个最显著的变量都聚焦在个体变量上,表明来自农村的大学生的灵活性和独立性可能受到农村成长环境的影响,成为大学生群体之后,会通过社会比较,更期望有新的自我成长和新的生涯理念,因此不容易形成对传统家庭的权威孝道信念。

3. 不同自立人格在孝道信念二因子上的差异检验

本研究分别以来自农村和城市以及独生子女和非独生子女的权威孝道信念和互惠孝道信念作为因变量,以自立人格2个高阶子维度作为自变量,独立样本T检验,得出以下结果。

(1)生源地不同的自立人格在孝道信念二因子上的差异检验。

表4-9　生源地不同的大学生的自立人格
在双元孝道信念二因子上的差异性分析($N=795$)

生源地	变量	组别	互惠孝道			权威孝道		
			均值	T值	$Sig.$	均值	T值	$Sig.$
城　市	个人自立	低分组	44.818	−1.361	0.175	24.600	12.116	0.000***
		高分组	44.067			14.545		
	人际自立	低分组	42.833	−2.834	0.005**	22.444	14.873	0.000***
		高分组	44.250			13.250		
农　村	个人自立	低分组	46.115	−0.804	0.423	28.462	9.486	0.000***
		高分组	46.400			20.733		
	人际自立	低分组	45.750	0.019	0.985	26.250	5.947	0.000***
		高分组	45.744			21.930		

注:* $p<0.05$,** $p<0.01$,*** $p<0.001$

根据表4-9,无论大学生来自城市还是农村,总体变化趋势都是个人自立水平越高,权威孝道信念越低。这说明,大学生进入大学阶段后,面临的挑战更多,世界带来的日新月异的新信息,促进大学生群体在接受人生观和价值观的重要阶段,逐渐形成新的判断和偏好,因此不再绝对服从家庭中的权威,但是对父母的互惠孝道信念水平并未发现有显著性差异,也许是因为养育父母、关心父母是大学生群体认可的孝道内容。

本研究进一步做的交互作用分析结果表明,来自农村和城市的大学生与不同个人自立高阶维度水平在权威孝道信念上不存在交互作用,具体结果如表4-10和图4-2。

表4-10 生源地与个人自立高阶维度水平在权威孝道信念上的交互作用($N = 795$)

自变量	因变量	Ⅲ型平方和	df	均 方	F	$Sig.$
校正模型	权威孝道	8815.133	3	2938.378	74.381	0.000
截 距	权威孝道	223744.614	1	223744.614	5663.826	0.000
生源地	权威孝道	2077.881	1	2077.881	52.599	0.000
个人自立	权威孝道	7527.125	1	7527.125	190.540	0.000
生源地 * 个人自立	权威孝道	23.486	1	23.486	0.595	0.441

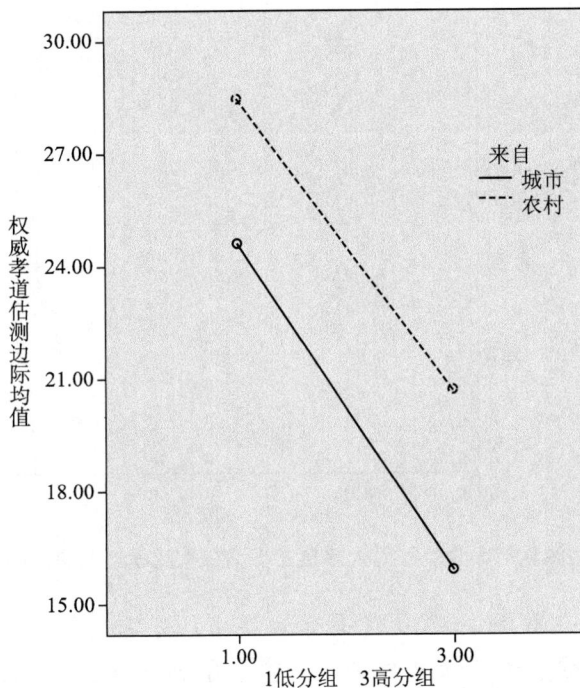

图4-2 生源地与大学生不同个人自立水平在权威孝道信念上的交互作用

本研究进一步做的交互作用分析结果表明,来自农村和城市的大学生和不同的人际自立高阶维度水平之间在权威孝道信念上存在显著性的交互作用,具体结果如表4-11和图4-3。

表 4‑11　生源地与人际自立高阶维度水平在权威孝道信念上的交互作用（$N=795$）

自变量	因变量	Ⅲ型平方和	df	均 方	F	$Sig.$
校正模型	权威孝道	7238.730	3	2412.910	76.917	0.000
截 距	权威孝道	194357.975	1	7238.730	6195.570	0.000
生源地	权威孝道	4306.977	1	194357.975	137.294	0.000
人际自立	权威孝道	5054.708	1	4306.977	160.843	0.000
生源地＊人际自立	权威孝道	656.496	1	5054.708	20.927	0.000

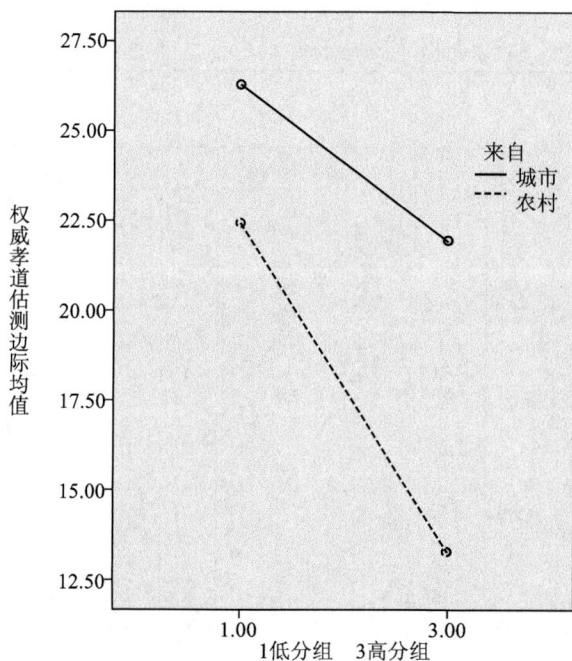

图 4‑3　生源地与大学生不同人际自立水平在权威孝道信念上的交互作用

根据表 4‑11 和图 4‑3，无论是来自城市还是农村的大学生，其人际自立水平越高，权威孝道信念水平越低。这说明，随着大学生人际交往能力特质的提升，越偏好和能够很好处理社会问题的个体，解决问题的能力越强，越会在实践交往中促进自我对权威孝道的理解，不会再形成刻板的权威孝道信念。

本研究进一步做的交互作用分析结果表明，来自农村和城市的大学生和不同的人际自立高阶维度水平之间在互惠孝道信念上存在显著性的交互作用，具体结果如表 4-12 和图 4-4。

表 4-12　生源地与人际自立高阶维度水平在互惠孝道信念上的交互作用（N=795）

自变量	因变量	Ⅲ型平方和	df	均方	F	Sig.
校正模型	互惠孝道	842.846	3	280.949	32.833	0.000
截距	互惠孝道	881037.141	1	881037.141	102960.6	0.000
生源地	互惠孝道	537.59	1	537.59	62.815	0.000
人际自立	互惠孝道	54.993	1	54.993	6.427	0.012
生源地＊人际自立	互惠孝道	55.903	1	55.903	6.533	0.011

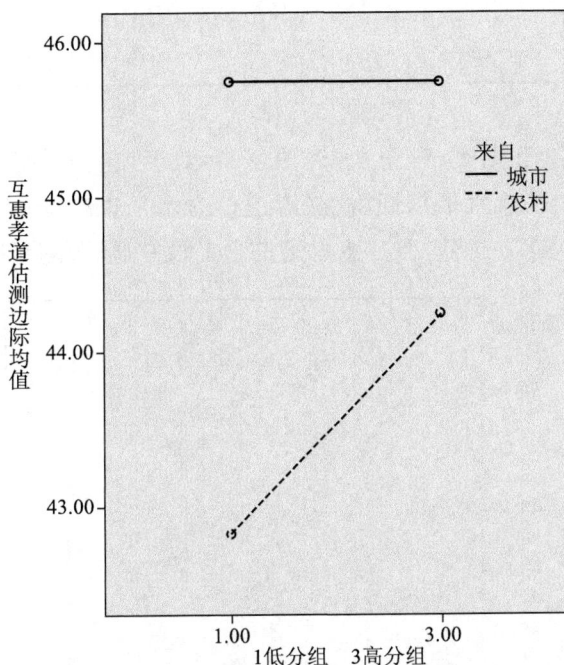

图 4-4　生源地与大学生不同人际自立水平在互惠孝道信念上的交互作用

根据表 4-12 和图 4-4，来自城市的大学生，其人际自立水平越高，互惠孝道信念水平也越高。而来自农村的大学生，没有发现有明确的变化趋势。

（2）独生子女和非独生子女的自立人格在孝道信念二因子上的差异检验。独生子女和非独生子女自立人格在孝道信念二因子上的差异检验结果如表 4-13 所示。

表 4-13　是不是独生子女的大学生的不同自立人格
在双元孝道信念二因子上的差异性分析（N=795）

是否独生	变量	组别	互惠孝道			权威孝道		
			均值	T 值	Sig.	均值	T 值	Sig.
独生子女	个人自立	低分组	46.592	4.219	0.000***	28.370	15.128	0.000***
		高分组	44.809			14.857		
	人际自立	低分组	44.263	−0.220	0.826	24.421	10.652	0.000***
		高分组	44.375			14.375		
非独子女	个人自立	低分组	43.552	−4.618	0.000***	24.552	4.710	0.000***
		高分组	45.917			20.917		
	人际自立	低分组	44.133	−4.188	0.000***	24.000	3.507	0.001**
		高分组	45.698			21.512		

注：* $p<0.05$，** $p<0.01$，*** $p<0.001$

根据表 4-13 和图 4-5，图 4-6，图 4-7，对于独生子女来说，个人自立水平越高，互惠孝道信念水平越低，权威孝道信念水平也越低；人际自立水平越高，权威孝道信念水平越低，在互惠孝道信念上没有显著性差异。

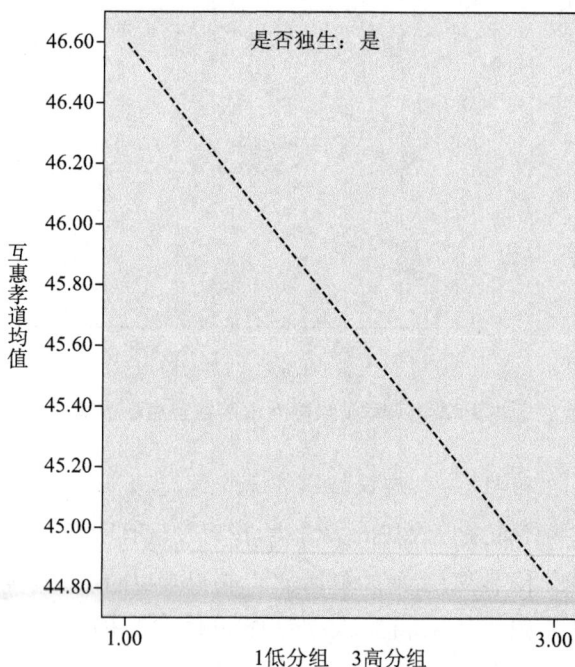

图 4-5　独生大学生个人自立在互惠孝道上的差异

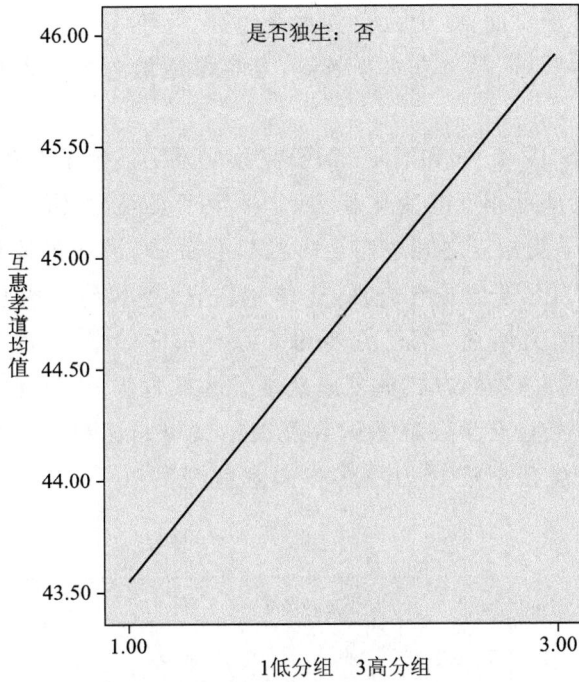

图 4‐6　非独个人自立在互惠孝道信念上的差异

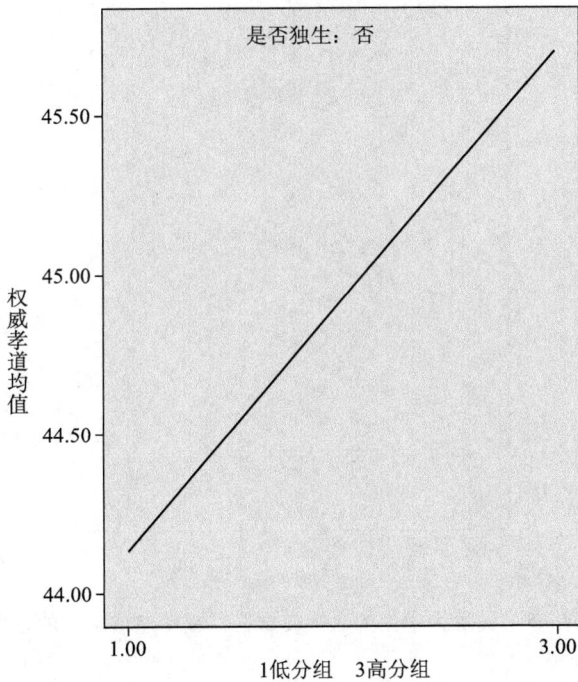

图 4‐7　非独人际自立在互惠孝道信念上的差异

对于非独生子女而言,个人自立水平越高,互惠孝道信念水平越高,权威孝道信念水平越低,人际自立水平越高,互惠孝道信念水平也越高,权威孝道信念水平越低。

根据图4-5,图4-6和图4-7,研究数据说明独生子女和非独生子女在互惠孝道态度上正是相反的变化趋势,非独生子女因为父母的情感投入是在不同子女身上,子女相互之间也有更多的机会关心,形成的家庭氛围更多是相互支持的孝文化,子女成年之后,个体越自立,越容易形成互惠孝道信念。而独生子女,如前文所述,家庭更多的资源会单向给予子女,子女形成了单向接受的习惯,家庭教养方式更多地是溺爱和放任方式,子女有更多自己的控制权。因此,独生子女很难意识到反馈给父母自己的爱。大学生的个人自立特质越强,越会把注意力更多指向家庭资源外部,互惠孝道信念水平越低。

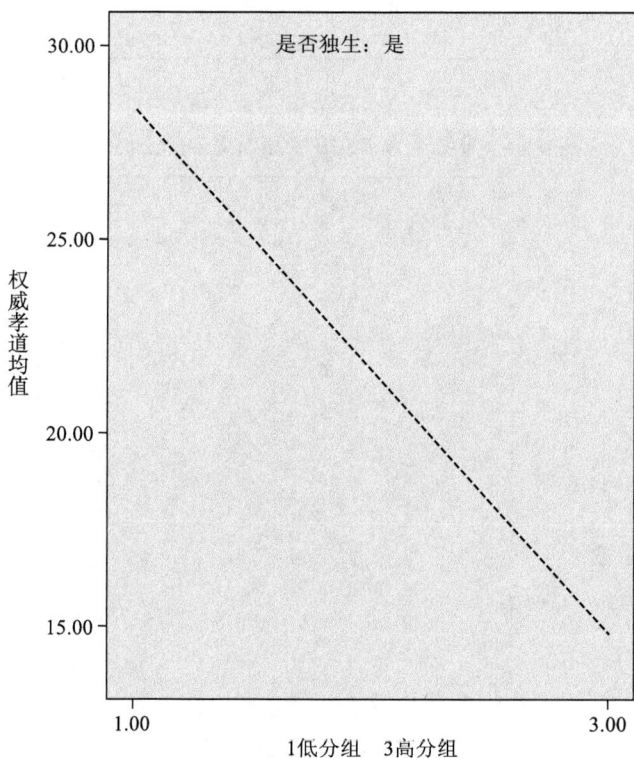

图4-8 独生大学生的人际自立在权威孝道信念上的差异

114

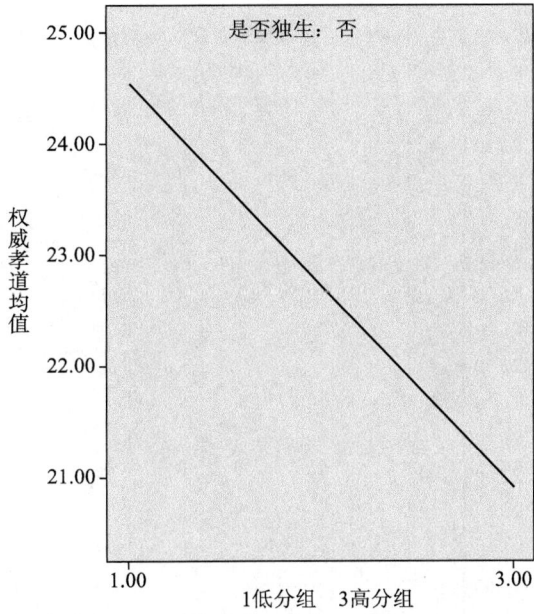

图 4 - 9　非独大学生的人际自立在权威孝道信念上的差异

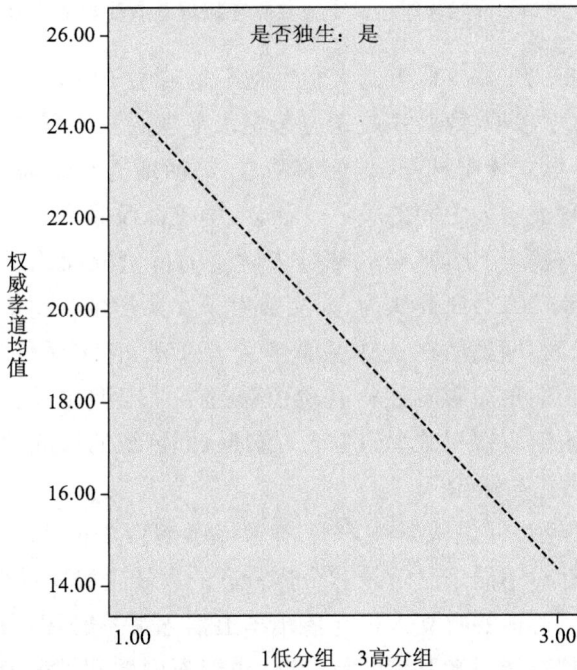

图 4 - 10　独生大学生的个人自立在权威孝道信念上的差异

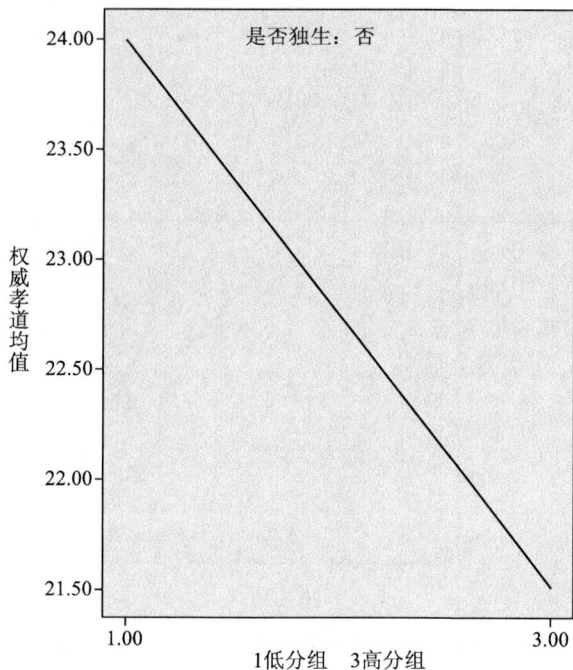

图4-11 非独大学生的个人自立在权威孝道信念上的差异

根据图4-8～图4-11,无论大学生是不是独生子女,总体趋势上都是个人自立和人际自立水平越高,权威孝道信念水平越低。研究结果说明,大学生个人自立与人际自立特质越强,越能够独立、灵活地与人沟通,拓展与周围人之间的关系,理解人与人之间的关系。社会、学校以及家庭大环境的影响使得大学生出现价值观多元化,甚至一部分大学生的价值取向趋于自我化和功利化。比如,年晓萍(2012)研究认为,人文独生子女大学生在价值观定型期将面临一种尴尬的局面,即虽然在认知层面接受了家庭和社会所宣扬的主流价值观念,但早期的长期负面影响使得其价值观过早地定型化,因此,自立水平越高的大学生,会重新审视权威孝道信念,越难认同传统的权威孝道信念。

（三）研究讨论与结论

鉴于前文已经对促进大学生孝道信念与孝道行为的因素做了细致的分析,笔者在此只针对不同家庭背景和个体特征的大学生群体进行简单讨论。

首先,大学生群体的自立人格与传统孝道信念关系密切。在一定意义上,越自立的个体,越有能力和意识践行孝道,越能深刻地理解孝道行为。总体趋势上,传统的中国孝道信念确实对子女的家庭孝意识和孝观念以及完成孝行为有着根深蒂固的影响。因为其自身的相互理解和关心，亲子双方即使到了大学阶段，仍旧能够彼此共同认同。

其次，个体的是不是独生子女背景促成了对传统孝道信念的重新认知。独生子女由于特殊的成长环境以及特殊的历史使命，与上一代的父母亲的孝道信念产生了不一致的观念，其在家庭生活中与父母亲沟通交流的过程中，以及在学校和社会中与别人相处的过程中，会对传统家庭孝道信念有新的认知。新生代的大学生群体，虽然仍旧认同孝敬父母，但是孝亲、敬亲的意识逐渐淡薄，家庭、社会责任感不强。家庭促进了大学生的自立人格的形成和发展，而拥有自立人格的大学生自身没有建立完整系统的孝文化认知和孝行为体系，甚至会出现"啃老族"，与反哺自己父母的大学生价值观产生冲突。

最后，农村和城市的孝道信念与孝道践行的分界线已经淡化。在对权威孝道信念的理解上，城市大学生与农村大学生没有实质上的差别。信息化的社会促使无论是来自农村还是城市的大学生都不会完全以绝对服从的方式接收权威孝道信念，尤其是荣亲。一方面，越个人自立的大学生，越期望独立，有责任对待自我的发展；另一方面，越个人自立的大学生，越能意识到传统权威孝道信念的局限性，比如，"为了顺从父母，宁可付出精神自我和物质自我"，会更加理性接纳权威孝道信念。但是总体上，在尊亲、养亲的传统互惠孝道信念上，高自立的大学生，无论来自农村还是城市，都对此认可和接受。大学阶段，大学生的独立意识更强之后，也认为自己更有责任承担对父母的养育之恩的报答。

三、自立人格对大学生孝道信念影响的教育对策

自立人格在大学生孝道信念的养成中扮演了关键的角色。孝道信念的养成虽然受到社会环境和家庭环境的影响，但是，进入大学阶段后，大学生所接受的教育理念才是其真正人生观、世界观和价值观建立的重要影响因素。作为家长父母、长者师尊，本身就有责任承担重新认识子女良性孝道信念的建构和孝道行为的有效践行。

首先，家长应该与学校形成合力，而非推力，才能更好地促进大学生孝道信念形成和自然履行孝道行为。家庭教育与学校教育都是教育功能不可缺少的组成部分，二者应该密切结合。在家庭教育方面，大学阶段之后，家长会认为大学校园能够提供给大学生更多信息资源，促进其独立、自主、开放，接纳新事物，对大学生的干预程度远低于青少年阶段。因此，在某种意义上，是把子

女"推向"大学生活。而在大学教育方面，大学校园相对宽松的生活环境和学习氛围在孝文化的传递和细致程度方面并没有充分使学生感受到其积极的影响，更多的选择在于大学生自身的判断和决策。由于高强度的社会媒介的冲击和大学生缺少在少年阶段更深刻的孝认知，大学生在不断自我整合和自我分化的过程中，形成新的孝道信念。因此，家长和大学教育工作者都应该重新反思中国"孝文化"的角色，各自在大学阶段仍旧扮演支持者和引导者的双重角色，促使其真正孝道信念上的独立。

其次，大学生父母厘清自身的责任，动态调整心态，对照"新孝道信念和孝道行为"重塑自我。虽然大学生父母也同样受到中国传统孝道文化的影响，能够深刻地意识到尊老养老的责任，可在自己子女成人之后，对于出现的代际沟通冲突，依然感到困惑和无力。

一方面，现代大学生的父母应该更清楚地认识到，使子女完全顺从自己，完成自己的心愿，朝着自己期望的方向发展的想法，已经不现实。新生代的大学生是"90后"，在接受了和父母一代完全不同的生活范式和养成方式的前提下，绝对服从父母对其而言只会带来更多的叛逆。

另一方面，现代大学生的父母更应该认识到，孝道信念和孝道行为已经随着社会发展变化，有了新的内容和形式上的各种变化，比如，"教会父母如何有效使用媒体设备"，"鼓励父母参与挑战性的生活"等等，这也是孝道信念，新的孝道信念仍旧有着差序格局的秩序，但是在平等的前提下，更加需要双方的相互尊重。

此外，父母需要调整心态，也需要自立人格，对新的孝道信念需要有良好的接纳力，尽管曾经单方面在子女最需要的时候，他们无私地奉献了自我。但是在子女成年之后，自己最需要子女的时候，依然要摆正心态，更需要建立各自相对独立的精神自我，相互依赖又能够相互支持，这对于受到传统孝文化影响的大学生父母而言也是认识上的一个挑战。而子女在接受了父母的无私关心和爱护之后，成人之后的自立、独立、开放、自主都是促进其能够更好地践行新孝道行为的条件。父母是榜样，自己更应该成为"新孝道信念"的榜样。总结来说，父母和子女各自的孝道角色都需要调整，相互独立和互相支持，并形成动态平衡。

最后，孝文化的传播、传递和渗透的力量需要各方力量的相互支撑，形成文化氛围。只是分析各种原因，停留在分析问题层面，永远都解决不了问题或者不能给问题提供好的优化思路。老龄化社会趋势已经不可逆转，全社会力量只有将对行孝行为的期望转化为现实执行行为，才能更好地传递和渗透中华传统孝道的精华。

从宏观层面上，高静（2016）从法律、纪律、道德、信仰四个层面对当代孝文化体系立体构建进行了初步探索。特别提出随着社会的深刻转型，针对孝文化与法律条款有交相抵牾之处，应该发掘传统孝文化的精华，重新诠释定位，同时，寻找当代孝文化与法律的最佳融合。徐晓新和张秀兰（2016）也提出应当重视公共政策的家庭视角，将"支持家庭发展"纳入基本国策。在一种充满人文情怀的社会氛围中，其政策效应才能得到更好的发挥（彭希哲 & 郭德君，2016）。

从微观层面上，孝伦理的形成不是一个一蹴而就的简单过程，必须是在长期的潜移默化过程中将之内化于人心灵深处，形成恒定的理念，才有可能变为实际的行为（彭希哲 & 郭德君，2016）。孩童阶段一直到成人阶段所接受的教育应该是"润物细无声"的方式，才能实现对孝认识的渗透和有效传递孝文化。父母作为最初的孝道教育者，要形成良好的孝意识，首先自己要做到有良好的孝文化观念和信念，才能更有效地传播孝文化。并且，父母要充分发挥不可替代的家庭功能的作用，父母在家庭教育中的言传身教就是孝文化传递的最好途径。家庭孝文化的力量是子女形成孝道信念的基础，学校和社会媒介的影响和引导是必要条件，子女的自我成长是促进其成熟的关键力量。

第四节　大学生孝道信念与孝道行为的
家庭影响因素的案例分析
——父亲缺位现象的反思

曾经有人说"'70 后'是奋进的一代，'80 后'是垮掉的一代，'90 后'是颓废的一代"，大家纷纷开喷"90 后"非主流。纷争之声犹在耳，我们却惊恐地发现，"90 后"已经从"非主流"成长为社会主流。年纪大一些的"90 后"已有不少为人父母，最年轻的"90 后"也到了步入高校的年龄。仔细审视身边的世界，会更惊恐地发现：这世界正在围着"90 后"转，吃的喝的玩的乐的，都正在以"90 后"为变化的中心（bindeyi，摘自《南方都市报》2017 年 2 月 15 日）。

而事实上，家长的态度也随着子女的变化发生了改变。家长的态度对孩子的影响深远。比如，"在经济条件许可的情况下，父母总是鼓励我自己选择衣服的款式和颜色","父母经常和我一起谈论科技、文化或社会新闻,彼此交流信息","父母鼓励我探索自己感兴趣的事物","在家里我可以通过上Internet了解世界"等,对孩子创造力的培养是一个正向的力量,对孩子表现出来的看起来好笑的行为予以宽容,也许能点燃创造的火花(东方网-文汇报,2010年11月15日)。但是这只是家长的积极变化的一部分,更多的困惑等着新生代的父母亲。因为,更多的现实是大学生子女们不再以传统的孝道信念和孝道行为来作为唯一的判断世界和作出决策的标准。上一代的孝道理念,比如"顺亲、养亲、荣亲和尊亲"等等在家庭孝文化的传递过程很难再次完美地、精确地传递到下一代,代沟已经自然地出现在亲子相处的孝道践行中。

【案例呈现】

案例一:关少尘,我要跟你"脱离父子关系"

2017年2月15日,杭州一父亲在杭州《都市快报》第五版整版刊登了《关少尘,我要跟你"脱离父子关系"》的声明,确切地说,这是一封父亲写给90后儿子的信。

少尘:

为尔憔悴尽,不愿忧伤终老。说尽平生意,惆怅此情难寄。当我落笔的时候,就知道没有回头路了。

你小的时候,说爸爸是你的英雄。你喜欢跟着爸爸,我去上班、去聚会,几乎大人们所有的场合,都少不了你,甚至我出差你都跟去"旅游"。我还教你下象棋、打扑克,打乒乓球……更有爷俩经常一起打游戏到深夜,被你妈训斥。那个时候,英雄没有累。

你喜欢学画画,我顶着你妈和众亲朋异样眼光的压力,"令人发指"地支持你!以至于经常为你"破坏"别人家的东西而给你擦屁股。好在你终于如愿考进了杭师大动漫系,成了马云的校友。

但是你变了,不爱理我了,甚至开始"屏蔽"我!你的微信朋友圈我都看不到了!给你打电话,很多时候你都是通话中或把手机扔一旁自顾自干别的,你以为我不知道!为数不多回家的时候,你每次坐在沙发上看手机、看电视,我一靠近你便站起来走开!我们之间仿佛隔了一个弹簧,我越是用力靠近,你躲得越远!很多瞬间,英雄累觉已迟暮!

　　我想不明白这是为什么。慢慢地，我开始研究你们 90 后，我开始知道，你们 90 后都在玩 B 站，玩 LOL，玩王者荣耀；看鬼畜，用火星文，玩二次元；追鹿晗，追吴亦凡……

　　所以我明白，与其向 90 后讲道，不如和 90 后一起胡闹！

　　所以我决定，即日起，和关少尘"脱离父子关系"，成为"兄弟"！

　　所以我要登报！让你的学校知道，让你的老师、同学和玩伴知道，让我们所有的亲戚朋友和同行同事都知道！这样，我们"兄弟"并肩闯荡江湖时，即使在他们面前，也会从容。只是希望你母亲别怪我，因为当初我表白和求婚时，也未曾像登报这样耗费如此气力！

　　我理想的我们的关系，就是如兄弟般携手同行，一起乘风破浪，一起干大事！

　　前 20 年你是我儿子，后 60 年你是我兄弟！

　　以后我叫你少尘，你叫我老关。有你有我，便有江湖。

　　这封信的背后有着它的背景。写信的父亲称儿子从小爱跟父亲一起玩，但上高中、考进大学以后，父子俩的沟通越来越少：儿子的微信朋友圈屏蔽父亲；常不接父亲电话；在本地上学，回家却越来越少。无奈之下，父亲联系报社刊登此信。

　　这封信引起了广大网友的热烈讨论，有认为矫情的，也有觉得值得尝试的，对于我们这些看客来说，这件事情本身更加值得深思：和儿子做兄弟，跟他一起胡闹，真的就能解决当下两代人甚至三代人观念不同、沟通不畅的问题吗？真的就能跨越代沟吗？（田凌志，摘自意林作文，2017 年 3 月 4 日）

　　笔者认为，站在父亲的角度，我们看出父亲为了弥合与儿子的代沟，所付出的良苦用心。父亲采用了比较前卫的方式——以脱离父子关系，变成兄弟，来实现与子女的对话。随着子女自我意识的觉醒以及对外在世界的好奇，他们慢慢有了自己的小世界，在成长中不知不觉间拉大了与父母亲的代沟，但关父为了架起与儿子之间沟通的桥梁，勇敢地迈出独特的一步，去了解孩子，体验孩子的世界，期望重拾与儿子的往日温情。

　　从子女的角度看，作为"新新人类"，"活出自我""突破自我"是其新的生活方式，代沟看似很难跨越，笔者认为，父亲愿意融入子女的世界时，敢于捅破这层窗户纸，即使其中带着些许矫情，或者看起来有点疯狂，用力过猛，但值得尝试，值得点赞。

著名教育学者熊丙奇对这位父亲事件做了点评："'脱离父子关系',变为'兄弟',说出了'可怜天下父母心'。其实不然,好的父子关系,是不要脱离一种关系,转变为另一种关系的,何况不管你怎么想变为'兄弟',而父子关系是断绝不了的。收起作为父辈的自以为是,好为人师,在孩子未成年时,尽到监护人的职责,陪伴孩子成长;在孩子成年后,支持孩子的选择,懂得放手让孩子远行,给孩子自主空间,才是父辈们应该做的。"(摘自教育思想网,2017 年 2 月 17 日)

案例二:回过头去:"我看到了你,你也看到了我"
——父亲在位的缺位

人们常说,孩子是父母审视自己的一面镜子。父母的言行举止、喜怒哀乐和价值观都是子女的"成长范本"。但与子女实际相处的过程中,许多父母往往是顾此失彼,只关注物质上的给予,而忽视了心理上的呵护,导致子女出现心理上的父亲缺位。

图 4‑12　《父与子》的漫画（转自搜狐教育）

　　都说父母是孩子最好的老师，在孩子的童年中扮演着最重要的角色。说到童年，有人觉得自己的童年被幸福笼罩，有人却觉得自己从小就活在父母的阴影下。上面的漫画，我们或多或少都会经历过，而在这过程中的成长是快速的，不经意的，反而到了大学阶段，会透视出各种问题。由于独生子女的关系，现代父亲更多地扮演了非传统的角色,使孩子失去了自然的同盟者和很好的领路人。现代父亲的潜意识中怕失去唯一的孩子,他们怕孩子长大后与他们分离,因而甘愿听凭孩子在一片黑夜迷茫般的内心困惑中摸索着成长(指间飞歌,知音网,2012年9月9日)。

孩子教育主要由父亲负责的比例,从2005年的30.2%下降至23.7%。相反,主要由母亲负责的比例却从20.3%上升至47.2%(wenjuan,调研资讯,2015年10月29日)。

《中国家庭教育现状》白皮书也发现父亲主导教育的家庭还不足两成。如在教育中"父亲"角色依然存在一定程度上的缺位,而家长在对孩子高要求的同时,也往往存在超出实际情况的问题。虽然多数家长在教育理念上都在与时俱进,但是在孩子教育上还有很多的困惑和问题。其中不知道教育方法的占37.82%,没时间教育孩子的占26.19%,家庭成员意见不一的占15.93%(齐鲁晚报·齐鲁壹点 记者 郗运红 2016年10月25日)。

父亲缺位不仅仅是指父亲自身对参与子女教育的缺位,还指父亲在位的缺位,即在参与子女教养过程中不知道如何更好地教育子女和与子女共同成长。王原的漫画反应的正是父亲在位的缺位的一些现象,当子慢慢长大,回过头去,会看到自己身上留下了父亲的影子。父亲也会重新看到自己在子女身上刻下的印记。这些值得家长进行深刻的自我反思。

(资料来源:释怀斋 摘自 搜狐教育2016-03-26,http://learning.sohu.com/20160325/n442066297.shtmlwenjuan,调研资讯,2015年10月29日;指间飞歌,知音网,2012年9月9日和笔者整理)

案例三:放弃大学学业,逃离父亲的期待

"我是'90后',是的,新生代的'90后',会说火星文的'90后'。5月是江南最美的季节,美景不断,但是我无心欣赏。我放弃了＊＊＊大学数字媒体专业的学业,艰难地犹豫了3个月,终于和爸爸直接通了电话,决定不再攻读大学学位。"这是一位入学半年的"90后"大学生吐露的心声。

小于(化名)在大学一年级出现这个现象,并不意外。追溯他的成长历史,笔者通过与其父亲和母亲的沟通,看到了他整个逃离的心路历程。因为国企改革,"70后"的小于妈妈因国企职业买断,一次性得到补助以后,彻底失业,跟随着小于的父亲来到另一个城市开始新的生活。小于妈妈负责小于的起居生活和奉养老人等所有家庭职责,成了全职太太。小

于爸爸身担家庭重任,在外辛苦赚钱养家,成为家里最重要的收入来源。

看到了父母亲的现实情况,在小于妈妈的辛苦付出下,小于从小学一直到初中,在班级里的考试几乎很少不考第一名,第一名也成了小于妈妈的唯一目标。小于妈妈说,"如果小于某次不考第一名,我夜里就会睡不着觉"。同大多数独生子女一样,小于的衣食住行是小于妈妈的主要家庭工作之一,小于在这上面几乎不用动任何脑筋,以至于到了大学阶段,小于还不会给自己买衣服。直到在小于读高二年级的某一天,心理老师找到了小于妈妈。"你们家的小于需要心理干预,他是一个非常出色的孩子,各个方面表现都不错,但是不喜欢交流,决定一件事情的时候,非常困难,可能存在一些心理问题。如果早点干预的话,他也许能顺利进入高考考场。"小于妈妈沉默了,儿子在她心目中是最不让自己操心的,在高中之前有什么心里话,也愿意和自己沟通,成绩一直都是出色的,自己基本没有关注过小于的其他想法。心理老师说自己的孩子有心理问题,小于妈妈回家同小于爸爸沟通之后,小于爸爸坚定地摇着头,认为"不可能,我儿子怎么会有心理问题?"

高二下半年的小于,基本不再全心投入学习,所学的主要知识都来自高中的前两年,好在高中阶段的课程主要集中在了高中的一、二年级。小于妈妈因为长期的劳累,得了乳腺癌,有一段时间,专注于治疗疾病,更忽略了对小于的关爱,没有再像从前那样无微不至。就这样艰难地到了高三,小于自己感觉自身的问题越来越多,主要是不再想学习,纠结各种现象的决策,也极少和父亲沟通。父亲依然非常忙碌于自己的工作,几乎很少参与对小于的教育。在高中三年级的时候,小于想放弃高考,在爸爸妈妈的苦口婆心劝说之后,他平静地、出色地、轻松地考完了高中最艰难的考试。

父母亲再次忽略了所有现象背后的危机。父亲很认真地按照小于的心愿,帮他选择了数字媒体技术专业,而一直都对电影情有独钟、就想知道电影特效是怎么完成的小于,凭着好奇心和对电影的期望,如期报道,来到了大学,开始了新的生活。然而,新鲜的 3 个月大学生活之后,小于寒假回家了,敏感的父亲在询问大学第一阶段的成绩时,小于没能给出满意的答案。父亲在网站上查到小于成绩的时候,目瞪口呆:五门课程,只考了一门,成绩还不合格,放弃了线性数学和高等数学,而对于其他公选课的作业,在任课教师催促三遍之后,仍旧放弃不交,理由是"作业没有任何技术含量"。大学第一个阶段的学习伴随着无比失望和沮丧结束了。

新学期,在父母亲的苦苦劝告之后,小于无奈地来到学校。每天坐在教室的座位上,认真地又努力了2个月后,小于又不再想去课堂,甚至碰到书本的时候,心里就产生厌烦,唯一喜欢的课程是体育课,每次都是第一个来到学校操场,积极表现。小于爸爸为了能让小于自然地重新融入学校生活,和小于的班主任、辅导员和副班主任(即小于同学)沟通,希望能从同龄人和近距离的老师入手,拉回小于。但事实上,小于的状况越来越糟:不再认真吃饭,连打游戏都不认真,只是懒散地待在学校。辅导员和周围的人详细了解之后,懂得了小于的"痛处",即小于期望的"数字媒体艺术"和"数字媒体技术"是两个关系密切却极为不同的专业。数字媒体艺术更接近小于未来的工作取向,而数字媒体技术是背后默默无闻的英雄,不是他喜欢并且追求的专业。极度失望和对大学课程的一系列不适应,让他有了放弃的想法。用小于自己的话说,"爸爸,你为什么不早告诉我大学是这样的,这根本不是1+1=2的问题,我没有决心继续下去"。

可怜天下父母心!热火朝天地送小于上大学,满心期待却变成了冷冰冰的现实。经过纠结和冷静的思考之后,小于爸爸决定让儿子"休学",没能满足儿子"立刻弃学"的想法,为儿子办理了休学,做最后的争取。小于爸爸说,"我放弃了,就等于放弃了小于的未来,得坚持"。返回家里之后,小于爸爸首先对自己做了深刻的反思,对"应该培养什么样的孩子?什么样的孩子才是快乐幸福的?为什么自己作为父亲失职了?母亲无私的爱为什么反而让自己子女的性格和脾气变本加厉?"等等一系列的问题重新进行了梳理。

没有办法融入小于的内心世界,那就了解小于的真实想法,然后再作打算。小于爸爸问儿子,不读大学之后,希望做什么。"希望做不用脑子的工作",儿子的想法是,既然人类有了手脚,能用10%的体力去完成的事情,就没有必要花费90%的脑力去完成。对于小于很多奇怪的想法,小于爸爸再次告诉自己,对儿子目前的想法了解太少了,只是一味地告诉儿子"你的想法太幼稚",根本解决不了问题。

有句话说"不疯魔不成活",没有颠覆就没有突破。只是凭借原来的想法无法抹平与"90后"的"代沟"、子女的二次元和非主流,小于爸爸感觉很难接受,但是面对儿子,也许只有融入他的世界时,才能试着打开他心中的结。

　　于是，小于爸爸首先满足了儿子的心愿，拿着高中毕业证，配合儿子的想法，找到了第一份"体力工作"。"体力工作"就是小于一直梦寐以求的给某大牌青年服装送货。简单地说就是衣服送到之后，需要有人去搬运到仓库里，然后分类整理。对于第一份自己想做的工作，小于格外兴奋，开始了他的"新生活"，每天早上7点钟从家里出发，晚上6点回家。18天之后，小于跟自己的父亲提出，"不干了，爸爸，我干不动了，太累了"。衣服摆在服装店里看的时候很美观，来货的时候，却是成百斤的分量，这再不是用美观来计算的，而是用分量。父亲默默地观察着小于：每天睡眠质量非常好，饭量大增，基本没有时间去过业余生活，因为感觉累，睡觉休息是小于最大的享受。

　　第一份工作没做长久，小于爸爸又给小于物色了另外一份新工作，就是最时尚的"快递小哥"。因为爸爸通过熟人介绍，小于可以干快递小哥里稍微轻松的工作：有电梯，为医院的两栋楼送货和收货。因为是新员工，送一件和收一件货物都是0.5元，一天集中在上午送一次，下午再送一次。在这过程中，如果有休息的时间，小于听从了父亲的话，接受了最初极其拒绝的"心理咨询"。时间不知不觉地过去了……

　　3个月后的一天，小于爸爸突然非常焦虑：小于和父母亲又有了情绪冲突，自己离家出走了，电话关机。小于爸爸大街小巷地寻找儿子，都没有找到。周围的朋友建议小于爸爸和妈妈要静静地等待，也许这次小于是想自己冷静一下自我，想独立解决自己的问题。毕竟经历了这两份工作之后，小于不知不觉有了新的变化。每天在爸爸回家之后，能够主动和父亲沟通，而原来的小于说话很少，只用最少的字来不完整地表达。小于的作息时间慢慢变得有了规律，心情也很好，有了笑脸等等。经历了一整天的焦急等待，小于回家了，原来是自己去了电影院——最喜欢的地方，放松了自己的心情，也表达了自己的想法："爸爸，新开学之后，我想回学校继续上学……"

　　小于和他父母亲的故事还在进行中，但是在最短的时间里，小于的爸爸和妈妈期望小于能够重新审视自己的价值观、反思自己的人生。

　　（资料来源：基于案例的家庭成员口述和追踪沟通，由笔者整理）

【问题透视】

以上三个案例从不同侧面说明了父亲角色的重要性，也体现了父亲的无奈。本质上，这都是"父亲缺位"或者"父亲在位的缺位"导致的不理想的结果。

首先，父亲与子女对彼此期待与现实的不匹配导致了强烈的亲子冲突。子女成长为成人之后，家长希望子女更懂事，即顺亲、尊亲，至少希望自己在精神上能够得到暂时的放松。然而，当今的"90后"确实是"叛逆的一代"。其幼时的妙想天开的天赋，不仅没有被父辈的固执和刻板湮灭，反而执着地成为深入其髓的开放基因，更成为推动当前社会车轮向前滚动的原动力。现代社会，各种奇思妙想的举动、创意，频繁现于我们看到的广告、欣赏的视频、使用的App，甚至汽车、手机、生活方式的智能化发展，同样以"年轻人"为注意焦点（南方都市报，2017年2月15日）。其实，"孝敬父母"应是一种爱的流动，一种"种瓜得瓜种豆得豆"的自然产物，是子女在感受到父母将爱流向自己之后的一种自然"回流"，是令人感觉幸福的。

在多数家庭里，父亲热衷于扮演权威的角色，使教育成为一厢情愿的事，随着孩子的成长，这样的权威会受到挑战。比如，案例三中的小于爸爸基本在小于的生活中是"缺位"的。由于职业需求和家庭物质需要必须承担的责任，小于爸爸后悔并反思了自己对小于的精力投入。小于爸爸甚至说："我能领导企业的那么多员工的发展，对员工产生影响，带出一批批的徒弟，却无力对待我的儿子。我缺少在他生活中，他为什么这么想，他在想什么，我都不知道，我甚至不想低头承认儿子是在哪个阶段存在了心理问题，我却只看了成绩，看到满足物质需求，看到省心，却忽略了他的其他一切。"正因为如此，在付出了自己的精力之后，父亲们却发现子女并未把孝敬父母作为爱的流动，回流给自己，尝到的是苦涩的滋味。

其次，父亲的榜样力量，无论正负影响，一直贯穿在对子女成长的过程中。都说父母是孩子最好的老师，在孩子的童年中扮演着最重要的角色。马克·吐温说过一句话："当我7岁时，我感到我父亲是天底下最聪明的人；当我14岁时，我感到我父亲是天底下最不通情达理的人；当我21岁时，我忽然发现父亲还是很聪明的。"这大概是父与子关系最经典的表达。

说到童年，有人觉得自己的童年被幸福笼罩，而有人觉得自己从小就活在父母的阴影下。而如果父母从小对孩子只有"要听话"的控制，没有"你怎么想，你感觉怎么样"的平等和尊重，那么当孩子慢慢长大，"孝敬父母"就仅仅是一种内心并不接受却必须照做的"行为准则"，那么，它就会像一段只有责任、没有爱情的婚姻那般可悲，甚至成为架在子女头上的一道"枷锁"！案例二中王原的漫画正反映了父子之间的曾经的沟通和互动，会印刻在子女渐长成人之后的观念和行为里。

父亲角色在家庭教育中的缺位,直接影响到孩子的社会化能力素质的成长。父亲在对孩子的影响和教育职能上,更侧重于引领孩子更好地实现社会化,培养孩子的责任、目标与追求,特别是对孩子的好奇求知能力、自立承担能力及自我约束与驾驭能力等能力素质的成长,影响相对会更大。

父亲对孩子的性格造成更大的影响是因为儿童和青少年一般会更加注意家庭里面权力地位较高的人。即使父亲比母亲与孩子相处的时间较少,但父亲的一言一行在孩子看来是更加突出的,所以父亲仍然会给孩子带来更大的影响力。现代社会的"父亲在位的缺位"意识却是父亲容易忽略的,父亲甚至会认为子女更多应该同母亲沟通,母亲的教育更重要,其实,在影响孩子方面,父亲恰恰应该把自己放在与母亲同等的地位上。

不仅如此,对孩子来说真正重要的是,他们知道自己被父母所接纳。康涅狄格大学的罗讷德和南希罗讷人际关系研究中心研究发现,"童年时期曾被父母其中一方——特别是父亲拒绝,必会对个人的人格发展造成影响,并没有比这个更加明显和强烈的因素"。一个快乐和发展全面的孩子的成长过程中,父亲甚至比母亲担当更重要的角色(HealthDay News,2012 年 6 月 18 日)。

最后,母亲单方面的溺爱对子女心理成长有巨大的负面作用。不可否认,确实母亲一样可以培养出色的子女,母亲的爱及与孩子的互动,会最早影响到孩子对世界的态度,影响孩子处理各种关系的模式,特别是对孩子的关爱传达能力、归宿融入能力、形象表现能力等能力素质的成长,影响更大一些。但是当母亲单方向过度输入给子女自己的爱,其负面作用的威力远大于正作用。

曾有人把中国教育培养出来的学生比作"移动硬盘",其中存放的便是老师反复叮嘱的应试技巧和高分秘诀。学生不需要有自己独立的思维和个性,一切只需按照标准答案操作即可。学习只为考试,却忽略了所学知识的实践与应用(李逸超,文汇报,2010 年 8 月 12 日)。

"学习只是为了考试","好学生的标准就是成绩好,有没有出息全看成绩","可以没有爱好,只是衣来伸手、饭来张口地生活,只要成绩好就行","好奇的心灵以及分担责任的意识和能力是未来需要做的"。客观理性地分析这些想法的时候,家长们都知道这是偏颇的,但是,在自己的子女真正成长的过程中,这成为有些母亲主要的指导原则。案例三中的小于妈妈,认为成绩最重要,只要小于成绩好,衣食住行全部包办。对于小于的物质要求,只要能做到,从不拒绝。就这样,小于形成了以自己为中心的个性,只要自己有兴趣的,就会投入,而不感兴趣的,"不肯屈尊"。养成了这样的习惯之后,在家里的脾气和习惯都以自己为中心。到了高中阶段,同伴交往中出现了排斥,与人交流越来越少,慢慢性格变得孤僻。缺少亲密的朋友,更难融入与别人的交往中。学校也缺少了吸引力。大学阶段更主张个性开放,小于之前形成的心结在大学阶段继续延续,更不喜欢表达自己的想法。父母亲和小于之间再难正常沟通。小于变成了"原子状态",即跟自己沟通,孤独、抑郁、自我否定一系列负面的情绪效应积聚在小于的心中。

台湾著名作家刘墉在首届海峡两岸暨香港、澳门亲子文化论坛上发表观点认为,"中华亲子文化的根源是爱,特点是爱,但中国人在处理亲子关系上的大毛病是家长对孩子爱得太多,却往往忽略教育他们去爱别人。在亲子沟通的过程中,我们要付出爱给孩子,也要教会孩子去付出爱给别人"。北京师范大学艺术与传媒学院副院长于丹认为,"亲子文化的真正含义是家长不要把孩子当成接受的载体,而要与孩子共同成长,向孩子学习阳光的心态,在亲情中培养从父母到孩子的健全人格"。(筱范,2009 年 5 月 16 日)

【教育引导】

一方面,时代的变化促成了现代社会的家长和子女新的相处模式。比如,案例一中的"60 后"父亲做了改变,关少尘当然也并非"大逆不道"。如今,杭州师范大学动漫系读大三的他,和小伙伴们一起创办了动漫工作室。关少尘除了上课,还有工作,当然还有一些时间玩 LOL,玩 B 站,追明星。他沉浸在自己二次元的世界里,跟父亲的交流随着年龄的增长而在减少。

这也"启发"了他的父亲,有着编剧身份的关爸,除了写作,喜欢摄影、喜欢旅行,属于比较潮的"60 后"。从登报本身这件事,也可以看出父亲异样人生的性格。关爸想和儿子有如兄弟般的父子情,也是这个时代的一个写照,或许能成为引领当代父子关系发展的风潮(南方都市报,2017 年 2 月 15 日)。

而同样是面对"90 后"的儿子,小于爸爸虽然没有采取关爸对待儿子的"异样行为",但是,首先对自己的教育理念进行了深刻的反思:缺少对小于的用心沟通,小于妈妈负责了小于几乎所有的成长,小于与父亲之间的关系越走越远。而其实,良好的父子关系甚至比教育都重要。据英国《每日邮报》2 月 17 日报道,加拿大英属哥伦比亚大学心理学家最新研究显示,那些沉迷于工作、财富和社会地位的父母,会因为被财富分心而忽视对孩子的教育(袁璐萍,生命时报,2014 年 2 月 25 日)。

反思自己教育的问题之后,小于爸爸和小于进行了细致的沟通,发现小于缺少远大、明确的目标,对外界现实生活好奇而又思想简单,认为自己凭借力气就能驾驭想要的生活。每天下班之后,小于爸爸专门抽出时间辅导小于考驾照,并借此和自己的儿子耐心地沟通。没有强行灌输自己的价值观,而且小于爸爸认识到,真正的醒悟需要小于自己。于是,又帮助小于按照他的想法,到社会上"找工作",让小于自己理解他认为的现实世界。小于爸爸细致地观察、体会儿子的心态变化和想法,自己领悟与儿子的相处之道。小于并不具备独立的要素,但他最初认为自己已经独立,经历了社会的洗礼之后,小于深刻地认识到"只有变成独立的人才得以在社会上真正地独立行走!"

另一方面,家庭给孩子完整的爱,父亲和母亲对孩子的影响都很重要。给予孩子精神尊重的父母,才能为孩子的健康发展奠定一个良好的基础。反观子女对父母的影响同样重要。所谓最大的孝是养父母心智也。

苏霍姆林斯基的《给儿子的信》中曾经写道"人需要人!"意思是,一个人必须在人的环境下才能成长为完整意义上的人,也就是一个人需要别人的存在,对他给予确认、理解、鼓励,最后才得以建立独立的人格。心理学家认为,父亲首先要与孩子分享情感,不能总是充当指导者。此外,教育孩子必须有良好的亲密关系作基础,关系的影响力大于教育的内容。而母亲与孩子的细腻关系会促进子女形成与他人相处的模式,自己形成丰富的情感,学会充分地表达。

此外,父母亲在与子女沟通过程中,要尊重社会价值导向与大学生个体价值取向的"和而不同"。针对大学生的"主旋律教育"环境已然发生了改变,"一元"与"多元"的关系问题凸显出来。以单向强化的方式对子女进行教育只能放大亲子矛盾,再难找到大学生"顺亲"的影子。因此,大学生自我与社会的冲突和调适将是当代大学生价值选择的主题。父母给予子女的完整的爱首先应该是精神上的平等,找到与子女平等对话的基础,打开彼此的对话空间,充分交流,彼此认同。

【拓展研讨】

若文化濡化的过程不失真,代沟也就无由产生,生活在这种文化中的人自然省去了许多烦恼。而濡化又是一个自人诞生之日起就开始的终身过程。

米德指出,"真正的交流是一种对话",而代与代之间对话的基础是"共同的语言"。钟年(1993)认为,共同的语言代表着一种共同的认识,即对文化转型的共识。作为超越于个体之上的濡化机构,比如家庭是最初的濡化机构,是有责任、有义务也有能力将这种认识传达给社会中每一代人的。而面对现代社会急剧的变迁,亲代常常受到传统和经验的束缚,子代则具有较高的敏感性和吸收能力,这是造成两代人在了解和接受新事物方面存在差异的内在原因。

在社会大变革的背景中,与家庭密切相关的父亲在位、孝道传递、成人亲子依恋等要素会一直伴随着子女的成长。如何做到共生过程中,运用"共同的语言"促进文化濡化不失真,减少烦恼,应对烦恼,是值得进一步深入探讨的问题。

下 篇

多重心理效应研究

第五章　孝道信念对中学生生活满意度的影响

第一节　绪　论

一、研究缘起

孝道作为中国传统文化之精华,贯穿百代,源远流长,是我国文化的核心观念与重要精神。在我国,孝道不仅是一种伦理道德与行为规范,而且具有广泛而深厚的文化综合意义,包含着政治、法律、宗教、教育、民俗等多方面的文化意蕴,中国文化甚至被称为"孝的文化"。我国古代典籍中不乏崇尚孝道的典故,如"弟子入则孝,出则悌",指出少年在家要孝敬父母,在外要敬爱兄长;"父母呼,应勿缓;父母命,行勿懒",强调子女应听从父母;《孝经》中"夫孝,天之经也,地之义也",阐释孝敬父母乃天经地义之法则。可以看出,传统孝道是立足于家庭角色概念、以家庭为核心建立与延伸而形成的价值体系与秩序,具有自然血缘关系的家庭是个体孝道形成的根基。同时也反映出,个体的孝道伦理观并非生而有之,父母对子女的孝道具有建构性作用,稳固而持久的孝道信念的形成离不开家庭教育。

首先,反观现实生活发现,目前孝文化滑坡、孝道失衡、孝行失范的现象层出不穷,作为中华民族传统美德的孝道渐行渐远。随着电视、网络等媒介的迅猛发展与普及,青少年因缺失孝道意识而出现的不良行为与心理问题不断显现在大众面前,进一步引发我们对当代青少年孝道教育的反思。那么家庭作为孝道教育的主阵地,应如何充分发挥出家庭孝道教育的作用?探索当前影响青少年孝道信念形成的家庭因素及对其心理的影响机制成为重要课题。

其次,在子女孝道信念的养成中,父母教养方式扮演着重要角色。在我国社会中,家庭与孝道享有显赫地位,两者所强调的个体对集体的归属、子女对父母意愿的遵从,已成为我国家庭和社会文化的需要。基于"严父出孝子,慈母多败儿""天下无不是的父母"等俗语,不难发现,在传统文化影响下,中国家庭崇尚长辈专制的等级家教规则,因此家庭教育中存有不少"控制"成分。更值得注意的是,与西方文化对家庭教育中"控制"的排斥相比,国人对于"控制"的抵触感并不强烈。然而,随着社会网络化与信息化的发展,传统中国文化受到多元文化冲击,个体的发展更加重视自主能力,我国青少年的自主诉求也越来越高,展现自我个性的欲望愈发强烈。在现阶段的中国文化背景下,父母控制在青少年的新孝道教育中扮演怎样的角色?

再次,立足于积极心理学理论,关注青少年的积极心理情绪、体验等心理过程,发现大多数的中学生虽无心理疾病,但存在"积极发展不足"的反映(刘旺,田丽丽&Gilman,2005)。应以青少年的心理幸福感为研究着力点,了解其对生活各领域的感知,揭示他们的身心发展状况。目前生活满意度已成为心理幸福感的核心指标。而家庭作为青少年生活的重要场所,是影响青少年生活满意度的重要因素。已有研究表明,父母教养方式与青少年的生活满意度关系密切(柴唤友,孙晓军,牛更枫,崔曦曦&连帅磊,2016),情感温暖型教养方式提升青少年生活满意度水平(王金霞&王吉春,2005);台湾学者叶光辉研究指出,个体孝道观念及其父母孝道观念双重作用于子女的生活满意度,表明个体的孝道信念在一定程度上影响个体生活满意度(陆洛,高旭繁&陈芬忆,2006)。

总地来说,一方面,家庭教育对个体孝道的建构具有举足轻重的作用,面对当前青少年个体的自主期望水平趋升的局势,鲜有研究考察中国家庭教养中"控制"成分对新孝道形成所起的作用;另一方面,在中国孝道文化背景下,父母控制具有一定的特殊性。因此,作为中国国民重要性格特点之一的孝道,其在父母控制与生活满意度之间的具体作用机理值得探索。

二、研究意义

(一)理论意义

首先,本研究以心理学为研究主线,丰富我国孝道的心理学本土化领域研究。中国内陆的孝道研究集中从文化角度进行质性和描述性研究,以探讨孝道的伦理与哲学价值为主,注重孝道在文化方面的作用,而忽略孝道对个体心理层面的作用。为使新生一代个体更好地传承和弘扬孝道,需要从心理学角度进行深层次研究,了解孝道心理的内在运行机制和复杂内涵全貌。本研究从家庭单位出发,对孝道的心理学研究进一步细化和深入。

其次,本研究聚焦孝道的双元模型,验证不同属性面向的孝道与积极心理体验的关系。以往研究涉及孝道的涵义与结构,主要从它的认知结构进行分析和概念界定,往往忽视孝道具有多向度心理及行为的性质,鲜有从孝道的不同特征面向(互惠性与权威性)展开心理学研究。本研究基于双元孝道模型,探索孝道信念的双元特征与功能,对于完善我国孝道理论具有重要意义。

最后,本研究立足孝道信念的个体心理功能视角,丰富我国孝道教育理论与生活满意度理论。目前,涉及孝道功能的研究多以孝道的社会功能为视角,如社会养老制度、社会尊老信念与代际支持等,少有研究将视角指向孝道的个体心理功能,尤其是具有积极面向的生活满意度。另外,国内更鲜有以中学生为孝道心理学的研究对象,但中学生的孝道信念在一定程度上代表新生群体的孝道观。本研究以中学生为研究对象,有助于透析现代新孝道对新生代个体的积极心理面向的功能,为当前的孝道教育提供一定的理论基础。

（二）实践意义

首先,本研究在父母控制的两个层面上,探索家庭教养中控制成分对中学生的孝道信念的影响,为家庭进行孝道教育提供了一定的实践参考。在以家庭为单位的孝道心理学研究中,将父母控制因素与中学生自主性发展的矛盾视为焦点,透析父母控制与中学生孝道信念形成的关系机理,对发挥家庭在孝道教育中的重要作用和特性具有借鉴意义,对提升中学生的孝知孝行、维护中学生的心理健康具有启示意义。

其次,本研究聚焦和阐释双元孝道模型,对家庭中建立理想的孝道关系模式具有指导意义;同时在双元孝道模型的基础上,致力于解释父母控制与中学生生活满意度间的实际关系问题,为父母清晰认识孝道在子女身心发展进程中的双元功能提供了一个更全面的新视角,对利用孝道的文化原理与心理原理提高个体生活满意度具有重要意义。

三、理论基础

（一）家庭影响孝道的相关理论

杨国枢(2009)指出,孝道是在家庭互动中逐渐习得的,是个体社会化的结果,早期亲子互动对孝道形成的作用尤为突出。李琬予和寇彧(2011)提出,父母会发挥家庭模式的要求塑造子女的自主意愿,而个体自主意愿又影响其孝道信念的形成。黄士哲和叶光辉(2013)发现,父母民主型与权威型教养方式显著影响互惠孝道与权威孝道的形成。

同时社会学习理论提出,文化价值观可以通过一定形式的社会学习进行代际传递。Schonpflug(2001)指出代际传递的主要方式有两种:一为子女模仿父母,二为父母有意教导子女。研究表明,个体的价值观代际传递主要受青少年时期观察学习和模仿父母的态度与行为影响(Bugental & Grusec,2006),且亲子间具有相似的社会价值观(Vedder et al.,2009)。李启明和陈志霞(2013)研究发现,权威性孝道和互惠性孝道呈显著的代际传递效应,父母教养方式在孝道的代际传递过程中起着重要的中介作用。

可以发现,父母作为中国家庭教养的主体和实施者,在一定程度上对子女孝道的形成具有预测作用。

(二)父母控制的相关理论

社会控制理论是研究父母控制的主要理论。该理论提出,父母教养的控制方式主要分为直接控制和间接控制。直接控制包含的规定、监管和惩罚,诠述了父母行为控制的内容;间接控制利用的亲子依恋、心理需求,描述了父母心理控制的内容(Wells et al.,1990)。社会控制理论将亲子关系视为重要控制源,指出个体因担心失去与父母的情感依恋,会促使自己接受父母观点、内化父母要求与规则(Wells et al.,1990)。孝道作为父母普遍要求的家庭规则,其意蕴的以亲子关系为中心的控制性,影响子女建立孝道信念的原初性。

自我决定理论作为研究控制与个体发展的重要理论,强调控制会削弱个体的自主性(Deci,1975)。其中,目标内容理论是自我决定理论最近发展成果,它指出个体的目标内容与心理健康存在密切的关系(Deci,2002)。Sheldo和Kasser(1998)研究发现,与经济条件、知名度、美貌等外在目标的实现相比,实现具有亲密关系、自我发展等意义的内在目标更能引起个体心理需求的满足,提升自我的幸福感。可以看出,父母控制与个体自主感满足及幸福感获得间存有值得探索的内在联系。

(三)客体关系理论

客体关系理论视关系为人类精神本质,以人际关系为主要探讨对象。该理论指出,个体在与父母的密切交往中逐渐获得关于自我以及对客观世界的完整印象,影响着个体完善心理功能的形成,作用于正常人际关系的建立(Greenberg,1983)。简而言之,个体的心理结构、自我认识及人际关系依赖于与父母的现实互动。

在父母控制方面,客体关系理论提出假设:父母对个体心理世界的侵入会转化为个体在心理层面上的社会关系的模板,并指导着个体之后的社会关系(何凤雪,2010)。可以发现,在亲子关系和亲子互动中,扮演客体的父母对主体的个体的影响涉及心理、认知和行为等多个层面,在实践中具有指导意义。

(四)差序格局理论

"差序格局"理论由我国学者费孝通(1985)所提出。该理论指出,在传统文化的影响下,中国人以"差序格局"模式进行人际交往,区别于西方的"团体格局"交往模式。"差序格局"指人际交往格局如石头在水面产生的波纹一般,以个体为中心而形成如波纹推及出去的社会联系。在中国社会中,以家庭为核心的血缘关系就是这块石头,人际交往模式则以家庭为本位。

鉴于家庭本位的交往模式,家庭成为个体领悟和学习人际交往的基本规则的最初场所,个体随后将规则一波波推向家庭以外的人员,并在思想意识中建立无形的"差序格局"(马戎,2007)。因此,以家庭为中心,积极情感与交往取向产生泛化,孝作为家庭道德规则,其泛化对个体社会化的心理历程所起作用不容小觑。

(五)小结

综上所述,首先,基于孝道的家庭影响因素与客体关系理论明晰,父母教养方式在孝道观的代际传递中饰演着重要角色,扮演客体的父母在亲子互动中对个体的心理、认知和行为等多个层面产生影响;其次,以我国家庭教养中的"控制"为对象,根据社会控制理论和自我决定理论,父母控制与个体自主是对立与矛盾的,将情感充当控制源虽有效促进子女内化父母的观念与要求,但会伤害个体的自主性发展。个体因未能满足自主性发展的基本心理需求,其幸福感会大打折扣。最后,鉴于差序格局理论,源于家庭的正向情感体验、人际交往模式及道德规则孝道,通过泛化形式浸润个体社会化的心理过程与心理特性。

基于以上理论结果发现,父母控制、孝道信念与生活满意度之间存有联系,但已有的相关研究缺乏进一步深层次分析。因此,本研究将更深入地通过梳理文献厘清三者之间的关系,并展开实证研究。

第二节 文献梳理:核心概念界定及研究现状

一、核心概念及界定

在遵循研究的主逻辑思路基础上,本研究首先对核心概念的内涵、结构与测量进行梳理;其次对影响孝道的前因因素,即父母所实施心理层面和行为层面的控制因素进行综述,选取父母心理控制和父母行为控制展开论述;最后,为透析在中国文化背景下,独特的孝道信念在父母控制与个体生活满意度间所起的心理机制作用,本研究对结果变量生活满意度进行梳理。鉴于本书第三章详细介绍了孝道信念的概念,故此概念不再赘述。

(一)父母控制

1. 父母控制的界定与结构

Baldwin(1948)最早提出父母控制的概念,父母控制指父母对个体行为的限制和亲子间的语言交流,即控制和民主两个维度。对于心理控制概念,最具代表性的 Schaefer(1965)和 Becker(1964)的研究,指出心理控制是通过操纵亲子间爱的关系的方式,阻止个体脱离父母而发展成独立个体,为消极属性控制。

20 世纪 90 年代,Steinberg 提出父母控制分为心理控制和行为控制的意义,使研究者转变了对父母控制本质的理解。Barber(1994)等人立足父母教养行为的成分取向,依据父母控制对个体自主性的影响,正式在概念上区分心理控制与行为控制。最终该理论被一致认同,指出心理控制是父母强加在个体心理、情绪发展过程中的控制意图(Barber,1996),如自我表达、思维过程、情绪情感等(李志楠 & 邹晓燕,2006);行为控制指父母限制或制定规则管理子女行为的行为(Barber,1996;Smetana,2002),如父母掌握子女交友及其他日常情况并设置限定,或采用表达期望而提出要求等(Barber,2005;满达呼等,2015)。目前,Barber 所界定的父母心理控制、行为控制定义仍被视为主流概念,我国相关研究广泛使用(李丹黎,2012;宋静静,2014;赵乐,2014)。本研究同样使用此概念进行研究。

2. 父母控制的测量

目前,国内外学者编制了多个父母控制量表,主要应用于研究的量表如下：

Schaefer 编制的父母行为量表（CRpBI），该量表共 260 项题目，包含 26 个概念，其中 19 个概念含有测量父母控制的题目，采用 3 级评分，被试选择题项叙述情况的符合程度。量表的区分效度良好，已被广泛地应用。

Stattin 与 Kerr(2000)从行为控制的角度出发，根据父母制定行为规则、设定限制而控制子女自由情况编制了父母控制量表。该量表需亲子双方共同作答，包括 6 项条目，采用 4 级评分。以往研究表明，量表具有良好的信度与效度。

Wang 等人(2007)基于 Barber 的父母控制理论编制父母控制量表，分为心理控制、行为控制分量表。其中，心理控制分量表共 18 项条目，10 项条目测量引发内疚，5 项条目测量收回关爱，3 项条目测量坚持权威；行为控制分量表共 16 项条目，8 项条目为主动询问，8 项条目为行为约束。量表采用 5 级评分，得分越高，父母控制水平越高。国内外研究表明，量表具有良好的信效度。

本书因使用 Barber(1994)关于父母控制的区分概念作为前因变量的界定，即父母控制分为心理控制和行为控制，所以采用 Wang (2007)编制的父母控制量表进行相对应的变量测量。

（二）生活满意度

1. 生活满意度的界定与结构

20 世纪 60 年代，生活满意度研究兴起。心理学家的介入促使生活满意度研究心理学化。在积极心理学的影响下，生活满意度研究进一步发展。Shin 和 Johnson(1978)定义生活满意度（life satisfaction）为个体依照自身所选定的标准，对一定阶段内的自我总体生活状况的认知与评估。它是衡量个体社会生活质量的重要参数（池丽萍 & 辛自强，2002），是主观幸福感中的认知成分（姚本先，石升起 & 方双虎，2011）。从已有文献来看，目前国内外学者基本认可并使用此概念。刘洁(2007)和姚本先等人(2011)在综述生活满意度的研究中均指出这一生活满意度概念已成为国内采用的主要定义。该定义广泛应用于各社会群体的生活满意度的相关研究，对中学生的生活满意度研究同样适用。滕修攀(2010)沿用此定义调查了 400 名中学生的生活满意度，赵清清和杨茜等人(2012)基于此概念以川渝地区 1015 名中学生作为样本进行了研究，谢家树等人(2014)运用该定义研究了 1355 名初中生的生活满意度。

另外，陈世平、乐国安(2001)提出生活满意度是个体对生活质量的主观体验，是衡量个体生活质量的综合性心理指标，认同生活满意度包括认知部分与情感部分。

在生活满意度的结构上,Shin 和 Johnson(1978)指出生活满意度分为两类:一是一般生活满意度,二是特殊生活满意度。一般生活满意度指个体对生活质量的整体性评价,而特殊生活满意度是个体对不同生活领域所做的具体评价,如学校满意度、家庭满意度、环境满意度等(Shin & Johnson,1978)。比较而言,一般生活满意度更具有稳定性、抽象性。张兴贵等人(2004)、谭千保和曾苗(2007)、吴素梅和吴沁嶷(2013)、谢家树等人(2014)均采用特殊生活满意度对中学生的生活满意度进行研究,本研究也立足于特殊生活满意度角度。

2. 生活满意度的测量

根据以往文献得知,基于理论建构的生活满意度分为单维模型和多维模型(Gilman,2000)。单维模型常指测量一般生活满意度,不涉及特殊生活满意度;多维模型可测量一般生活满意度与特殊生活满意度。单维模型具体情况如表 5-1。

表 5-1　单维度模型的生活满意度量表

模型类型	计算方法	题项举例	代表量表
单维度模型	整体评定后计算总分	1. 我生活得很好 2. 总的来说,我对自己的生活感到满意	Diener(1985)编制的生活满意度量表,5 个题目,7 点量表评分 Leung(1992)等编制的一般生活满意度量表,适用于青少年

多维模型基于生活满意度包含特定的重要生活领域核心,每项具体生活领域的项目平均对应该领域的特殊生活满意度,一般生活满意度是各领域得分简单相加或加权相加的总分。在多维模型中,具有代表性的为等级生活满意度模型(Huebner,1994),加权生活满意度模型(Cummins,1997)。另外,陈世平、乐国安(2001)综合单维模型和多维模型提出生活满意度的测量方法,其测量工具包括 4 部分。

目前,国内外研究广泛应用的是 Neugarten 和 Havighurst(1961)等编制的生活满意度量表(Life Satisfaction Scales);在研究青少年生活满意度时,代表性量表为 Huebner(1994)编制的多维度学生生活满意度量表(MSLSS),田丽丽与刘旺(2005)建立了中文版,研究表明其适用于中国学生。鉴于国外量表评价本国青少年的生活满意度值得商榷,国内学者致力开发本土化测量工具,具体内容见表 5-2。

表 5‒2　本土化生活满意度量表

量表名称	开发者	维度	具体量表内容	信效度
大学生生活满意度评定量表（CSLSS）	王宇中时松和（2003）	6个一阶因子2个二阶因子	客观满意度：学习成绩、自我形象和表现、与同学朋友关系、身体健康状况、经济状况主观满意度	良好
大学生不同生活领域生活满意度问卷	王长涛辛志勇（2002）	5个维度	物质生活满意度、身心状况满意度、社会适应和社会支持满意度、学习满意度、社会发展和国际政治形式满意度	良好
中国青少年生活满意度量表（CASLSS）	张兴贵何立国郑　雪（2004）	6个维度	友谊满意度、家庭满意度、学校满意度、环境满意度、学业满意度、自由满意度	非常优良
青少年生活满意度评定问卷（ASSRQ）	陶芳标孙莹等（2005）	5个维度	对自我学习效率与能力、老师和同学对自己的学习表现、师生及同学关系、对老师和同学帮助自己、对学习环境等五个方面的主观感受	良好

整理国内外相关量表发现，张兴贵借鉴参考 Huebner（1994）编制的多维学生生活满意度量表（MSLSS），通过开放式问卷与访谈，应用探索性因素与验证性因素分析形成较为完善的中国青少年生活满意度结构模型，并发表验证问卷信效度的研究成果。多位学者表示此问卷值得在实际研究中推广应用，是我国青少年生活满意度的主要的有效测量工具（姚本先等，2011；刘洁，2007）。因此，本研究运用张兴贵的中国青少年生活满意度量表作为研究工具。

二、孝道信念、父母控制与生活满意度相关的研究现状

（一）孝道信念的相关研究

孝道信念与孝道的关系息息相关，信念的终极形式是行为体现。目前国内外研究中较少以"孝道信念"为核心表达，但不难理解，孝道相关研究中蕴含也体现着孝道信念。总结相关孝道研究，发现孝道研究集中为：研究孝的形成过程（涂爱荣，2010）；孝道在整体层面上的意义，孝知与孝行的关系（王勇，2006；Lam，2006）；孝的反思与现代价值（肖群忠，2010；齐绩，2011；阎秀芝，蒋国保，2012）；心理学视野下的孝道研究等。本书将主要综述孝道的心理学研

究内容。总结已有相关研究发现,孝道与相关心理学变量主要存在两种关系:一是孝道预测相关心理和行为,二为相关因素预测孝道心理和行为。

首先,孝道的预测作用。李炳全和陈灿锐(2007)研究中学生孝道发现,中学生的孝道与成就动机显著正相关,其中尊亲恳亲和护亲荣亲有效预测中学生的成就动机,女生比男生孝道得分更高,更尊重父母,更注意使父母高兴和避免担忧。Chen(2014)指出孝道能预测青少年的学业动机和学业成就,可鞭策个体理解和接受父母对其学业的期望和要求而取得高学业成就。Pan(2013)和Yeh(2014)认为孝道预测青少年自主性的发展。另外,金灿灿等(2011)研究表明,孝道预测个体人际关系,其中互惠性孝道与人际适应关系紧密。还有Leung(2010)、Chen(2014)提出的,孝道对个体幸福感具有预测作用。

其次,预测孝道的因素。李启明和陈志霞(2013)认为关爱性的父母教养方式促成形成互惠性孝道,控制性的父母教养方式正向作用权威性孝道的形成,这与黄士哲和叶光辉(2013)的研究结果相似。影响孝道的因素还包括亲子关系(Cheah,2012)、父母教养行为(李晓彤,2014)、亲子依恋(金灿灿,2011)及个体的心理现代性(李启明 & 徐海燕,2011)。

(二)父母控制的相关研究

首先,在父母控制影响的结果变量上,第一,行为控制对纠正个体的问题行为具有正向功能。研究表明,高水平的行为控制能预测青少年较好的学业功能(Wang,Pomerantz,& Chen,2007),减少违纪行为(Li et al.,2013),而低水平的行为控制预测反社会行为(Pettit,Laird,& Dodge,2001)、违纪行为(宋静静,2014)。第二,父母控制影响着子女的心理、情绪与社会适应性。大量研究表明,高水平的心理控制与青少年较差的情绪功能(Aunola et al.,2013)、抑郁(赖雪芬等,2014)、消极的自我评价(罗小漫等,2012)、非适应性完美主义倾向(张朋云,2012)显著相关,消极影响青少年的积极心理与情绪。王美芳等人(2015)研究表明,母亲控制与中学生的生活满意度显著负相关。另外,张文娟等(2011)在考察青少年的父母监控时发现,若父母积极了解青少年生活学习状况而实施控制,青少年会表现出更高水平的社会适应性,展现了行为控制的积极意义。

其次,在个体因素层面上,子女性别影响父母控制的结果。研究发现,男女生在回应父母控制的知觉程度上差异显著。Rogers等人(2003)调查得知,女生更易因无法反抗父母的心理控制而承受更多内隐的消极影响;Shek

(2009)研究香港青少年发现,男生可感知到更高水平的父母行为控制和心理控制。

最后,在中西方文化比较层面上,Barber(2006)研究发现,父母控制存在文化相似性,个体对自主性的需要是普遍的;张璐斐(2013)指出,父母控制在东亚国家比西方国家更为常见,中国父母控制对应的教育责任与西方父母控制包含的干涉、不信任等内涵存在差别。

(三)生活满意度的相关研究

影响生活满意度的因素众多。在客观的家庭因素上,王金霞和王吉春(2005)研究发现,家庭教养方式影响中学生的一般生活满意度,情感温暖型教养方式发挥促进作用,而惩罚严厉、拒绝否认型教养方式展示消极作用,同时指出,亲子关系是影响中学生生活满意度的有力因子。杨莉等(2012)研究得出,父母的温暖与理解具有促进个体积极情感的功能,而父亲的惩罚严厉、母亲的拒绝否认会引起消极情感。孙瑞琛等(2010)指出,心理控制感对中国人的生活满意度具有显著预测作用。张莉等(2015)调查发现,父母支持显著提高青少年的生活满意度。

关于孝道与个体幸福感的关系,陆洛等(2006)基于亲子对偶研究发现,子女孝道观念影响着自己和父母的幸福感。凝练说来,个体的孝道观念确是影响个体生活满意度的因素。从价值观角度分析,金盛华和田丽丽(2003)研究结果表明,价值观和自我概念对中学生的生活满意度具有关键作用。不难看出,作为国民性格和道德之首的孝道,对于个体生活满意度的影响不容忽视。

在人口学变量上,不同地区与国家的青少年生活满意度状况存有差异。在我国不同地区,吴素梅与吴沁嶷(2013)研究发现,农村中学生的家庭满意度显著高于城市中学生,这与刘旺(2006)的研究结果相同。在青少年个体的性别上,金盛华(2003)曾提出男生对身心状况、学习状况领域的满意度显著高于女生,而陈丽娜等(2004)和王金霞等(2005)研究一致认为,女生的生活满意度高于男生。谭千保等(2007)研究发现,高中生的学业满意度随年级增高而逐渐降低。杨进(2007)研究表明,高一与高二学生的生活满意度无显著差异,而初一和初二学生的生活满意度显著高于初三学生。赵清清等(2012)研究指出,在性别和是否独生子女两个变量上,中学生的生活满意度均不存在显著差异,仅在年级变量上差异显著。在父母受教育程度上,中学生的生活满意度呈现随父母受教育程度增高而增高的趋势(石国兴,2006)。

(四) 小结

首先,相关父母控制影响结果的研究多集中于消极变量。根据自我决定理论,在自主支持性的人际关系中,个体的内在心理需要因得到满足而变得更积极乐观,生活满意度更高;而在控制性人际关系中,内在心理需要未得到满足而变得消极悲观,降低了生活满意度(Deci,1987)。因此,本研究以父母控制为出发点,以研究其对具有积极属性的生活满意度的影响作用。鉴于父母控制本身具有区分性,本研究拟从两方面入手开展研究:一是从父母心理控制出发,即父母在个体心理层面实施控制影响生活满意度;二是从父母行为控制出发,即父母在个体行为层面实施控制影响生活满意度。

其次,父母控制与生活满意度的关系待深入探究。目前,国内外研究仅关注家庭教养方式的类型或父母温情与严厉情感对个体生活满意度的影响,并未涉及深入探讨中国式"控制"因素的作用,也未有比较控制在心理层面和行为层面分别对生活满意度的影响。同时已有研究发现,孝道与生活满意度密切相关,且作为重要价值观的孝道离不开父母教育。在家庭为研究的基本单位中,父母教养中的控制成分、子女孝道与生活满意度间联系值得进一步探讨。

最后,目前虽已有相关父母控制、孝道信念及生活满意度的研究,但大多只以一个变量为核心进行深入探讨,或仅涉及以上两个变量的相关概念,并未有研究在整体上检验和探索三个变量之间的关系。同时,在梳理国内外研究基础上发现,三个变量间确存在一定的相互联系和顺序关系。

第三节 实证设计与研究假设

一、框架设计

本研究发现,作为家庭教育方式的父母控制与孝道信念及生活满意度关系密切,孝道信念与生活满意度也联系紧密。一方面,孝道信念在父母控制与生活满意度之间所扮演的角色为本研究的研究核心;另一方面,在心理层面和行为层面上,父母控制对孝道信念和生活满意度所起作用的差异有待探讨,框架设计如图5-1。

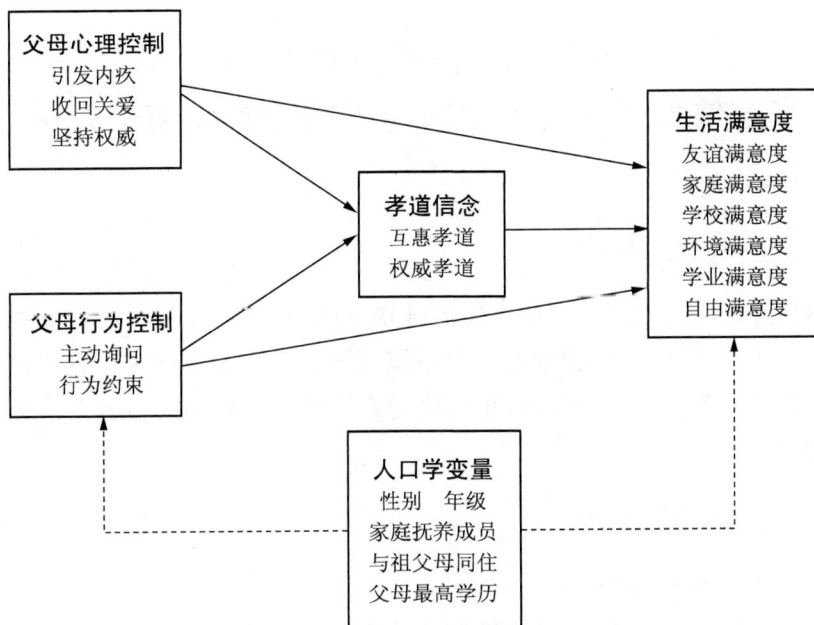

图 5 - 1 孝道信念、父母控制与生活满意度的关系框架

二、研究假设

本研究基于以上文献梳理及框架架构,做出如下假设:

假设一(H1):父母心理控制与行为控制、孝道信念、生活满意度关系密切;

假设二(H2a):父母心理控制与行为控制对生活满意度有显著预测作用;

(H2b):孝道信念对生活满意度有显著预测作用;

假设三(H3a):互惠孝道信念在父母心理控制与生活满意度间起中介作用;

(H3b):互惠孝道信念在父母行为控制与生活满意度间起中介作用;

假设四(H4a):权威孝道信念在父母心理控制与生活满意度间起中介作用;

(H4b):权威孝道信念在父母行为控制与生活满意度间起中介作用。

第四节　质性访谈研究：
孝道信念、父母控制与中学生生活满意度的关系

一、访谈研究目的

本研究基于已有理论与相关实证研究，通过梳理相关中外文献，建构了孝道信念与父母控制、生活满意度的关系模型图。为检验本研究所提出的假设与模型图的合理性，拟采用访谈法解决对家庭单位中孝道形成及其个体心理功能的探索和验证。

二、访谈研究方法

（一）访谈提纲设计

本研究运用深度访谈法（又称半结构式访谈），结合行为事件访谈对被访者进行询问及适当追问。在访谈中，要求访问对象讲述他们在家庭中所遇涉及孝道的具体生活事件或典型案例，让不同的被访者说出相应案例的人物、起因、父母扮演角色、自身孝道的心理历程、事件结果及其对自身情绪情感的影响，收集并提取家庭中孝道形成因素与孝道个体心理功能的关键特征，为本研究的假设和模型图提供关键证据。

中学生的孝道研究访谈提纲（样例）

尊敬的同学：

您好！非常感谢您参与大学生公正世界信念的相关调查研究，本研究旨在了解大学生对于自己或周围世界的感受。您的真实回答对我们的研究非常有价值，该调查只用于科学研究，匿名作答，感谢您的合作，祝您学业有成。

江南大学人文学院大学生心理调研组

联系邮箱：xxx@163.com

1. 访谈者背景信息

被访者姓名：	年龄：
学校名称：	性别：
所在年级：	家庭成员：

2. 访谈内容

中学生在家庭中所遇涉及孝道的具体生活事件或典型案例,相应案例的人物、起因、父母扮演角色、自身孝道的心理历程、事件结果及其对自身情绪情感的影响,针对家庭中孝道形成的影响因素与孝道对个体的心理功能等特征,对不同性别、不同年级的 16 名中学生进行访谈,问题举例如下。

(1) 你在生活中有孝敬父母的经历吗? 当时的想法和感受是怎样的? 父母的表现是什么? 请举例说明。

(2) 你的父母在你的孝道观形成中发挥了怎样的作用? 可用事例说明。

(3) 从个人角度出发,你认为孝道对你的生活已经或可能产生哪些影响?

(二) 访谈研究对象

为使访谈样本更具代表性,研究在江苏省 3 所中学共选取 16 名中学生,初中与高中人数一致,研究对象男女比例 1∶1。

(三) 访谈研究过程

格拉斯和斯特劳斯(Glazer & Strauss)在 1967 年提出扎根理论(Grounded Theory)。需注意的是,扎根理论并非实体的“理论”,而是一种研究路径(陈向明,2005)。研究在针对现象的基础上,系统地收集和分析资料,再依据资料分析的结果建立和检验理论的过程;现实理论呈现则是研究的结果;所发现的理论称为扎根理论。

深度访谈作为质性研究的主要方法之一,指研究者通过与被调查者进行深入谈话,了解研究对象群体的生活方式与经历、某一社会现象的形成过程,最后提出解决问题的思路或办法。

研究结合访谈目的,将扎根理论与深度访谈研究结合起来(孙晓娥,

2011)。结合两者发现,深度访谈获取丰富的文本性资料,为进行扎根理论的研究过程提供了材料基础,有助于在研究中抽象出具体概念。同时,扎根理论为深度访谈提供了分析资料的具体路径和步骤。值得关注的是,第一,扎根理论将抽样访谈、文本分析和理论建构视为持续互动与相互促进的过程,抽样访谈为后两者提供资料支持,后两者又指导抽样访谈的进行;第二,扎根理论要求面对深度访谈生成的资料,在访谈后尽快开展资料分析和整理工作;第三,扎根理论利用三级编码方式进行编码,以开放的态度分析访谈资料,提炼相关概念和范畴。编码确定后,采用编码列表对所有访谈资料归纳分类,编码表被不断进行综合分类,从而形成新的编码与列表。

本研究参照的具体操作程序如下:

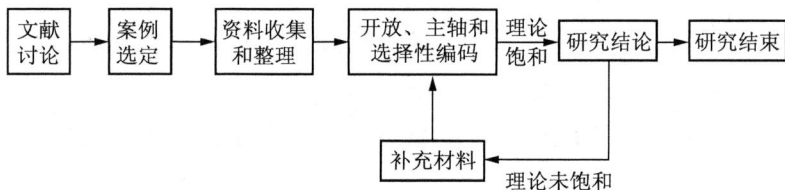

图 5-2　扎根理论研究流程图

1. 访谈研究取样

鉴于深度访谈更注重访谈的质量而非数量,采用非概率抽样,尽量选取为本研究的问题能提供最大信息量的对象。扎根理论的理论性抽样对传统深度访谈抽样方法进行了补充,提出三种理论性抽样:开放性抽样、关系性和差异性抽样、区别性抽样(Strauss & Corbin,1990)。因此,本研究在深度访谈的开始阶段,利用开放性抽样选择能为研究问题提供最大涵盖度的 10 名中学生进行访谈。随后,在整理和分析访谈资料中发现存有相关概念和范畴不足现象,运用了关系性和差异性抽样继续选取更具针对性的 3 名中学生。在访谈研究后期,为进一步验证研究所建立的假设,为进一步修正、完善关系模型,采用区别性抽样选择 3 名中学生进行访谈。整个访谈过程中,在兼顾以上抽样事项上,笔者针对中学生样本存在的结构问题,会有目的地注意选取样本的差异。

2. 访谈资料收集

本研究采用深度访谈方式搜集资料。在进行访谈前,制定访谈内容与程序的部分标准,同时根据访谈对象的个性灵活多变地提出不同形式的问题。

在访谈过程中,研究者以访谈提纲为主线推进访谈。

　　整个访谈以具体问题开始,在与访谈对象建立起互相信任和良好对话的基础上,逐渐进入开放式提问,及时发现并深度追踪访谈中出现的与研究相关的关键点,引导受访者深入地发表意见。在访谈结束时,注意以总结性的具体问题作为自然的结束。访谈结束后,需参考提纲的完成度、关键点的重要性等进行调整与反思,以更明确之后的访谈方向。

　　3. 访谈资料分析

　　本研究采用开放式编码、主轴编码以及选择式编码 3 个阶段,将 18 位访谈者的 17 多万字的访谈文本信息归纳,并提炼出 120 项核心概念、40 项条目(副范畴)、8 项主范畴,最终分类总结为 4 个核心范畴,分别为孝道信念、心理控制、行为控制与生活满意度。最后随机抽取访谈录音材料,检验质性理论饱和度。

表 5-3　访谈编码库

核心范畴	主范畴	条目(副范畴)	描述举例
孝道信念	互惠孝道信念 N1、 N2、 N5、 N6、N10、N11、 N15、N16	N1 爱护父母	平时会很在意爸妈的身体健康
		N2 了解父母	会与爸妈深入交流去了解他们
		N3 听从父母	不好意思拒绝爸妈的安排和要求
		N4 依亲交友	在交友方面我听从爸妈的
		N5 奉养父母	报答父母养育之恩是理所应当的
		N6 事亲方式	以后会赡养爸妈,但不想一直住一起
		N7 护亲有道	原则问题上,我认理不偏亲
		N8 继承志业	放弃自我兴趣去完成爸妈的心愿
		N9 娱亲方式	为使爸妈开心,我会故意很努力学习
		N10 爱亲事亲	爸妈生病时,我会变得更贴心
	权威孝道信念 N3、 N4、 N7、 N8、 N9、N12、 N13、N14	N11 珍惜亲情	自己很难一直生爸妈的气
		N12 顺从父母	认为不听爸妈话的孩子是叛逆的
		N13 谏亲于理	爸妈做得不对的事情,我会指出来
		N14 荣亲耀亲	为了爸妈的面子会争取更多的荣誉
		N15 敬爱父母	经常对爸妈说我爱你
		N16 爱亲奉亲	希望以后能给爸妈好的生活

续　表

核心范畴	主范畴	条目(副范畴)	描述举例
心理控制	引发内疚 N17、N18、N19	N17 负性评价	爸妈要求我听话,否则说我是坏孩子
		N18 强调付出	爸妈经常叨唠:养你费了很大劲
		N19 情感威胁	不听爸妈的话,他们就不开心
	收回关爱 N20、N24	N20 爱的撤回	生我气的时候会故意不理我
		N21 自主计划	爸妈认可我在学习方面计划得当
	坚持权威 N21、N22、N23	N22 替代选择	大方向的事情,爸妈坚持替我选择
		N23 降低权威	有时候会理解我,不会逼我做一件事
		N24 爱的挟持	老是会说他们做的都是为我好
行为控制	主动询问 N25、N26、N30、N34	N25 询问学校情况	爱问我在学校的情况
		N26 交流学习方法	会主动和我聊该如何学习
		N27 事出必有因	放学晚归一定要说明原因的
		N28 制定外出规则	周末不允许随便出门
	行为约束 N27、N28、N29、N31、N32、N33	N29 活动的权限	与朋友活动要获得爸妈允许
		N30 了解学习情况	学习管得紧,特别关心作业做完没
		N31 经济约束程度	经济上管得不是特别严
		N32 经济管理方式	零花钱按月给,如何用自己做主
		N33 经济管理要求	爸妈不让乱花钱
		N34 了解交友对象	经常问我朋友的情况
生活满意度	对生活各方面的评价 N35、N36、N37、N38、N39、N40、N41、N42	N35 评价友情	挺爱交友的,朋友间关系像兄弟
		N36 家庭氛围	感觉自己家庭挺幸福的
		N37 学习成绩	成绩一直在前十名以内
		N38 个人自由度	生活中缺少自由的感觉
		N39 对世界的总结	世界不可能处处是美好
		N40 评价学校	觉得学校里学习收获很多
		N41 亲子关系	我爸妈对我大多是温柔的
		N42 感受友情	同学们经常帮助我

　　如上表 5-3 所示,第一阶段,利用开放式编码,本研究将每位被访者的访谈稿逐一登录、核对与筛选,得到了含有 42 项初级条目(副范畴)的编码库;第二阶段,利用主轴编码,对 42 项初级条目(副范畴)间的关系进行分析、讨论与挖掘,形成 7 项主范畴;第三阶段,使用选择性编码系统性地总结 7 项主范畴,凝练出 4 个核心范畴能够最大程度上包含所有范畴的意义,具有说明和统领

作用。且在随机抽取和核验访谈录音材料中,已有范畴虽十分丰富,但并未生成新的范畴和概念。

三、访谈研究结果

整理访谈材料的分析结果发现,中学生孝道信念主要概括为:一是以亲子情感为中心的互惠孝道信念;二是以权威和义务为核心的权威孝道信念。中国家庭中,存在两种不同父母控制形式影响中学生孝道信念的建构,即心理控制与行为控制。综合来看,以上四因素可作用于中学生对自我生活各方面的评价。因此,本研究主要基于双元孝道理论,探讨不同层面的父母控制如何对中学生生活满意度产生影响。

第五节 双元孝道模型下父母控制与中学生生活满意度的调查研究

一、研究对象

本研究采用方便取样的方法,共选取湖南省 3 所中学,每个年级采用抽签法共随机抽取 3 个班,以班级为单位对学生进行编号,采用随机数字表法在每个班级随机抽取 30~35 人。2016 年 3~5 月分 2 次发放问卷,共 580 份,收回有效问卷 539 份,有效回收率为 92.9%。其中初中生 265 人(49.2%),初一 92 人(17.1%),初二 88 人(16.3%),初三 85 人(15.8%);高中生 274 人(50.8%),高一 95 人(17.6%),高二 93 人(17.2%),高三 86 人(16.0%);男生 264 人(49.0%),女生 275 人(51.0%),年龄 13~18 岁,平均年龄岁(15±0.5);双亲家庭 482 人(89.4%),单亲家庭 54 人(10.0%),无父母 3 人(0.6%);与祖父母同住 241 人(44.7%),不与祖父母同住 298 人(55.3%);在父母一方最高文化程度选择中,49 人(9.1%)为小学,201 人(37.3%)为初中,197 人(36.6%)为高中,88 人(16.3%)为大学及以上,4 人(0.7%)为其他。

二、研究工具

(一) 父母控制量表(Parental Control Scale)

父母控制分为心理控制与行为控制,采用 Wang 等人(2007)编制的父母心理控制与行为控制量表。其中父母心理控制量表共 18 个条目,包括父母引发内疚感、父母收回关爱、父母坚持权威 3 个维度。量表要求青少年报告每个条目与父母实际情况的符合程度,采用 5 点评分,从"完全不符合"到"完全符合"分别用数字 1～5 来表示,分数越高,表示父母对子女的心理控制越严重。探索性因素分析抽取 3 个因子,18 道题目全部保留。量表整体信度系数为 0.915,4 个因子的累计解释变异量为 56.90%,分维度信度分别是引发内疚 0.904,收回关爱 0.765,坚持权威 0.790。验证性因素分析表明结构效度良好,$\chi^2/df=3.725$,TLI$=0.902$,CFI$=0.917$,RMSEA$=0.079$。

父母行为控制量表共 16 个条目,其中 8 个题目测量主动询问,8 个题目测量行为约束;量表采用从 1(从不)～5(总是)5 级计分,得分越高,表示父母对子女的行为控制水平越高。探索性因素分析抽取 2 个因子,16 道题目全部保留。量表整体信度系数为 0.891,4 个因子的累计解释变异量为 61.67%,分维度信度分别是主动询问 0.824,行为约束 0.860。验证性因素分析表明结构效度良好,调查表明,此量表结构效度良好,$\chi^2/df=3.648$,NFI$=0.920$,IFI$=0.912$,TLI$=0.914$,CFI$=0.918$,RMSEA$=0.077$。

(二)双元孝道信念问卷(DFPS)

量表采用叶光辉(2003)编制的双元孝道量表,该量表包括互惠孝道信念(8 个条目)和权威孝道信念(8 个条目)2 个维度。量表从 1(完全不认同)～6(完全认同)6 级计分,得分越高,所对应的孝道信念程度越深。此量表已用于台湾初高中学生样本和台湾大学生样本,具有良好的效度、信度。本次研究通过探索性因素分析,16 道题目全部保留,2 个因子被抽取,累计解释变异量为53.55%,总量表的信度系数为 0.812,互惠孝道维度的信度为 0.796,权威孝道维度的信度为 0.814。调查表明,此量表结构效度良好,$\chi^2/df=3.450$,NFI$=0.918$,IFI$=0.910$,TLI$=0.921$,CFI$=0.916$,RMSEA$=0.075$。

(三)青少年学生生活满意度量表(CASLSS)

量表由张兴贵等人(2004)编制,用于评估中学生生活满意度。该量表共36 个题项,6 个维度分别为友谊、家庭、学校、环境、学业与自由满意度,采用 5点评分,从"完全不符合"到"完全符合"分别用数字 1～5 来表示,友谊、家庭、学校满意度维度各有 7 个条目,环境、学业和自由满意度维度各有 5 个条目,6个维度得分之和即生活满意度总分,总分数越高,说明生活满意度越高。本次调查中,探索性因素分析抽取 6 个因子,总量表的信度系数为 0.875,累积解释变异量为 70.99%,子维度信度系数分别为友谊满意度 0.879,家庭满意度

0.854,学校满意度 0.739,环境满意度 0.736,学业满意度 0.723,自由满意度 0.814。通过验证性因素分析表明,量表结构效度良好,$\chi^2/df=3.653$,NFI = 0.908,IFI=0.913,CFI=0.915,TLI=0.904,RMSEA=0.078。

三、施测过程

本研究主试为中学班主任教师,均已接受培训,包括熟悉问卷和指导语、了解应对突发事件等。同时,问卷发放取得校方和家长的同意。问卷顺序:双元孝道问卷、父母心理控制问卷、父母行为控制问卷和生活满意度问卷。施测时,同一学校同时发放,时间为 35 分钟。

四、共同方法偏差检验

本研究通过 Harman 单因子检验共同方法偏差,即将所有变量的项目进行未旋转的主成分因素分析。有 15 个因子的特征根值大于 1,且第一个因子解释的变异量为 20.29%,小于 40%,表明本研究共同方法偏差问题在可接受范围内。

五、数据处理

本研究采用 SPSS19.0,AMOS17.0,Mplus7.0,Bootstrap 统计软件进行数据的信效度检验,描述性统计、相关分析、回归分析、中介效应检验与方差分析。

六、研究结果与分析

(一)描述性统计分析

表 5-4　父母控制、孝道信念、生活满意度及其各维度的总体水平($N=539$)

项　目	最小值	最大值	总平均值	标准差	项目数	项目平均值
父母心理控制	19.00	90.00	50.21	14.85	18	2.79
引发内疚	10.00	50.00	27.66	8.45	10	2.77
收回关爱	5.00	25.00	12.06	5.03	5	2.41
坚持权威	3.00	15.00	10.48	3.21	3	3.49
父母行为控制	16.00	80.00	51.06	13.09	16	3.19
主动询问	8.00	40.00	24.94	6.87	8	3.12

续 表

项　　目	最小值	最大值	总平均值	标准差	项目数	项目平均值
行为约束	8.00	40.00	26.12	7.81	8	3.27
互惠孝道	27.00	48.00	44.20	4.04	8	5.53
权威孝道	8.00	42.00	23.45	6.69	8	2.93
生活满意度	49.00	168.00	120.60	18.43	36	3.35
友谊满意度	7.00	35.00	26.02	5.67	7	3.72
家庭满意度	7.00	34.00	25.90	6.56	7	3.70
学校满意度	7.00	34.00	22.53	4.90	7	3.22
环境满意度	5.00	25.00	16.75	4.57	5	3.35
学业满意度	5.00	25.00	13.10	4.46	5	2.62
自由满意度	5.00	25.00	16.72	4.36	5	3.34

由表 5-4 可知,在 likert 5 点量表中最高分 5 分的计分标准下,总体情况如下:父母心理控制量表总分最高为 90 分,项目得分越高,代表父母心理控制水平越高,以其分数的 27% 为界,少于 24.30 分为最低分,24.30～65.70 分为中等水平,高于 65.70 分为高水平。表中心理控制总均值为 50.21 分,处于中等水平,项目均值为 2.79 分,小于中值(中值为 3 分),显示父母对中学生的心理控制处于中等偏下水平;其分维度引发内疚、收回关爱平均值分别为 2.77 分、2.41 分,均小于中值 3 分,说明父母通过引发内疚、收回关爱实施心理控制的水平较低,另外坚持权威平均值为 3.49 分,大于中值 3 分,表明心理控制中父母坚持家长权威水平偏高。

父母行为控制量表总分最高为 80 分,得分越高表示父母行为控制水平越高,以其分数的 27% 为界,少于 21.60 分为最低分,21.60～58.40 分为中等水平,高于 58.40 分为高水平。表中心理控制总均值为 51.06 分,处于中等水平,项目均值为 3.19 分,大于中值 3 分,其分维度主动询问、行为约束均值分别为 3.12 分、3.27 分,均高于 3 分,表明父母对处于中学阶段子女的心理控制水平中等偏上。

互惠孝道信念项目均值为 5.53 分,权威孝道均值为 2.93 分,被试在互惠孝道信念上的得分高于权威孝道信念得分,可见中学生普遍倾向持有互惠孝道信念,且互惠孝道信念处于较高水平。

中学生生活满意度总分最高为 168 分,得分越高表示生活满意度越高,以其分数的 27% 为界,少于 48.60 分为最低分,48.60～131.40 分为中等水平,高于 131.40 分为高水平。表中生活满意度总均值为 120.60 分,处于中等水平,其项目均值为 3.35 分,可见中学生生活满意度总体处于中等偏上水平。另外在分维度中,友谊满意度、家庭满意度、学校满意度、环境满意度、自由满意度得分均值高于中值分数,且友谊满意度的项目均值最高,为 3.72 分,学业满意度的项目均值最低,为 2.62 分,低于中值。

综合以上结论可以得出,假设一(H1)"父母心理控制与行为控制、孝道信念、生活满意度关系密切"成立。

(二)各变量相关性分析

本研究中,被试的父母心理控制与行为控制、孝道信念、生活满意度所有因子的相关分析,包括 13 个因子。如表 5-5 所示,各变量因子间均有不同程度的相关性。

父母心理控制各维度与互惠孝道信念、权威孝道信念呈显著负相关($r=-0.264^{**}\sim-0.116^{*}$,$p<0.05$,$p<0.01$),与生活满意度关系紧密,其中引发内疚与友谊、家庭、环境、自由满意度呈显著负相关($r=-0.305^{**}\sim-0.090^{*}$,$p<0.05$,$p<0.01$),收回关爱与友谊、家庭、自由满意度呈显著负相关($r=-0.357^{**}\sim-0.201^{**}$,均 $p<0.01$),与学校、学业满意度呈显著正相关($r=0.146^{*}\sim0.176^{**}$,$p<0.05$,$p<0.01$),坚持权威与友谊、家庭与自由满意度呈显著负相关($r=-0.219^{**}\sim-0.189^{**}$,均 $p<0.01$),与学业满意度呈显著正相关($r=0.151^{**}$,$p<0.01$)。

父母行为控制各维度与互惠孝道信念、权威孝道信念呈显著正相关($r=0.103^{*}\sim0.213^{**}$,均 $p<0.05$,$p<0.01$);在生活满意度各维度下,主动询问与家庭、学校、环境、学业满意度呈显著正相关($r=0.150^{**}\sim0.224^{**}$,均 $p<0.01$),行为约束与学校、环境、学业满意度呈显著正相关($r=0.114^{**}\sim0.151^{**}$,均 $p<0.01$),与自由满意度显呈著负相关($r=-0.241^{**}$,$p<0.01$)。

其次,孝道信念与生活满意度关系密切,除学校满意度、学业满意度外,互惠孝道信念与生活满意度中其他方面满意度均呈正相关($r=0.108^{*}\sim0.261^{**}$,均 $p<0.05$,$p<0.01$),且相关水平系数从高到低的趋势是家庭满意度>友谊满意度>环境满意度>自由满意度;除自由满意度外,权威孝道信念与其他方面满意度均呈正相关($r=0.109^{*}\sim0.237^{**}$,均 $p<0.05$,$p<0.01$),且相关水平系数从高到低的趋势是家庭满意度>学校满意度>学业满意度>环境满意度>友谊满意度。

表 5-5 父母心理控制与行为控制、孝道信念、生活满意度各因子相关（N=539）

	引发内疚	收回关爱	坚持权威	主动询问	行为约束	互惠孝道	权威孝道	友谊满意度	家庭满意度	学校满意度	环境满意度	学业满意度	自由满意度
A_1	1												
A_2	0.790**	1											
A_3	0.522**	0.563**	1										
B_1	0.200**	0.171**	0.122**	1									
B_2	0.375**	0.385**	0.376**	0.589**	1								
C_1	−0.116*	−0.264**	−0.129**	0.213**	0.103*	1							
C_2	−0.182**	−0.142**	−0.243**	0.208**	0.185**	0.251**	1						
D_1	−0.211**	−0.222**	−0.189**	0.082	0.002	0.218**	0.115*	1					
D_2	−0.305**	−0.357**	−0.219**	0.156**	−0.052	0.261**	0.237**	0.373**	1				
D_3	0.065	0.176**	0.047	0.280**	0.151**	0.077	0.212**	0.070	0.193**	1			
D_4	−0.090*	−0.083	−0.046	0.150**	0.114**	0.149**	0.109*	0.260**	0.291**	0.381**	1		
D_5	−0.003	0.146**	0.151**	0.224**	0.117**	0.056	0.203**	0.237**	0.275**	0.256**	0.213**	1	
D_6	−0.151**	−0.201**	−0.199**	−0.014	−0.241**	0.108*	0.038	0.295**	0.335**	0.161**	0.103*	0.283**	1

注：* 代表 $p<0.05$，** 代表 $p<0.01$，*** 代表 $p<0.001$

A_1 引发内疚，A_2 收回关爱，A_3 坚持权威；B_1 主动询问，B_2 行为约束；C_1 互惠孝道，C_2 权威孝道；D_1 友谊满意度，D_2 家庭满意度，D_3 学校满意度，D_4 环境满意度，D_5 学业满意度，D_6 自由满意度。

（三）回归分析

1. 父母控制对中学生的生活满意度各维度的预测

为探究父母控制对生活满意度的预测作用，本研究以生活满意度各因子为因变量，父母心理控制与行为控制各因子为自变量，进行逐步多元回归分析。

表 5 - 6　父母控制对生活满意度各维度的回归分析（$N=539$）

因变量	自变量	B	SE	$Beta$	R^2	ΔR^2	t	p
友谊满意度	收回关爱	−0.225	0.039	−0.283	0.116	0.116	−5.723***	<0.001
	主动询问	0.114	0.029	0.192	0.131	0.015	3.917**	0.003
家庭满意度	收回关爱	−0.433	0.044	−0.392	0.128	0.128	−7.809***	<0.001
	主动询问	0.165	0.032	0.203	0.168	0.040	5.089***	<0.001
学校满意度	主动询问	0.193	0.034	0.264	0.104	0.104	3.830***	<0.001
	收回关爱	0.171	0.030	0.124	0.122	0.018	3.142**	0.002
	行为约束	0.084	0.021	0.098	0.131	0.009	2.557*	0.033
环境满意度	主动询问	0.178	0.032	0.275	0.122	0.122	4.047***	<0.001
	引发内疚	−0.064	0.020	−0.125	0.137	0.015	−2.899**	0.003
学业满意度	主动询问	0.181	0.027	0.240	0.095	0.095	5.698***	<0.001
	坚持权威	−0.156	0.048	0.183	0.152	0.057	−3.094***	<0.001
自由满意度	行为约束	−0.173	0.059	−0.203	0.084	0.084	−3.446***	<0.001
	收回关爱	−0.165	0.044	−0.146	0.127	0.043	−2.558*	<0.001
	坚持权威	−0,149	0.038	−0.137	0.139	0.012	−3.125**	0.004

注：* 代表 $p<0.05$，* * 代表 $p<0.01$，* * * 代表 $p<0.001$

由表 5 - 6 可知，收回关爱和主动询问显著预测友谊满意度，二者共同解释量为 13.1%，其中收回关爱的负向预测作用显著，主动询问的正向预测作用显著，且收回关爱的预测力较强（$\beta=-0.283^{***}$，$p<0.001$）。收回关爱、主动询问显著预测家庭满意度，其中收回关爱的负向预测作用显著，主动询问的正向预测作用显著，二者共同解释量为 16.8%，且收回关爱预测力较强（$\beta=-0.392^{***}$，$p<0.001$）。主动询问、收回关爱、行为约束显著正向预测学校满意度，三者共解释 13.1% 变异量，其中主动询问的预测作用最强（$\beta=0.246^{***}$，$p<0.001$）。主动询问、引发内疚显著预测环境满意度，二者共同解释量为 13.7%，其中主动询问的正向预测作用显著，引发内疚的负向预测作用显著，

且主动询问预测作用较强($\beta = 0.275^{***}$，$p < 0.001$)。主动询问与坚持权威显著正向预测学业满意度，二者共解释 15.2% 的变异量。行为约束、收回关爱与坚持权威显著负向预测自由满意度，三者共同解释量为 13.9%，且行为约束的预测力最强($\beta = -0.203^{***}$，$p < 0.001$)。

由上可以观察到，父母心理控制与行为控制对生活满意度各维度的预测作用显著。假设二(H2a)"父母心理控制与行为控制对生活满意度有显著预测作用"得到验证。

2. 孝道信念对中学生的生活满意度各维度的预测

表 5-7　孝道信念对生活满意度各维度的回归分析($N = 539$)

因变量	自变量	B	SE	$Beta$	R^2	ΔR^2	t	p
友谊满意度	互惠孝道	0.346	0.052	0.359^{***}	0.132	0.132	0.884	<0.001
家庭满意度	互惠孝道	0.307	0.059	0.273^{***}	0.128	0.128	5.234	<0.001
	权威孝道	0.227	0.035	0.253^{***}	0.203	0.075	3.586	<0.001
学校满意度	权威孝道	0.239	0.026	0.195^{***}	0.110	0.110	2.342	<0.001
环境满意度	权威孝道	0.248	0.033	0.214^{***}	0.085	0.085	3.968	<0.001
	互惠孝道	0.187	0.027	0.179^{***}	0.119	0.034	2.735	<0.001
学业满意度	权威孝道	0.233	0.034	0.281^{***}	0.116	0.116	4.728	<0.001
自由满意度	互惠孝道	0.213	0.031	0.160^{***}	0.077	0.077	3.815	<0.001

注：* 代表 $p < 0.05$，* * 代表 $p < 0.01$，* * * 代表 $p < 0.001$

由表 5-7 可知，互惠孝道显著正向预测友谊满意度，解释量为 13.2%；互惠孝道与权威孝道显著正向预测家庭满意度，二者共同解释量为 20.3%，且互惠孝道的预测力较强($\beta = 0.273^{***}$，$p < 0.001$)；权威孝道显著正向预测学校满意度，解释量为 11.0%；权威孝道、互惠孝道显著正向预测环境满意度，二者共解释 11.9% 变异量，其中权威孝道的预测作用较强($\beta = 0.214^{***}$，$p < 0.001$)；权威孝道显著正向预测学业满意度，解释量为 11.6%；权威孝道显著正向预测自由满意度，可解释 7.7% 的变异量。

由上可以得到，互惠孝道与权威孝道对生活满意度各维度的预测作用显著。假设二(H2b)"孝道信念对生活满意度有显著预测作用"得到验证。

（四）中介作用检验

本研究采用 Mplus 17.0 做结构方程模型检验孝道信念在父母控制与生活满意度之间的中介作用，同时使用偏差校正的非参数百分位 Bootstrap 法进一步检验中介结果，利用 Hayes(2012)编制的 SPSS 宏(pROCESS)，通过在原始数据内作有放回的再抽样,抽取 5000 个样本估计中介效应 95％置信区间完成中介效应验证。

1. 互惠孝道信念对父母控制与生活满意度的中介分析

为检验互惠孝道信念在父母控制与生活满意度的关系中的中介作用,首先把父母心理控制与行为控制、互惠孝道信念和生活满意度作为潜变量,父母心理控制的 3 个维度和行为控制的 2 个维度、互惠孝道信念的 8 个测量项目、生活满意度的 6 个维度作为指标变量,采用 Mplus 做结构方程模型分析。结果显示,互惠孝道信念在父母控制与生活满意度间起部分中介作用,部分中介效应模型的整体拟合指数良好: $\chi^2/df = 3.47$,RMSEA＝0.068,CFI＝0.833,TLI＝0.863,SRMR＝0.064。

从中介效应模型 1 的路径系数来看:① 父母心理控制对生活满意度影响的总效应为－0.49,其中父母心理控制对生活满意度的直接效应为－0.45,互惠孝道在父母心理控制与生活满意度的关系中起部分中介作用,间接效应为(－0.23×0.19)＝－0.04;② 父母行为控制对生活满意度影响的总效应为0.24,其中父母行为控制对生活满意度的直接效应为 0.20,互惠孝道在父母行为控制与生活满意度的关系中起部分中介作用,间接效应为(0.18×0.19)＝0.03。见图 5－3。

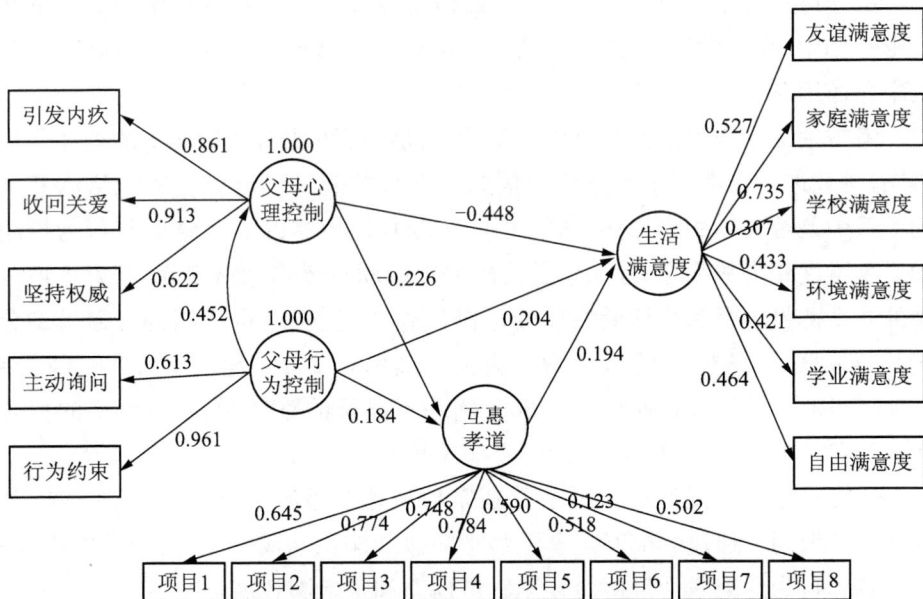

图 5－3　互惠孝道信念在父母控制与生活满意度间的中介作用(模型 1)

　　由于偏差校正的 Bootstrap 法比其他中介效应分析方法有更高的统计检验力(MacKinnon & Lockwood,2004),本研究将采用此方法进一步证实以互惠孝道信念为中介的模型的正确性。在 Bootstrap 法分析结果中,如果 95% 置信区间包括 0,则中介效应不显著;如果置信区间不包括 0,则中介效应显著。

　　结果显示,第一,由父母心理控制→互惠孝道信念→生活满意度的路径产生的间接效应1,其置信区间为[-0.06,-0.02],不含0值,表明互惠孝道在父母心理控制与生活满意度间的中介效应显著;第二,由父母行为控制→互惠孝道信念→生活满意度的路径产生的间接效应2,其置信区间为[0.01,0.05],也不含0值,表明互惠孝道信念在父母行为控制与生活满意度间的中介效应显著。

表 5-8　互惠孝道信念在父母控制与生活满意度间中介效应分析

中介效应路径	间接效应值	Boot 标准误	BootCI 下限	BootCI 上限	中介效应
父母心理控制→互惠孝道→生活满意度	-0.04	-0.05	-0.06	-0.02	8.2%
父母行为控制→互惠孝道→生活满意度	0.03	0.03	0.01	0.05	12.5%

　　由此可知,假设三(H3a)"互惠孝道信念在父母心理控制与生活满意度间起中介作用"及假设三(H3b)"互惠孝道信念在父母行为控制与生活满意度间起中介作用"得到支持。

　　考虑到父母心理控制与行为控制的不同维度可能与变量本身的整体作用不同,研究进一步考察了互惠孝道信念在父母控制的不同维度和生活满意度的关系中是否具有中介作用。首先,把父母心理控制的 3 个维度与行为控制的 2 个维度作为显变量,互惠孝道信念和生活满意度作为潜变量,互惠孝道信念的 8 个测量项目和生活满意度 6 个维度作为显变量,进行结构方程模型分析。结果显示,该模型的拟合指数为:$\chi^2/df = 3.32$,RMSEA = 0.066,CFI = 0.841,TLI = 0.811,SRMR = 0.060。删除不显著的路径后,修正模型的拟合指数为:$\chi^2/df = 3.69$,RMSEA = 0.071,CFI = 0.861,TLI = 0.834,SRMR = 0.058。在模型2(见图5-4)中,各路径系数均达到极其显著水平,其中收回关爱和主动询问可通过影响互惠孝道信念间接影响生活满意度,而引发内疚、坚持权威和行为约束 3 个维度对互惠孝道信念和生活满意度影响不显著。

　　从中介效应模型 2 的路径系数来看:① 收回关爱对生活满意度影响的总

效应为－0.40,其中收回关爱对生活满意度的直接效应为－0.37,互惠孝道在收回关爱与生活满意度的关系中起部分中介作用,间接效应为(－0.17×0.19)＝－0.03;② 主动询问对生活满意度影响的总效应为0.29,其中主动询问对生活满意度的直接效应为0.26,互惠孝道在主动询问与生活满意度的关系中起部分中介作用,间接效应为(0.17×0.19)＝0.03。基于偏差校正的 Bootstrap检验结果显示,互惠孝道在收回关爱与生活满意度间的中介效应的置信区间为[－0.05,－0.01],在主动询问与生活满意度间的中介效应的置信区间为[0.01,0.06],均不含 0 值,因此两个部分中介效应均显著。

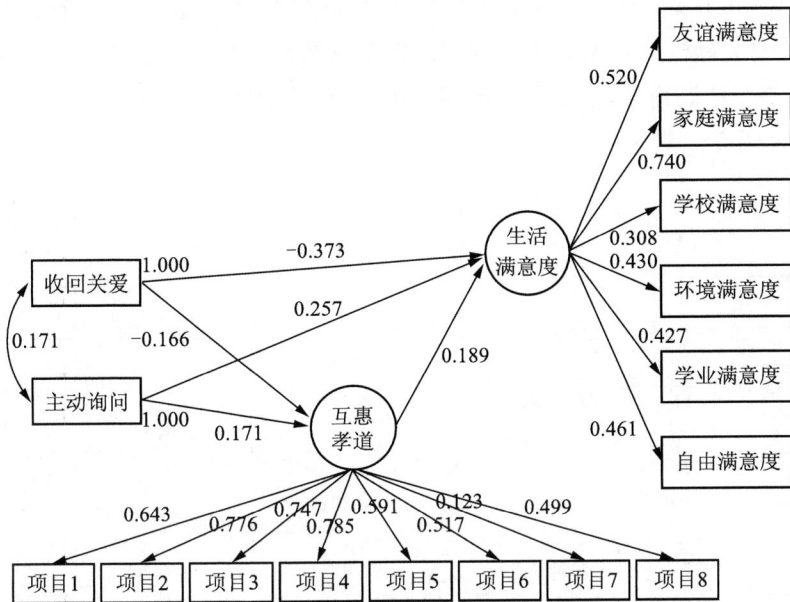

图 5-4　互惠孝道信念在父母控制不同维度与生活满意度间的中介作用(模型 2)

表 5-9　互惠孝道信念在收回关爱、主动询问与生活满意度间中介效应分析

中介效应路径	间接效应值	Boot 标准误	BootCI 下限	BootCI 上限	中介效应
收回关爱→互惠孝道→生活满意度	－0.03	－0.06	－0.05	－0.01	7.5%
主动询问→互惠孝道→生活满意度	0.03	0.02	0.01	0.06	11.5%

2. 权威孝道信念对父母控制与生活满意度的中介分析

检验权威孝道信念在父母控制与生活满意度的关系中的中介作用,将父母心理控制与行为控制、权威孝道信念和生活满意度作为潜变量,父母心理控

制的 3 个维度和行为控制的 2 个维度、权威孝道信念的 8 个测量项目、生活满意度的 6 个维度作为指标变量,做结构方程模型分析。研究结果表明,权威孝道信念在父母控制与生活满意度的关系间具有部分中介作用,部分中介效应模型的整体拟合指数良好:$\chi^2/df=3.88$,RMSEA $=0.073$,CFI $=0.861$,TLI $=0.837$,SRMR $=0.066$。

从中介效应模型 3 的路径系数来看:① 父母心理控制对生活满意度影响的总效应为 -0.49,其中父母心理控制对生活满意度的直接效应为 -0.46,权威孝道在父母心理控制与生活满意度的关系中起部分中介作用,间接效应为 $(-0.15\times0.21)=-0.03$;② 父母行为控制对生活满意度影响的总效应为 0.26,其中父母行为控制对生活满意度的直接效应为 0.20,权威孝道在父母行为控制与生活满意度的关系中起部分中介作用,间接效应为 $(0.30\times0.21)=0.06$。见图 5 - 5。

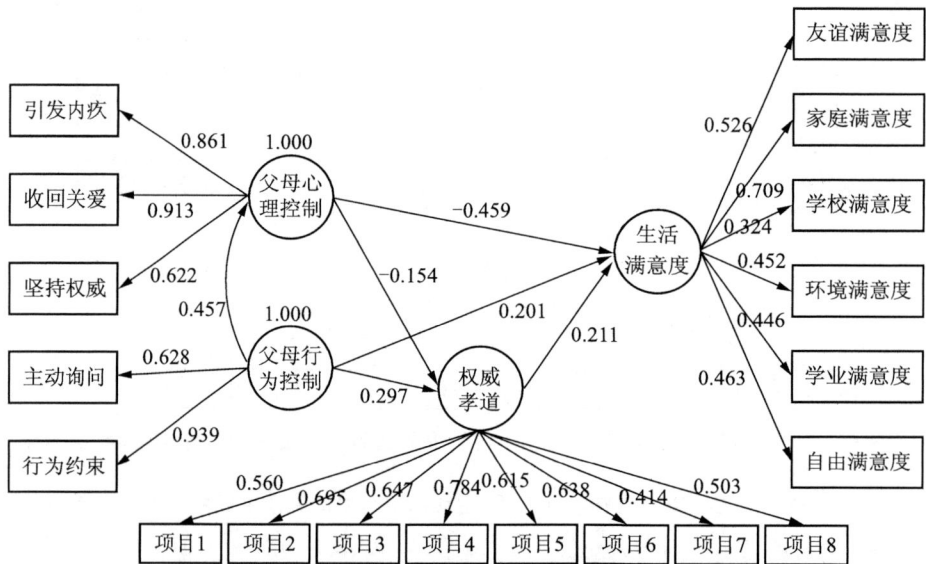

图 5 - 5 权威孝道信念在父母控制与生活满意度间的中介作用(模型 3)

由此可知,假设四(H4a)"权威孝道信念在父母心理控制与生活满意度间起中介作用"及假设四(H4b)"权威孝道信念在父母行为控制与生活满意度间起中介作用"得到支持。

采用偏差校正的 Bootstrap 法对权威孝道信念的中介效应做进一步检验,如果 95%置信区间包括 0,则中介效应不显著;如果置信区间不包括 0,则中介效应显著。结果显示,第一,由父母心理控制→权威孝道信念→生活满意度的路径产生的间接效应 1,其置信区间为[-0.04,-0.02],不含 0 值,表明权威孝道在父母心理控制与生活满意度间的中介效应显著;第二,由父母行为控制→权威孝道信念→生活满意度的路径产生的间接效应 2,其置信区间为[0.03,0.09],也不含 0 值,表明权威孝道信念在父母行为控制与生活满意度间的中介效应显著。

表 5-10　　权威孝道信念在父母控制与生活满意度间中介效应分析

中介效应路径	间接效应值	Boot 标准误	BootCI 下限	BootCI 上限	中介效应
父母心理控制→权威孝道→生活满意度	-0.03	-0.04	-0.04	-0.02	6.1%
父母行为控制→权威孝道→生活满意度	0.06	0.05	0.03	0.09	23.1%

研究进一步考察权威孝道信念在父母控制的不同维度与生活满意度间的中介效应,以父母心理控制与行为控制的 5 个维度为显变量,权威孝道信念和生活满意度为潜变量,权威孝道信念 8 个测量项目和生活满意度 6 个维度为显变量,进行 Mplus 结构方程模型分析。该模型的拟合指数为:$\chi^2/df=3.65$,RMSEA$=0.070$,CFI$=0.813$,TLI$=0.779$,SRMR$=0.060$,模型中出现不显著路径。删除模型中不显著的路径后,修正模型的拟合指数为:$\chi^2/df=3.70$,RMSEA$=0.071$,CFI$=0.835$,TLI$=0.805$,SRMR$=0.056$。在模型 4(见图 5-6)中,各路径系数均达到极其显著水平。其中坚持权威、主动询问既直接影响生活满意度,又可通过影响权威孝道信念间接影响生活满意度,行为约束仅通过权威孝道信念影响生活满意度,而收回关爱、引发内疚对权威孝道信念和生活满意度影响路径不显著。

从中介效应模型 4 的路径系数来看:① 坚持权威对生活满意度影响的总效应为-0.25,其中坚持权威对生活满意度的直接效应为-0.21,权威孝道在坚持权威与生活满意度的关系中起部分中介作用,间接效应为(-0.18×0.21)=-0.04;② 主动询问对生活满意度影响的总效应为 0.31,其中主动询问对生活满意度的直接效应为 0.28,权威孝道在主动询问与生活满意度的关系中起部分中介作用,间接效应为(0.14×0.21)=0.03;③ 行为约束对生活满意度的直接预测作用不显著,因此权威孝道在行为约束与生活满意度间起完全中介作用,影响的完全中介效应为 0.04。基于偏差校正的 Bootstrap 检验结果显示,权威孝道在坚持权威与生活满意度间的中介效应的置信区间为 [−0.07,−0.01],在主动询问与生活满意度间的中介效应的置信区间为 [0.02,0.04],在主动询问与生活满意度间的中介效应的置信区间为 [0.02, 0.07],均不含 0 值,因此三个部分的中介效应均显著。

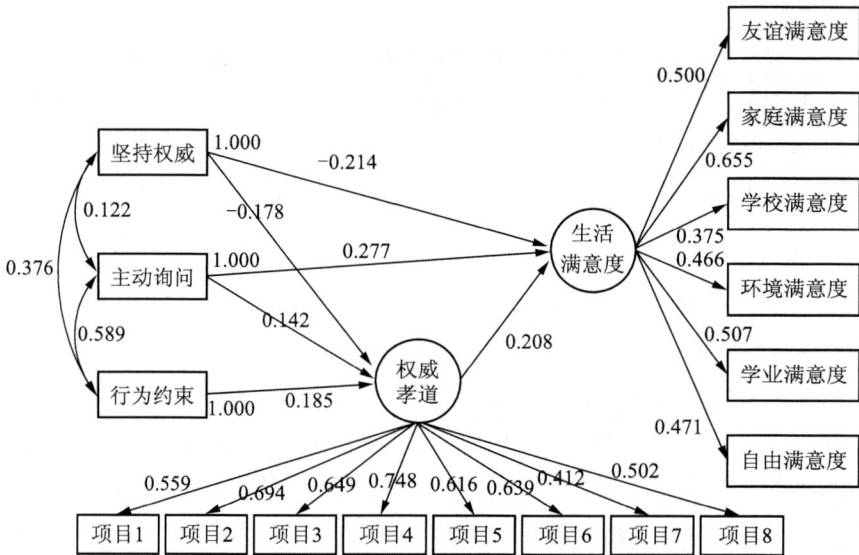

图 5‐6 权威孝道信念在父母控制不同维度与生活满意度间的中介作用(模型 4)

表 5‐11 权威孝道信念在坚持权威、主动询问、行为约束与生活满意度间中介效应分析

中介效应路径	间接效应值	Boot 标准误	BootCI 下限	BootCI 上限	中介效应
坚持权威→权威孝道→生活满意度	−0.04	−0.06	−0.07	−0.01	16%
主动询问→权威孝道→生活满意度	0.03	0.01	0.02	0.04	9.7%
行为约束→权威孝道→生活满意度	0.04	0.03	0.02	0.07	完全中介

3. 小结

通过以上相关分析、回归分析、中介效应检验可知,父母心理控制与行为控制分别对生活满意度产生影响,主要有以下几条路径:

路径 1:父母心理控制—互惠孝道信念—生活满意度

路径 2:父母行为控制—互惠孝道信念—生活满意度

路径3:父母心理控制—权威孝道信念—生活满意度

路径4:父母行为控制—权威孝道信念—生活满意度

根据以上路径检验结果可知,首先,父母心理控制与行为控制不仅直接影响中学生的生活满意度,而且均可通过中学生的互惠与权威孝道信念间接影响生活满意度。其次,在父母心理控制与行为控制各维度中,收回关爱与主动询问除直接影响生活满意度外,也通过影响互惠孝道信念间接影响生活满意度;坚持权威与主动询问除直接影响生活满意度外,能通过影响权威孝道信念间接影响生活满意度,行为约束仅通过权威孝道信念影响生活满意度。

(五)中学生人口学变量的差异检验

1. 中学生性别、是否与祖父母同住的差异性检验

本研究采用独立样本 T 检验的方法来考察父母控制、社交自我知觉、自尊、孝道信念和生活满意度总分,以及生活满意度分维度在中学生性别、是否与祖父母同住上的差异,结果见表5-12。

项目平均数为每个维度总分数的平均数除以项目数,同时算出项目标准差。从表5-12可以看出,父母心理控制、互惠孝道信念与生活满意度在中学生的性别上差异显著($t = 2.445^*$, $p < 0.05$; $t = -4.228^{***}$, $p < 0.001$; $t = 2.260^*$, $p < 0.05$),效果值分别为 $\eta^2 = 0.013$, $\eta^2 = 0.340$, $\eta^2 = 0.011$,说明中学生性别可以解释父母心理控制方差中1.3%的变异量,解释互惠孝道信念方差中3.4%的变异量,解释生活满意度方差中1.1%的变异量,其中效果值 η^2 小于0.06,说明低度关联。在得分上,男生的父母心理控制与行为控制、生活满意度总分均高于女生得分,女生的互惠孝道与权威孝道信念得分略高于男生得分。

另外,在是否与祖父母同住和家庭抚养人员上,中学生的父母控制、孝道信念与生活满意度得分均没有显著差异。从项目平均分来看,与祖父母同住的中学生在父母心理控制及两种孝道信念上的得分略高于未与祖父母同住中学生,但在父母行为控制和生活满意度项目上,与祖父母同住的中学生得分略低于未与祖父母同住中学生。另外,双亲家庭的中学生在父母行为控制、互惠孝道信念与生活满意度上的得分略高于单亲家庭中学生,在父母心理控制和权威孝道信念上,得分略低于单亲家庭中学生。

2. 中学生的年级差异性检验

本研究采用单因子方差分析(One-Way ANOVA)来检验中学生父母控制、生活满意度在年级上的差异。

表5-12 中学生各心理变量在性别、是否与祖父母同住、家庭抚养成员上的差异（N=539）

变量	题项		男生	女生	t	η²	与祖父母同住			双亲	单亲	t
							是	否	t			
父母心理控制	18	M	52.09	48.96	2.445*	0.013	50.41	50.04	0.291	50.13	51.12	-0.488
		SD	14.12	15.21			15.65	14.20		15.08	12.31	
父母行为控制	16	M	51.96	50.46	1.292		50.32	51.66	-1.177	51.10	50.24	0.376
		SD	13.29	12.94			13.29	12.91		13.02	14.19	
互惠孝道信念	8	M	43.29	44.81	-4.228***	0.340	44.51	43.95	1.609	44.28	43.39	1.292
		SD	4.31	3.73			3.86	4.16		4.01	4.28	
权威孝道信念	8	M	23.45	23.46	-0.012		23.90	23.08	1.423	23.41	24.00	-0.503
		SD	6.45	6.85			6.53	6.80		6.66	7.22	
生活满意度	31	M	105.80	102.56	2.260*	0.011	103.23	104.35	-0.825	104.20	99.63	1.937
		SD	19.15	18.05			14.08	17.57		16.22	14.37	

注：M指项目平均值，SD指项目标准差，* 代表 p<0.05，** 代表 p<0.01，*** 代表 p<0.001

单因子方差分析中,整体检验 F 统计量表示的是统计显著性,关联强度系数 ω^2 表示自变量与因变量间关联的程度,可作为实用显著性的判别依据,ω^2 数值越大,两者关系愈密切($\omega^2 \leqslant 0.059$,低度关联强度;$0.059 < \omega^2 < 0.138$,中度关联强度;$\omega^2 \geqslant 0.138$,高度关联强度)。关联强度系数数值的高低可以作为实用显著性的判别依据,而方差分析的整体检验 F 统计量表示的是统计显著性。

表 5-13 中学生各心理变量的年级差异($N = 539$)

变量	题项		初一	初二	初三	高一	高二	高三	F	p	ω^2
父母心理控制	18	M	52.14	52.69	54.07	49.34	47.75	45.40	4.472	0.001**	0.040
		SD	16.12	14.07	14.83	14.72	13.27	14.54			
父母行为控制	16	M	51.61	52.85	55.94	52.21	45.65	48.40	7.155	0.000***	0.063
		SD	12.44	13.86	11.54	11.92	12.57	13.94			
生活满意度	31	M	96.68	101.99	105.31	108.80	99.74	110.95	11.380	0.000***	0.096
		SD	15.49	17.74	16.76	12.99	12.69	16.25			

注:M 指项目平均值,SD 指项目标准差。* 代表 $p < 0.05$,** 代表 $p < 0.01$,*** 代表 $p < 0.001$

由表 5-13 可知,中学生的父母心理控制与行为控制以及生活满意度在中学生年级上差异均达到显著水平($F = 4.472$,$p < 0.01$),且年级与父母心理控制低度关联($\omega^2 = 0.040 < 0.059$),与行为控制中度关联($\omega^2 = 0.063 > 0.059$),与生活满意度中度关联($\omega^2 = 0.096 > 0.059$),中学生年级分别可以解释父母心理控制方差中 4% 变异量,父母行为控制方差中 6.3% 变异量,生活满意度方差中 9.6% 变异量。

由于不同年级中学生的生活满意度存在极其显著差异,将继续采用单因子方差分析检验生活满意度维度下 6 因子在年级上的差异。

表 5-14 中学生的生活满意度各维度的年级差异($N = 539$)

变量	题项数		初一	初二	初三	高一	高二	高三	F	p	ω^2
友谊满意度	6	M	20.63	21.99	22.06	23.28	21.74	24.26	6.964	0.000***	0.061
		SD	5.07	5.84	4.65	3.77	3.49	4.09			
家庭满意度	6	M	20.49	21.45	21.75	23.17	21.76	24.42	5.848	0.000***	0.052
		SD	5.00	5.63	4.11	4.60	5.06	7.64			
学校满意度	5	M	15.01	15.86	16.13	17.05	15.45	17.08	4.366	0.001**	0.039
		SD	3.34	4.21	4.08	4.49	3.18	3.56			

续 表

变量	题项数		初一	初二	初三	高一	高二	高三	F	p	ω^2
环境满意度	4	M	13.16	12.97	13.96	13.40	13.13	14.08	2.021	0.074	
		SD	3.05	3.46	2.92	2.88	2.90	3.13			
学业满意度	5	M	12.66	12.94	14.27	13.95	11.39	13.53	5.150	0.000***	0.046
		SD	3.05	3.46	2.92	2.88	2.90	3.13			
自由满意度	5	M	14.73	16.77	17.13	17.94	16.27	17.58	6.695	0.000***	0.059
		SD	4.13	4.87	4.42	3.45	4.58	3.97			

注:M指项目平均值,SD指项目标准差。 * 代表 $p<0.05$,** 代表 $p<0.01$,*** 代表 $p<0.001$

  由表5-14可知,在生活满意度的6个维度下,中学生的友谊、家庭、学校、学业、自由满意度在年级上存在显著差异($F=4.366\sim6.964$,均 $p<0.01$),环境满意度在年级间的差异并不显著。中学生年级与家庭、学校、学业、自由满意度低度关联($\omega^2=0.052$,$\omega^2=0.039$,$\omega^2=0.046$,$\omega^2=0.059$,均$\leqslant0.059$),与友谊满意度中度关联($\omega^2=0.061>0.059$),表明年级解释友谊满意度方差中6.1%的变异量。

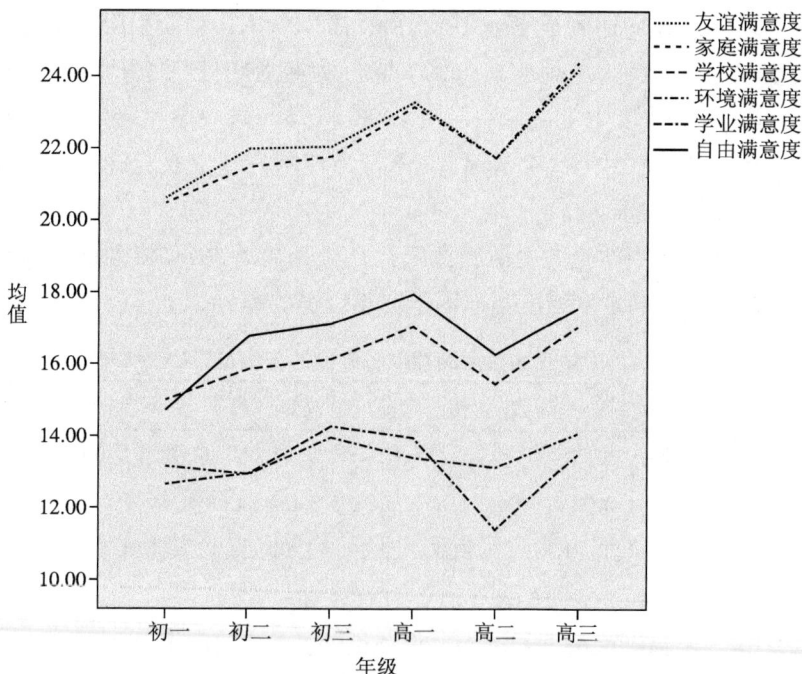

图5-7 中学生的生活满意度各维度的年级差异

从图 5-7 可以看出，中学生的友谊、家庭满意度、学校满意度与自由满意度在初中阶段均处于上升趋势，高中阶段变化均呈"V"字形，折线走势相似，均显示中学生的满意度水平在高二阶段出现低洼期。另外，初中生的学业满意度随年级升高而升高，进入高中阶段后，中学生的学业满意度呈下降趋势，到高三年级时，学业满意度出现回升现象，其中高二学生的学业满意度水平最低。中学生的环境满意度变化趋势相对稳定，初三和高三年级学生环境满意度相对较低。

3. 父母最高文化程度的差异性检验

表 5-15　中学生的各变量在父母最高文化程度上的差异($N=539$)

变　量	题项		小学及以下	初中	高中	大学及以上	F	p	ω^2
父母心理控制	18	M	49.43	49.79	51.33	49.27	0.503	0.734	
		SD	15.47	14.83	15.37	13.24			
父母行为控制	16	M	46.73	49.51	52.45	54.02	3.858	0.004**	0.028
		SD	12.45	13.87	12.49	12.10			
生活满意度	36	M	120.46	118.74	119.90	126.41	3.170	0.029*	0.020
		SD	15.40	18.75	19.05	18.98			

注：M 指项目平均值，SD 指项目标准差。* 代表 $p<0.05$，** 代表 $p<0.01$，*** 代表 $p<0.001$

表 5-15 所示，首先，被试中学生的父母行为控制在父母最高文化程度上存在显著差异($F=3.858$，$p<0.01$)，父母最高文化程度与父母行为控制低度关联($\omega^2=0.028<0.059$)；其次，中学生的生活满意度在父母最高文化程度上差异显著($F=3.170$，$p<0.05$)，父母最高文化程度与中学生的生活满意度低度关联($\omega^2=0.020<0.059$)。

4. 不同程度父母控制下中学生孝道信念与生活满意度的差异性检验

研究采用独立样本 T 检验的方法，按照被试在父母心理控制与行为控制上的总分，从低到高依次排序，分别取得分的前 27% 与后 27% 为低分组与高分组，检验在不同程度父母控制下中学生的孝道信念与生活满意度的差异。

由表 5-16 可知，不同程度的父母心理控制下，被试中学生在互惠孝道信念与生活满意度得分上均存在显著差异(均 $p<0.01$，效果值分别为 $\omega^2=0.033$，$\omega^2=0.052$)，且低分组得分高于高分组得分；在生活满意度维度下，中学生的友谊、家庭、自由满意度在不同程度父母心理控制上差异极其显著(均 $p<$

表5-16 中学生孝道信念与生活满意度在不同程度父母控制下的差异（N=539）

项目	父母心理控制				父母行为控制			
	低分组 M±SD	高分组 M±SD	p	ω_1^2	低分组 M±SD	高分组 M±SD	p	ω_2^2
互惠孝道	44.79±3.59	43.22±4.78	0.001**	0.033	43.91±4.04	44.97±4.09	0.027*	0.017
权威孝道	22.81±6.42	22.76±7.63	0.956		21.97±6.37	25.54±7.63	0.000***	0.061
生活满意度	107.38±13.71	99.46±19.44	0.000***	0.052	102.01±14.19	106.67±19.41	0.019*	0.019
友谊满意度	23.19±4.33	20.94±4.93	0.000***	0.056	22.35±3.90	22.58±5.35	0.674	
家庭满意度	23.92±4.23	19.65±7.19	0.000***	0.115	22.15±4.55	22.44±7.38	0.687	
学校满意度	15.69±4.05	16.76±4.53	0.039*	0.014	15.00±3.66	16.96±4.42	0.000***	0.055
环境满意度	13.86±3.02	13.14±3.50	0.053		13.00±3.12	14.09±3.21	0.002**	0.031
学业满意度	12.85±4.23	13.05±5.03	0.699		12.16±4.19	14.24±5.06	0.000***	0.048
自由满意度	17.87±4.14	15.97±4.99	0.000***	0.041	17.39±4.10	16.37±4.79	0.051	

注：M指项目平均值，SD指项目标准差。* 代表 $p < 0.05$，** 代表 $p < 0.01$，*** 代表 $p < 0.001$

0.001,效果值分别为 $\omega^2=0.056,\omega^2=0.115,\omega^2=0.041$),且低分组得分高于高分组得分,其中父母心理控制程度与家庭满意度中度关联,可解释家庭满意度方差中11.5%的变异量。学校满意度在不同程度父母心理控制上也存在显著差异($p<0.05,\omega^2=0.014$),且高分组得分高于低分组。

不同程度的父母行为控制下,被试中学生在互惠与权威孝道信念及生活满意度上均存在显著性差异(均 $p<0.05$,效果值分别为 $\omega^2=0.017,\omega^2=0.061,\omega^2=0.019$),且高分组得分高于低分组得分,其中父母行为控制程度与权威孝道信念中度关联,可解释权威孝道信念方差中 6.1%变异量;在生活满意度维度下,中学生的学校满意度、环境满意度及学业满意度在不同程度父母行为控制上差异显著(均 $p<0.01$,效果值分别为 $\omega^2=0.055,\omega^2=0.031,\omega^2=0.048$),高分组得分高于低分组得分。

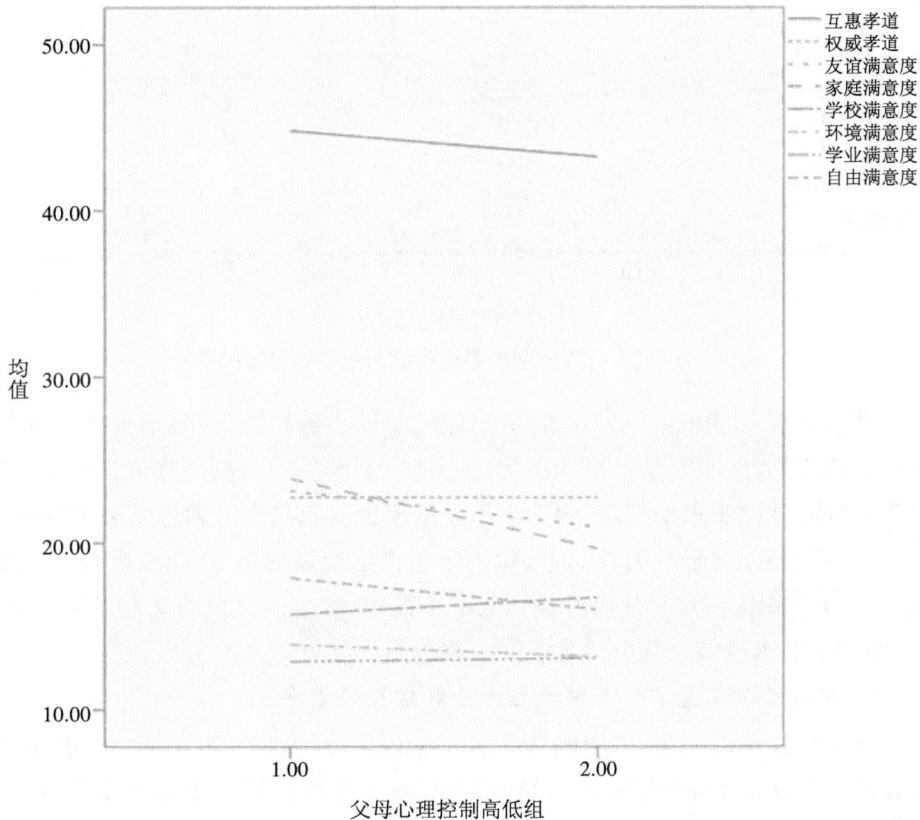

图 5-8　父母心理控制下孝道信念与生活满意度的差异

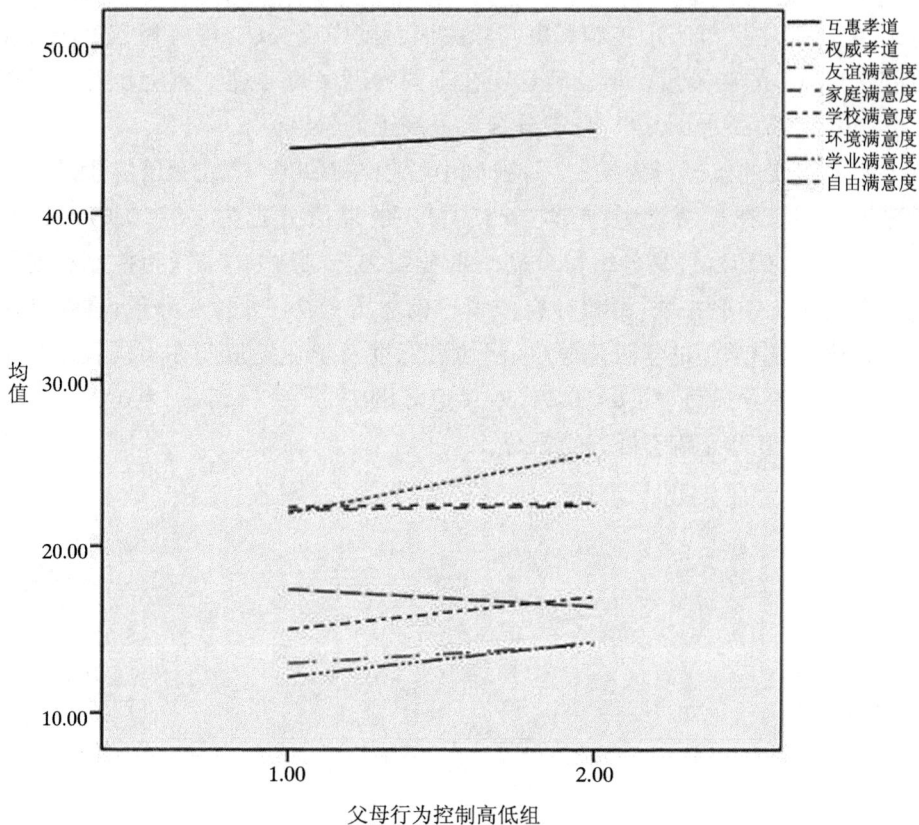

图 5-9　父母行为控制下孝道信念与生活满意度的差异

观察图 5-8 和图 5-9 可知,不同程度父母心理控制下,除学校满意度与学业满意度外,图中变量水平均随父母心理控制水平的升高而降低,表示父母对子女的心理控制水平越高,中学生子女的孝道信念与生活满意度水平越低。

在不同程度父母行为控制上,除中学生自由满意度外,其他变量水平均随父母行为控制水平的上升而升高,结果表明,中学生的父母行为控制水平越高,中学生的孝道信念和生活满意度水平越高。

5. 不同程度孝道信念下中学生生活满意度的差异

基于双元孝道模型,采用独立样本 T 检验的方法,将互惠孝道与权威孝道得分从低到高依次排序,取前 27％与后 27％分别作为低分组与高分组,在不同程度的互惠孝道信念与权威孝道信念上,检验生活满意度的差异。

表 5 - 17　中学生的生活满意度在不同程度孝道信念上的差异（N = 539）

项目	互惠孝道				权威孝道			
	低分组 M±SD	高分组 M±SD	p	ω_1^2	低分组 M±SD	高分组 M±SD	p	ω_2^2
生活满意度	100.17±15.35	105.70±105.70	0.003 **	0.027	100.15±15.23	10.6.63±16.02	0.000 ***	0.041
友谊满意度	21.16±3.93	23.34±4.87	0.002 **	0.030	22.00±4.61	23.29±4.92	0.027 *	0.019
家庭满意度	20.04±4.87	23.73±6.84	0.000 ***	0.074	20.87±5.62	23.65±4.84	0.000 ***	0.054
学校满意度	16.02±3.70	15.92±3.40	0.598		15.38±3.88	16.87±3.63	0.005 **	0.023
环境满意度	13.14±2.58	14.03±3.75	0.007 **	0.025	12.95±3.64	13.79±2.97	0.105	
学业满意度	12.69±4.19	12.95±4.75	0.609		12.24±4.34	14.12±4.43	0.000 ***	0.040
自由满意度	16.23±4.24	17.25±4.37	0.033 *	0.014	16.65±4.80	16.53±4.12	0.052	

注:M 指项目平均值,SD 指项目标准差。* 代表 $p < 0.05$,** 代表 $p < 0.01$,*** 代表 $p < 0.001$

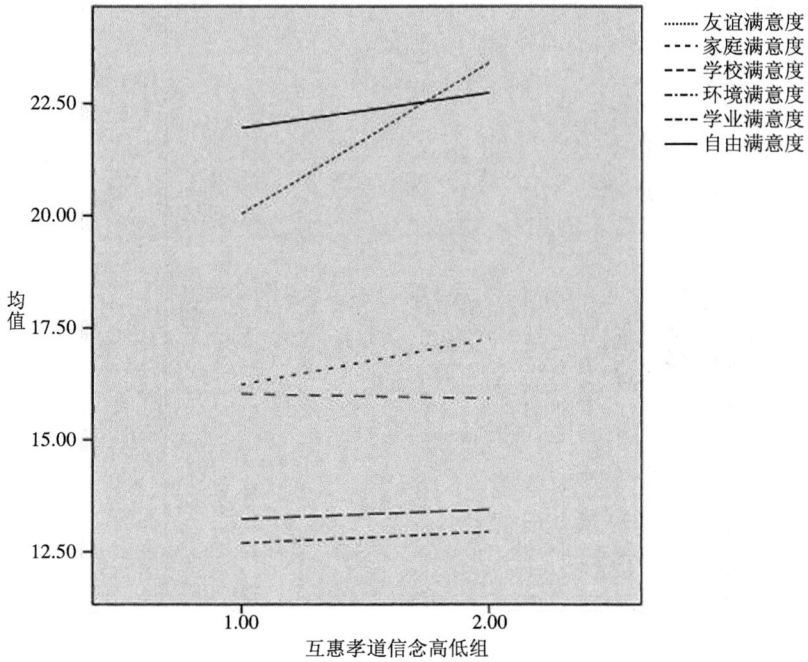

图 5‑10 生活满意度各维度在互惠孝道信念的差异

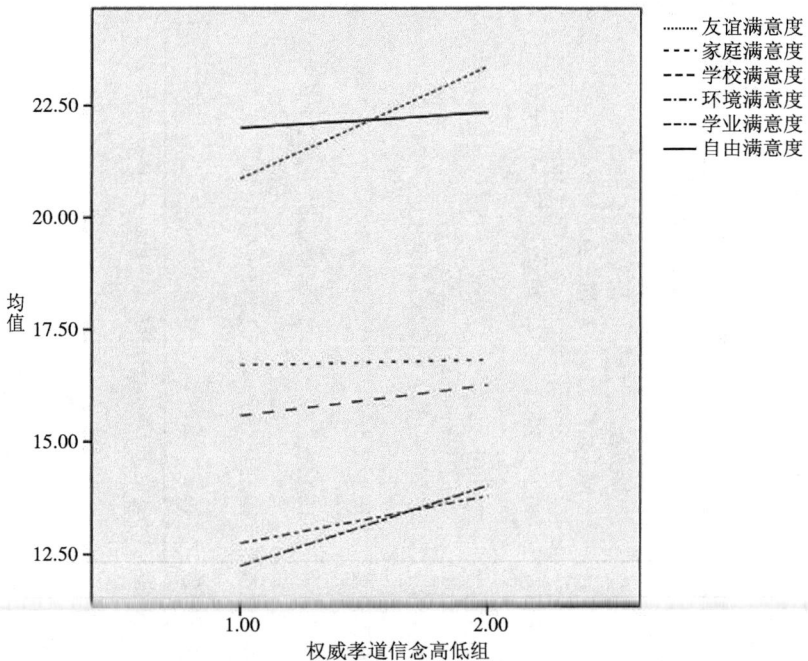

图 5‑11 生活满意度各维度在权威孝道信念的差异

由表 5 - 17 可知,在不同程度的两种孝道上,中学生的生活满意度均存在显著性差异(均 $p < 0.01$,效果值分别为 $\omega^2 = 0.027$,$\omega^2 = 0.041$),且持有高孝道信念的中学生对生活的满意度越高。在不同程度的互惠孝道信念上,被试中学生的友谊、家庭、环境、自由满意度差异显著(均 $p < 0.05$,效果值分别为 $\omega^2 = 0.030$,$\omega^2 = 0.074$,$\omega^2 = 0.025$,$\omega^2 = 0.014$),而学校与学业满意度差异不显著,其中互惠孝道信念与家庭满意度中度关联,可解释家庭满意度方差中 7.4% 的变异量;在不同程度的权威孝道上,除环境满意度与自由满意度外,被试在其他满意度上均存在显著性差异,其中家庭与学业满意度的差异极其显著(均 $p < 0.001$,效果值分别为 $\omega^2 = 0.054$,$\omega^2 = 0.040$)。

从图 5 - 10 和图 5 - 11 可以看出,持有较高程度的互惠孝道信念的中学生,其友谊满意度、家庭满意度和自由满意度水平较高,持有较高程度的权威孝道信念的中学生,其家庭、学校及学业满意度水平较高。

6. 小结

各变量在是否同祖父母居住与家庭抚养人员上的差异不显著,父母心理控制与中学生互惠孝道信念得分在性别上差异显著,父母心理控制与行为控制、中学生互惠孝道信念与生活满意度得分在年级上差异显著,父母行为控制与中学生的生活满意度得分在父母最高文化程度上差异显著。中学生的孝道信念得分与生活满意度总分随父母心理控制程度加深呈递减趋势,随父母行为控制程度加深呈递增趋势,其中,中学生的友谊、家庭、学校与自由满意度在父母心理控制上差异显著,学校、学业与环境满意度在父母行为控制上差异显著。中学生孝道信念越高,生活满意度水平越高,友谊、家庭、环境与自由满意度在互惠孝道信念上差异显著,友谊、家庭、学校与学业满意度在权威孝道上呈现显著差异。

七、研究结果讨论与解释

(一)父母控制、孝道信念与中学生生活满意度的相关分析

1. 父母心理控制、行为控制与生活满意度的关系解释

相关关系研究显示,在父母心理控制维度下,引发内疚和收回关爱与家庭满意度、友谊满意度、环境满意度关系密切,二者负向作用于中学生的家庭满意度、友谊满意度和环境满意度。客体关系理论指出,父母心理控制对子女的适应性形成和幸福感起着至关重要的作用。可能解释为,心理控制作为一种操纵亲子之间的爱的控制方式,促使父母通过情感、语言对处于中学阶段的子

女施加压力。父母常将心理控制看作"爱之深，责之切"的体现，这使得他们表现出更多的心理控制（Pomerantz & Wang, 2009）。当父母引导产生内疚感与取消关爱的程度越深，中学生会体验更多失望、自卑、被拒绝以及不被尊重等负性情绪，他们的自主感受到伤害，自主性发展水平更低，心理社会适应能力越弱。应对这种境况，中学生会采用减少亲社会行为的方式进行自我保护，不愿与人交流情感，缺少对他人的关怀和爱，拒绝建立亲密关系。另外，过高的父母心理控制干涉子女的自主发展和技能习得过程，剥夺了他们对周围环境的有效控制，导致增加非适应性策略而减少适应性策略的使用。尤其当需处理个人问题或做出自我决定时，他们会感觉无力控制周围环境，甚至因缺乏内部动力而脱离周围环境，降低对身边环境的满意度。同其他新近的研究一致（李丹黎，张卫，王艳辉 & 李董平，2013），本研究结果显示，即使在中国文化背景下，心理控制对青少年个体的身心发展也具有不利效应。

此外，收回关爱与学校满意度和学业满意度显著正相关，坚持权威与学业满意度显著正相关。结果表明，父母利用爱的威胁与等级权威进行心理控制，中学生子女对学校与自我学业成绩持有较高满意度。可能原因在于，尊崇孝顺和长幼有序的中国传统儒家文化，使我国家庭中普遍形成家长绝对权威与子女绝对服从的教养模式，父母心理控制具有一定的特殊性和认可性。面对父母施加的心理控制，亚洲孩子倾向于内化父母意见，为避免父母指责和失去关爱会服从父母的意愿，子女会满足父母在学习上提出的要求，以达到与父母和谐相处。

研究还显示，父母行为控制与学校满意度、学业满意度和环境满意度显著正相关，其中主动询问与学校和学业满意度关系更为紧密。另外，主动询问与家庭满意度显著正相关，行为约束与自由满意度显著负相关。结果表明，父母对中学生实施积极的行为监控与指导，特别是采用主动问询和沟通的方式时，中学生对学校、学业成绩及家庭生活的满意度较高；父母对中学生行为的约束力越大，中学生的自由满意度会随之降低。父母对中学生的行为控制能有效帮助他们避免或克服不良学习与生活习惯，使之形成合乎社会规范的行为方式，在学校中做到遵守规章制度，认真完成学习任务，在校表现出色，获取优良学习成绩，获得他人的尊重与认可，顺利融入社会。根据国外学者 Maccoby 和 Martin（1983）提出的接受性顺从（内在顺从）和情境性顺从（外部所激发的顺从），随个体年龄的增长，接受性顺从逐渐增多，而情境性顺从逐渐减少。由于中学生已具有基本的明辨是非能力，当面对父母实施的具有积极意义的行为控制时,他们的顺从较多为自觉性顺从,主动将来自父母的外部要求内化为自己的内部需要。父母采用平和型行为控制方式,中学生更乐于听从父母教诲,服从父母要求,亲子间建立亲密和谐的关系。但父母对个体行为的约束必限制其自由度,消极影响个体自由满意度。

2. 互惠孝道信念、权威孝道信念与生活满意度的关系解释

研究结果显示,双元孝道的两种孝道成分皆正向影响中学生的生活满意度,回归分析发现,互惠孝道信念与权威孝道信念对生活满意度预测作用显著。其中,互惠孝道信念与友谊满意度、家庭满意度相关水平较高,权威孝道信念与家庭满意度、学校满意度与学业满意度的相关关系突出。

结果表明,中学生的生活满意度随孝道信念程度的增高而增强,且值得关注的是,权威孝道信念对学校满意度与学业满意度的积极作用。这是由于儒家思想使我国孝道被拓展和泛化到了家族之外,产生了泛孝主义。在泛孝主义的影响下,孝道成为我国最核心的伦理基础之一(叶光辉,2009)。因此,孝道作为个体需遵循的一种社会道德规范,无时无刻地不影响着人们的生活满意度。

另外,处于中学阶段的青少年由于心理认知、社会适应等成熟度不够,学习行为易受外界干扰,学习主动性不足,需要老师和父母的引导和监督。然在崇尚等级阶序的权威孝道型家庭中,家长对子女管束严格,面对父母的权威,子女为维持家庭正常秩序和增强家庭和谐,采用服从和满足父母要求的决策方式。在学习方面,这种服从的意志促使子女内化父母的学术信念,并将父母的学术信念转化为自我学习动机,增进学习积极性,致力争取优异成绩而实现荣亲耀亲的目的。

(二)孝道信念的中介作用讨论

1. 互惠孝道信念在父母控制与生活满意度之间的中介作用讨论

本研究中介模型检验表明,互惠孝道信念在父母心理控制和行为控制与生活满意度间起部分中介作用,中介效应值分别为-0.04和0.03。结论说明,父母心理控制与行为控制均通过互惠孝道信念间接作用于中学生的生活满意度。父母运用心理控制型的教养方式,中学生的互惠孝道信念程度随之降低。相反,父母采取具有积极意义的行为控制教养方式,中学生的互惠孝道信念程度越高,越孝顺父母。进一步考察互惠孝道信念在父母控制不同维度和生活满意度关系中的中介作用,结果发现,互惠孝道信念在收回关爱与生活满意度关系中,在主动询问与生活满意度关系中,均具有部分中介作用。这表明父母控制对互惠孝道信念的影响,突出表现在收回关爱和主动询问两个方面,即子

女若未满足父母提出的要求,即无法获取父母关爱,以及父母通过问询方式主动了解子女的学习生活情况。父母减少收回关爱行为,增加主动询问,助长中学生的互惠孝道信念,会促使他们更加发自内心地感恩父母,进而提高生活满意度。相反,则易降低他们的互惠孝道信念程度,增添幸福感缺失的可能性。

通过分析已有文献发现,由于中西文化和社会的差异性,中国父母的养育方式与西方父母存在着显著差异(王丽,傅金芝,2005),主要体现在中国父母对子女的控制上(张文新,1999)。孝道是经由家庭教养而来,父母的控制性和关爱性教养方式影响着个体双元孝道的形成(李启明,陈志霞,2013)。在教育子女的过程中,与个人主义文化中的父母相比,集体主义文化中的父母更倾向于使用心理控制(冯琳琳,2015)。父母实施心理控制过程中,会将自己的想法或观点强加于子女的思想情感、行为活动中,运用一定的方式表达对子女行为的不满,如谈话时流露失望,让子女因失败而倍感内疚,或暗示子女只有获得成功才被认可等。这使得亲子间的互动具有一定的相对性和控制性,子女利用父母的标准和准则来评价自己,渴望获得父母的爱而无法表达内心的真实想法。其中,父母心理控制所采取的收回关爱与利用情感等方式,忽略子女在家庭中的情感需求与满足,消极作用于充满情感温暖的互惠孝道信念。

父母行为控制作为相对积极的控制方式,旨在通过对子女行为的管理,使其形成合乎社会要求的行为规范,且这种行为规范的习得不以对子女心理世界施加压力为前提,从而利于中学生形成适宜的身心发展结果,减少他们的外化问题行为,如违纪行为、反社会行为等。在父母行为控制中,主动询问体现的是父母关心与爱护,常伴随积极的强化与言语指导,父母本身也可成为积极情绪调节的榜样,减削子女的负性情绪,增加正性情绪体验与表达,促进形成互惠孝道信念。

基于亲子间自然情感和感恩回报的互惠孝道信念,促使子女产生感恩父母的情感与道德倾向,从父母那里习得积极的社会情感与社会交往取向(金灿灿,2011),并定向迁移到其他社会联系中。学者费孝通的"差序格局"指出,个体会将以家庭为中心的孝道向社会关系中推及,感恩父母的情感与道德随之泛化(张文新,1999)。持互惠孝道信念的中学生秉持人际交往基于情感互动的原则,珍视与他人的情感交流,倾向于以感恩的、积极的心态对待周围事物,乐于帮助他人和献出,在家庭外形成良好的人际关系,并在良好的人际互动中收获来自他人的情感回报,增加生活幸福感体验。另外,在崇尚互惠孝道信念的家庭中,亲子关系平等,亲子情感交流频繁,家长能够充分理解尊重子女,充分赋予子女自主权、情感关怀与温暖,增进子女愉悦乐观的情感体验,促使他们对未来充满希望,感到前途光明(韩雪 & 李建明,2008)。

2. 权威孝道信念在父母控制与生活满意度之间的中介作用讨论

中介模型检验结果还显示,权威孝道信念在父母心理控制与行为控制和生活满意度间也具有部分中介作用,中介效应值分别为-0.03和0.06。结果表明,父母心理控制负向影响中学生的权威孝道信念,而父母行为控制促进权威孝道信念的形成。同样,考察权威孝道信念在父母控制不同维度和生活满意度关系间的中介作用发现,权威孝道信念在坚持权威与生活满意度关系中,在主动询问与生活满意度关系中,都起到部分中介作用,在行为约束与生活满意度之间具有完全中介作用。这说明父母控制对权威孝道信念的影响,重点影响坚持权威、主动询问和行为约束三个方面。父母若避免过度使用家长权威,积极了解知晓子女各方面情况,且制定正确的行为准则管理子女行为,可提高中学生的权威孝道信念。子女将自觉尊重父母权威,遵守父母制定的行为准则,养成良好的行为习惯与方式,以更好地适应社会规则为契机,形成较高生活满意度。

父母心理控制是青少年社会化的重要手段之一,对中学生身心发展具有特殊意义。青少年处于"分离—个体化"关键时期,自我中心意识愈强,个体自主需要的发展使他们排斥父母控制(Smetana & Daddis,2002)。只要父母控制触及个人领域,无论控制程度如何,个体都会将其视为心理控制。在这种情况下,父母往往采取加强心理控制以阻止他们自主行为的出现(Arne,Nancy,Galambo&Jansson, 2007),导致子女自我发展的内在过程受阻,心理自主发展水平降低。父母对中学生实施过度心理控制,过分树立家长权威,意在建立等级秩序型家庭,极易淡化亲子关系中情感因素,损害亲子间真情实感,致使亲子关系破裂。结果导致亲子关系落入服从的窠臼,弱化子女照顾父母的责任感,子女甚至拒绝履行奉养父母的义务。

而行为控制的意图为在教养过程中直接制定规则来管理不恰当行为。从我国历史和社会发展来看,中国的孝道制度在根源上强调子女的"责任"(魏鑫旻,2012)。在传统社会中,"孝"和"顺"是紧密联系在一起的,人们习惯把"孝"表达为"孝顺",而"顺"本身就意味着"抑己","孝顺"更是包含"抑己"之意。在我国当今的现代家庭中,父母对子女行为要求与管教严厉的现象仍被普遍提倡,在青少年成长中扮演重要角色,它不仅意味着管教,也意味着关心与爱,中国子女将"管"视为家长重视自我的表达方式。面对父母的主动询问和行为约束,中学生能明辨其对自我发展的积极意义,明晓父母的良苦用心。为了家庭和谐的需要,照顾父母的情感与意愿,以及回报父母的关注和投入,子女们会做出必要的让步,进一步内化权威孝道概念,积极地表现出"孝心"。

叶光辉曾指出,青少年个体的自主性分为个体化自主性与关系和谐自主性。个体自主性强调个体重视自我的内在需求,而关系自主性强调个体更重视他人,特别关注对他人的责任与义务(Yeh & Yang,2006)。研究双元孝道模型发现,强调亲子间尊卑等级和抑顺关系的权威孝道信念,虽抑制个体自主性(Yeh等,2007),但可促进关系自主性。其产生的正向效果为加强个体对社会秩序的重视,在人际交往中能更关注到自己的责任、义务,降低产生外化性偏差行为的可能性。在一定程度上,权威孝道积极作用于个体的社会关系发展。另外,Yeh 和 Bedford(2004)指出,权威孝道可减少中国家庭的亲子冲突,维持家庭关系的稳定,增加家庭成员的家庭满意度。

3. 孝道信念的双元积极功能

综上可以发现,双元孝道具有两种面向积极的功能。互惠孝道作为亲密情感发展的自然结果,以人性中善良的情感本质为动力源泉,促进子女尊亲恳亲、奉养惦记双亲,于内心深处力求回报父母恩情的同时,助推家庭的稳定与和谐、人际关系的优良发展、个体自由度的感知、生活环境的称心。权威孝道作为顺从权威和压抑个人自主性的结果,以社会角色规范和阶级制度为动力来源,强化子女的抑己顺亲、护亲荣亲,使其于义务与责任上答谢父母,在家庭关系上减少家庭亲子间冲突,在学习上促进接受父母所提要求或期望,在人际关系上促动关系自主性发展形成良好的交际能力。

(三)中学生人口学变量的差异解释

研究结果显示,从总体上看,父母心理控制得分处于中等偏下水平,引发内疚、收回关爱的控制水平相对较低,而坚持权威的得分均值高于中值,控制水平偏高,说明父母倾向于采用坚持权威实施心理控制。父母行为控制处于中等偏上水平,其中主动询问、行为约束水平均中等偏上。相比较而言,父母的行为控制水平高于心理控制水平,父母十分重视对中学生行为的监控和指导。另外,中学生的互惠孝道信念处于偏高水平,权威孝道信念处于中下等水平,表明中学生更多崇尚和持有互惠型的孝道信念。中学生的生活满意度水平为中等偏上,其中对友谊的满意度最高,对学业的满意度最低。

1. 中学生的性别、是否与祖父母同住的差异解释

根据研究结果可知,在性别变量上,中学生的父母心理控制、互惠孝道信

念与生活满意度的差异显著。父母对男生的心理控制程度高于女生,女生的互惠孝道信念程度高于男生,但男生的生活满意度程度高于女生。

在中国文化背景下,相比女孩来说,父母对男孩有更高的期待,传统文化中对男子"立身、立言、立德"的要求,并未因现代社会的发展进步而淡化,因此男孩在成长过程中更多受到父母严格的管教。男生进入青春期后更易产生外显的逆反行为和问题行为,父母常会加大管束力度,导致男生感受到父母的教养方式中控制成分较多,产生亲子矛盾与亲子情感疏离现象;相对而言,女生乖巧听话,心思细腻,外显的问题行为少于男生,善于与父母交谈或沟通,使得父母对她们更为放心,从而减少约束力度,给予更多的情感温暖、理解(安伯欣,2004)。

男女两性由于心理特点不同,男生对自身容貌、健康状况、行为举止等方面的关注较少,在情绪与情感体验方面不如女生感性;男女性别角色的社会化也不同,男性一般被认为是有能力的、体魄强健的、善于理性思考的,而女性是柔弱的、情感丰富的,因此男性的自我效能感显著高于女性(王才康,2002),表现为男生对自我身心状况的满意度较高(金盛华 & 田丽丽,2003)。在学习方面,中学阶段是抽象逻辑思维和辩证逻辑思维迅速发展的时期,男女生在智力结构上相应地出现差异——女性擅长具体形象思维,男生擅长抽象逻辑思维。而中学课程对抽象思维水平要求逐渐提高,部分女生学习这些科目时会感到困难,导致学业满意度较低(岳海晶,2010)。

2. 中学生的年级差异解释

父母心理控制与行为控制在子女初中阶段均为上升趋势,在子女高中阶段呈下降趋势;高中生的互惠孝道信念水平明显高于初中生,高一与高二学生的权威孝道信念略高于其他年级。初中作为一个重要转折点,伴随着思维独立性的发生与发展,中学生的自我意识和独立意识增强,逐渐从依赖父母走向追求民主,对父母权威表现出批判性的怀疑和思考,对父母控制愈发敏感,视父母生活上的关心与照顾为自我独立的障碍和束缚,排斥一切阻碍自我独立的外在力量,开始寻求摆脱父母的控制。父母面对初中生的排斥,反而加大施加控制的力度。另外,相对于小学阶段来说,初中生所接触的同伴会越来越多,父母对初中子女的交友与社会关系会格外关注,甚至介入和规定子女的交友对象,增加初中生的被控制感。而高中生随着年级升高,其自制力、自主性和独立性发展较好,基本能处理好各项事务,不再完全依靠家长的监督与督促,父母控制退居次要位置。同时,高中生的心智更为成熟,能理性面对父母控制,体会和理解父母的用心和期望,感恩父母并有所回馈。

初中生的生活满意度水平随年级升高而升高,高中生生活满意度变化呈"V"形曲线。可能原因是,对于初中生而言,学业成绩、课业负担带来的压力较小,但进入高中后,课程难度加大,学业激烈竞争,认知能力随之增长,逐渐意识到自己是社会中的个体,认识到自己的不足与缺陷,对未来生活感到担忧。高一阶段的中学生由于刚入高中,对新学校和新阶段的学习充满新奇感。进入高二阶段,他们已经适应并变得更了解高中的学习和生活,对熟悉的学校以及学习环境产生暂时性厌倦。升入具有关键性的高三年级,中学生深感老师及父母对他们学习的支持和期望,产生充足的内在动力,学习目标更加明确。因此,相比较高一与高三阶段,高二更像高中生的"灰色"阶段。

3. 父母最高文化程度的差异解释

在父母最高学历变量上,父母的学历水平越高,对中学生的行为控制水平也越高。但在心理控制上,大学以上学历父母的控制水平最低,子女的孝道信念及生活满意度最高。第一,父母的文化修养和素质直接关系到其家庭教子观念和行为,作为中学生子女的重要监护人,他们潜移默化地影响着中学生的心理与行为、人生观和价值观的形成。父母接受教育的年限越长,文化水平越高,自身的修养相对较高,对子女在品德和行为上的要求更为严格,孝道作为中华民族传统美德,必然是其在家庭品德教育中十分重视的内容。第二,父母学历越高,家庭所占社会资源越多,家庭经济条件较好,中学生的学习与生活得到较好的物质保障。第三,高学历父母注重教育知识的学习,思维灵活,易接受新的教育信息,教育手段更科学合理(吴敏,时松和 & 杨翠萍,2007),可促进中学生心理的健康发展。

4. 不同程度父母控制下孝道信念与生活满意度的差异解释

在不同程度父母心理控制下,互惠孝道信念与生活满意度的差异显著,心理控制程度越高,两个变量得分越低;中学生的学校满意度随父母心理控制水平的升高而增加。研究再次表明,由于心理控制带来的情境线索不符合个体自主需要,当父母企图通过侵扰中学生的内心来控制他们时,中学生会感到被拒绝和不被尊重,缺乏安全感,处于躲避亲子紧张关系的状态,减弱亲子依恋,缺乏服从规则的动机。抗拒理论(reactance theory)认为,当个体将父母控制看作对自主需要的威胁时,他们会表现出抗议和反叛。心理控制损害中学生对父母的内发而至诚的爱的情感,而在种种爱的情感中,亲子之爱是形成最早的(肖群忠,2001),孝正源于亲子之爱。另外,心理控制督促中学生获取良好的学业成绩。可能的解释为,在我国集体主义文化影响下,父母心理控制更多与互倚和忠诚等价值观相匹配,子女被要求实现父母"望子成龙,望女成凤"的期望。

在不同程度父母行为控制下,两种孝道信念与生活满意度均存在显著差异,父母行为控制程度越高,中学生得分越高;生活满意度维度下,学校满意度、学业满意度和环境满意度差异显著。已有研究表明,较高水平父母行为控制通常预示青少年较好的学业功能,以及违纪行为的减少(Wang,Pomerantz & Chen,2007)。行为控制作为一种以制定规则、行为监控、亲职知识为主的控制方式,促使中学生明确行为规则,清晰严格按照规则办事的程度以及自己拥有的自主空间的范围,同时可拥有一定的自主性;在按照规则行事后即得到父母的肯定,产生自我效能感,满足自我的胜任需要。通过行为控制,父母充分了解中学生,让中学生产生被尊重感,形成良性亲子关系。中学生满足了自主、胜任和关系需要,便产生积极的生活态度。但值得关注的是,父母不可过度限制子女的行为,这会激发子女的愤怒和反抗,使青少年排斥和拒绝父母设置的规则,危害亲子关系(张朋云,2012)。

5. 不同程度孝道信念下生活满意度的差异解释

研究表明,不论互惠孝道信念还是权威孝道信念,其程度越深,中学生的生活满意度越高。这是因为,孝作为一种协调亲子、宗子关系的协调性的人际道德,既是一种自然亲情,也被当作主要的文化指令与人子义务加以教化。一方面,孝道观念之中蕴含整体主义、利他主义和追求协调和睦的价值取向,这些积极进取的品质与伦理不断被推广,表现为立身行道、积极事功等社会行为,追求个体和睦价值目标和积极心理的实现,提升幸福感体验。

第六节　双元孝道视角下提高青少年生活满意度的教育策略

一、优化实施父母控制

(一)明确父母控制的具体领域,把握父母控制的实施力度

首先,由于个体生理发展的特点,青春期的中学生内心相对叛逆,父母应根据孩子的特点,适时地有效调整控制水平,对控制方式进行有效组合。根据本研究的结果,中学生并不是完全排斥父母的"控制",只是更接受父母采用行

为控制的方式。其次,在不同的领域,青少年对父母控制的认识存在差异。当父母对青少年的道德、社会规范领域实施控制时,青少年较少视之为心理控制,认可这些领域由父母进行合理控制。而对于个人事务领域的控制,他们会视为心理干涉。

为使中学生健康全面地发展,严格要求是必不可少的。但凡事都须有"度",严而无度则会过犹不及,严而有度才是明智的教养态度。从鞭策中学生成长的角度出发,适度的父母控制有助于中学生学会承担责任和形成规范行为,但过度控制会产生适得其反的作用。因此,父母切勿不顾中学生的心理基础、实际能力和个人想法而提出过高、过分的要求,并运用不当方式强力施压。鉴于父母控制与亲子情感难以分隔开来,父母不应以居高临下的姿态来控制中学生子女,需注重教育的情感性。一方面,父母要考虑中学生的最高心理承受力,在理解的基础上对其实施可接受范围之内的控制;另一方面,尊重中学生的独立性,维护他们的自尊心,防止产生厌学情绪、对学习和生活失去信心,避免催化心理问题。

(二)正视心理控制的消极面向,注重润化孝道观的情感性

研究结果显示,心理控制负向预测中学生的孝道信念、生活满意度,本研究再次证明心理控制对中学生的成长具有消极影响。以往研究表明,无论在西方或中国,心理控制均会对青少年的诸多发展指标产生一定的负面影响,如抑郁、焦虑(Barber,1996),低自尊(Barber & Harmon,2002),低积极情绪(Wang et al.,2007),低社会联结(Wijsbroek et al.,2011)等。从内涵上看,心理控制作为通过维持子女对父母的情感依赖,干涉或阻碍个体发展独立性和自身同一性的控制意向,常引发青少年为申明自己的独立性、主体性而过激地对父母表示强烈不满,产生反抗父母的意向和行为,造成矛盾性亲子依恋。父母为使青少年扮演好为人子的社会角色,对他们的心理严苛管束,常难进行自然而深入的沟通,以深切了解为基础的细致感情难以充分发展,导致青少年对双亲是敬畏有余,而亲爱不足,严重妨碍孝道信念的形成。若父母心理控制逐渐势微,心理施压越发宽松,注重以"尊爱"滋"孝",则中学生对双亲渐少畏惧,敢于以真实的"心理面貌"坦诚相待,自主感得以满足,亲子间的亲爱情感自易培养。

(三)发挥行为控制的规范作用,培养中学生孝道的自律性

在本研究中,父母行为控制积极预测中学生的孝道信念与生活满意度。首先,行为控制作为以制定规则、行为监控、亲职知识为主的客观公正的教育

方式,中学生能从中体验到被尊重感和自我肯定,促使他们接受父母传输的规则,能明确按照规则行事的程度,以及拥有的自主空间范围,在持有一定自主性的同时,表现出较高水平的创造力(满达呼等,2015),促成亲社会行为和良性亲子关系的塑造。其次,父母通过行为控制培养中学生孝道行为习惯的同时,应注意深化他们对孝行背后之意义与道理的理解,促使偏重社会角色扮演的受制于外的孝道规范、标准及实践,变为"理解性的孝""认识性的孝""自我性的孝"。在现代社会中,中学生个体的自主倾向愈发强烈,倘若父母只采用他律的孝道行为训练,难以达到预期效果。以理喻的方式教导子女设身处地领悟孝道原则,激发子女自动自发地实践适当的孝道行为。

二、发展双元孝道信念

(一)转变传统的孝道观念,关注孝道的时代性

在当今环境下,中国传统孝道愈来愈暴露出历史局限性。第一,现代社会结构和功能的复杂化和分歧化,使孝道经由家族主义而拓展到其他社会组织的难度增加,孝道的作用范围受以限制。第二,平等观念的深入人心,使父母威信被动摇,中学生子女自主性加强,不再盲目接受传统文化的规范,"盲孝"的作风已然行不通。第三,评价成功的现代标准提倡个人成就取向,中学生被要求努力获取个人学业或未来事业成功,他们的家庭意识被削弱,使得家庭本位让位于个人本位,孝道意识淡化。第四,家庭教育的部分功能被学校和大众传播媒介代替,中学生获取知识方式呈现多样化,知识和经验的获得不再主要依靠家庭长辈,年龄已不是知识财富的象征。但传统孝道的"不景气"并不意味孝作为中国文化之源即将消失殆尽,其核心内容赡养父母、顺从父母、愉悦父母仍具有重要的现代价值,有其存在的必要性。

孝道作为一种既成的中国文化资源,具有时代性的特点,其不合理的部分会在时代的考验下被抛弃,实现传统孝道向现代新孝道的创造性转化。台湾学者杨国枢研究表明,新孝道与传统孝道的主要区别在于,第一,新孝道不同于传统的泛孝主义,它只强调家庭内的亲子关系。第二,新孝道以亲子间的亲密情感为基础,亲子间爱敬并重,有别于传统孝道中的父母权威。第三,新孝道重视子女的自律性,发展自主性,鼓励子女真正理解孝道内涵与其合理性,促使他们自愿孝敬父母。第四,新孝道提倡互惠型亲子关系,而传统孝道强调权威型亲子关系。第五,新孝道内涵、表达形式受父母和子女性格与行为、家庭背景、学习经历等因素交叉影响,具有多样性。因此,面对以上传统孝道的

变化,父母不可视而不见,应把握孝道的时代脉搏与气息,树立现代孝道的教育观,采用合理的家庭教养方式、适度的父母控制,提升家庭孝道教育的质量,促进中学生的孝道信念的建构和孝道行为的塑造。

(二)建立理想的孝道关系模式,强调义务并行的互益性

孝道在实质上具有老年本位主义,万事皆守长辈成法,青年人作为社会中最有活力的部分,其开拓、进取和冒险精神在老人本位面前都丢失了价值,富有创造性的年轻子辈受到制约和约束。而合理的社会机制和孝道伦理文化,应当给所有社会成员提供一个平等的发展机会和竞争条件,给予新生力量发挥出聪明才干的空间,保证他们的茁壮成长。在家庭中,父母利用孝道控制和支配子女造成的直接后果之一是他们对父母的依附。若中学生的生活道路、生活方式都依靠父母设计安排,则他们根据个人志向和兴趣爱好进行选择的愿望难以实现,会逐渐形成缺乏自强自立精神的依附型人格。同时,父母控制具有人格不平等性,而人格的不平等必然造成亲子履行义务方面的不平等。当父母通过控制的方式强制中学生尽孝,而不善于对他们施以关心时,单向的人际互动除了使中学生畏惧父母之外,难以培养出亲爱父母的感情。

因此,今天提倡的"孝道"应以亲子人格平等为前提而强调子女对父母的道德义务,强调父母尊重子女的独立性和创造性,以及"父慈子孝"义务的互益性的理想关系模式,显露出亲子间双向义务的伦理实质。而在历史与文化中,"慈"鲜有被提及,"孝"却被片面地强调到无以复加的地位,忽视了子女对父母报恩的责任与父母之尽其父母的责任相应并成正比,父母未尽父母之责,则子女的感恩责任自然相应改变。只要在双方互爱、互尊、互重、互敬的互动关系中,父母慈爱子女,以慈养孝,子女孝顺父母,以孝养慈,孝道与慈道共同有效地运作,亲子间的深厚情谊得以深化,子女自动自发地孝顺父母。因此,建立以互相尊重为基础的"父慈子孝"理想孝道关系模式显得尤为重要。

(三)重视权威孝道的正向作用,和谐发展双元孝道信念

权威孝道信念对学业、学校满意度的作用尤为突出,权威孝道信念展示了积极面向。这种积极面向表现为,在家庭关系上,权威孝道促进子女服从父母权威,减少家庭亲子间冲突,维护家庭关系稳定;在学习上,子女接受父母提出的要求和传递的学术信念;在人际关系上,促进子女的关系自主性发展,使子女获得良好的人际交往能力。尽管如此,父母在家庭中也不能过度使用权威,因为父母严厉、惩罚的教育方式会阻碍和抑制子女自尊的发展,形成低自尊(Yeh & Bedford,2004)。

　　家庭作为孝道形成之起点与核心,是子女构建孝道信念的基点。不同孝道信念的形成根源于不同的亲子互动模式,而不同的亲子互动模式产生于不同的家庭教养方式(李启明 & 陈志霞,2013)。父母应采用合理的教养方式,促进双元孝道信念的形成。基于双元孝道模型,家长应采取"理性施爱,慈严相济"的教养方式,均衡子女互惠孝道与权威孝道信念的发展。一方面,父母为中学生营造轻松、和谐的家庭氛围,建立平等的亲子关系,以"关爱者""理解者"的身份教育与劝导中学生,实施平等对话,学会倾听他们的想法,尊重他们的思考,积极对他们的行为和情感做出反应,形成具有安全感和强大的感情支撑的良性亲子关系,丰富他们内心的积极情感体验,促进互惠性孝道信念;另一方面,父母对中学生应"爱而不宠、养而不骄",切忌过度溺爱和放纵他们,采用适度的行为控制教养方式来规范他们的不良行为,促进权威孝道的形成。如此严爱相加的教养方式,有利于中学生双元孝道信念的均衡发展,促进他们心理社会适应各因素的和谐发展,避免产生心理适应不良的现象。

三、助力提升中学生的生活满意度

(一)立足中学生的心理需求,构建合理家庭教养观念

　　处于中学时期的青少年有着特定时期的心理需求,父母要注意了解他们的心理感受,尝试站在他们的角度考虑问题,而不宜施加事件本身以外的心理压力。第一,中学生由于处在累积生活体验和经验的阶段,在探究之路上难免会犯错误。父母需认识到,家庭处罚只是教育手段,让中学生知错就改和健康成长才是目的,做到客观看待中学生的过错,给予理解和原谅,减少实施通过爱的威胁或引发愧疚感导向的心理控制方式,避免他们产生过多消极情绪。第二,随着中学生的隐私意识逐渐增强,一部分父母担心无法掌控子女情况,而强迫他们按照自己的意愿和方式行动,使得中学生产生强烈的逆反心理。事实上,父母应理解,隐私的需要是中学生独立意识的表现,除细心观察他们的思想动态之外,懂得尊重中学生的所有权利。第三,中学生渴望自己的努力被父母认可,父母要学会用发展的眼光看待他们,切勿吝啬精神鼓励和表扬,让中学生感受到自己的努力被认可,增强其自尊心与自信心,充分调动他们的发展潜力,强化良好行为,产生再进步的欲望。

　　忽视心理发展需求的教养方式,追根溯源,这是错误之家庭教育观念造成的。科学的家庭教养方式根植于科学的家庭教育理念,因此,父母应树立以下几个观念:① 不为追求家长的完美形象而专制。人无完人,孰能无过。然而

很多家长在扮演父母角色时，为保持在子女心中的完美形象而树立绝对权威性，采取控制型教育方式，成为"高高在上"的父母。其实不然，当中学生遇到困难时，父母应以自己的经历引导他们，给予情感理解和支持，鼓励应对挫折，而非坚持自己从未犯过这样的错误，一味责备子女。② 提高家庭亲子互动的有效性。生活中可以发现，由于年龄差异和时代差异等客观因素，亲子之间普遍存在"代沟"，代沟不仅是中国，也是世界各国的普遍现象。"代沟"的解除依靠亲子双方的共同努力，父母放下主导身份，主动了解和认识子女，利用自身的气质、情感、智力等潜移默化地影响子女，为其心理与智力发育补充养分。另外，这种看似不可弥合的代际差异，在以情感为基础的孝道规范体系上更易被化解，父母与子女由于情感因素能自觉地设身处地地从对方角度思考问题，彼此积极交流并互相接受对方的合理思想。③ 采用赏识型教育。父母在明确约束的同时，不依靠暴力、羞辱或讥笑来操控中学生，并善于发现他们的闪光点，给予鼓励和肯定，促进其形成完整的自我概念，积极悦纳自我。

（二）强化家庭中的孝道教育，显现双元孝道的正念功能

孝，本为处理亲子关系之家庭伦理，因而家庭对孝道教育具有不可推脱的责任。纵观历史、历代诫子书、家训，均以孝道教育为首要任务。在借鉴历史的孝道教育的成功经验上，我们不得不重视与发挥家庭孝道教育的主课堂作用。首先，家庭孝育在强调情感教育时，注意与孝道的实践教育相结合，重视提升子女的孝道意识，鼓励及时行孝，强化亲子间自然亲情的启发，使孝的道德观念有效转化为孝的道德行为；其次，注重对子女行为的规范，以情导行，以行表情，形成和谐的家庭氛围；再者，父母要端正自己的孝道行为，加强自身的道德修养，潜移默化、以身作则，对子女进行示范教育；最后，父母可利用清明节扫墓、祭祖等活动，为中学生讲述先辈的优秀品德与操行，寓理于情，教育他们缅怀过世亡灵，尊敬在世的长辈。

家庭孝道教育由近及远，由易及难，情行并重，不仅符合中国人血缘亲情之心理，也符合人类的认识和教育规律，更易为中学生所接受。因此充分利用家庭教育，有利于推进中学生建构具有情感连结与权威规范的双元孝道。运用互惠孝道信念满足亲子情感互动的基本心理需求，浸润中学生形成主动自愿的、具有文化普同性的、跨情境式的社会行为规范信念；发挥权威性孝道信念适应规范且符合伦理文化的生态需求的作用，促使中学生形成特定情境性的社会行为规范信念。二者相得益彰，共同培养中学生的家庭美德、良好人格，促进形成健康的人际关系。

（三）增添教养中的自主支持，发展中学生的积极情绪体验

自主支持是指个体的重要他人站在个体的角度去考虑问题，较少控制个体，为个体提供更多的选择机会，鼓励个体进行自我决定或自己解决问题的行为。在一定程度上，中学生独立成长的需要应被尊重。父母要对中学生的一些观点、情感和行为做出积极反应，学会站在中学生的角度考虑问题。唐芹等人（2013）对4727名中学生进行调查研究发现，父母与教师的自主支持对高中生的发展具有积极作用，且父母自主支持对学业、个性社会性发展的影响尤为突出。Roth（2007）研究指出，青少年感知教师或父母的自主支持越多，他们在学习中能体验越多快乐感。因此，自主支持不仅培养中学生的主动性，提高中学生的选择能力，激发中学生的内在动机，而且增进中学生的快乐情绪和积极情感。这启示我们，在家庭教养方式中，父母适当使用自主支持可增补中学生练习适应性行为的机会，帮助他们调整现存的不合理目标，实现其胜任感和独立性发展。

此外，针对部分文化相对论者提出的文化匹配假设，即高度重视自主的文化中自主支持才存有重要性（Markus & Kitayama,1991）。强调自我决定的文化差异理论认为，作为特定文化价值观的自主，在东方文化中是不被重视的。笔者认为，虽然中国文化主要体现为集体主义文化，且十分重视家庭、传统、等级和群体规范，但随着时代的发展，社会要求个体发展自主性以适应这充满竞争的瞬息万变的环境。当前，90后、00后等新生代个体的自主诉求越来越高，他们虽在群体文化中成长，却不断追求着自我个性的发展。这就要求家庭教育中，父母关注制定的各种规则时，不能忽视中学生子女的情感需求与心理感受，要发挥自主支持的积极心理效应。

第六章　孝道信念对大学生
亲社会行为的影响

第一节　概　述

一、问题的提出

"德不孤,必有邻","仁者爱人","与人为善","己所不欲,勿施于人……","出入相友,守望相助","老吾老,以及人之老,幼吾幼,以及人之幼",这些虽是古语,但都是亲社会行为的真实写照。积极心理学的研究认为,亲社会行为作为人类的一项重要的积极行为,对个体某些消极品质及消极行为的产生和发展具有预防和抑制作用(王红瑞,2011;胡金连,2015)。亲社会行为其实就是指对社会或者他人有帮助的行为,作为社会道德的一种表现形式,它能够反映社会的道德标准与个体的素质高低。换句话说,亲社会行为的增加在一定程度上体现着社会进步与个体素质的提高。然而,近年来,随着社会的变革与发展变化,青年人的社会行为也有了不同的表现。

1. 青年人的不同社会行为冲击了亲社会行为的表现

一方面,社会上不乏年轻的大学生为救落水儿童牺牲、家境一般的工薪阶层资助山区儿童的新闻报道。这种无私利他的行为在心理学上正是亲社会行为的积极表现。21 世纪的中国是一个经济、科技、知识都高速发展的中国,人们的价值观念、思维方式跟随着时代的步伐,不断发生着变化,对于道德的定义也逐渐多元化。一千个人对于道德就有一千种理解,每个人都在用行为践行着自己的道德观念。大学生群体作为新生代力量吸引着人们的关注,大学生所做出的社会行为不仅仅代表着个人,同时也反映着教育与社会现状。另一方面,近些年,"复旦投毒""大学生杀人"等案件成了人们关注的新闻热点,刚刚褪去稚嫩的羽毛步入社会的大学生们备受社会各界的关注。更为准确地说，是这些青年人在自我成长过程中的社会行为吸引着人们的目光。当前的社会道德规范遭受了冲击，时代的发展不仅仅带来了经济的繁荣，同时也让道德的规范不断受到挑战。

2. 新生代的大学生面临多元价值观的选择，但亲社会行为仍旧是其道德教育的重要内容

出生于新世纪的 90 后的新生代大学生们所处的大学校园已然不是人们想当然的象牙塔，这是一个缩小版图的小社会，当代大学生们的价值观念、道德规范不断受到这种无序混乱的道德引导，社会矛盾不断滋生，人情味渐渐消散，让人们不禁陷入深思。面对曾经的评价"早上八九点钟的太阳""未来的希望"，现在的舆论则认为，现在的大学生是"蜜罐里长大的一代""瓷娃娃""杀马特"。新生代的青年羽翼已渐渐丰满，蓄势待发地准备接过担当的接力棒，成为社会的负责人。对于他们能不能担此重任，是否能够经得住社会的考验、符合社会的标准，许多人仍然抱以怀疑的态度。但这并不仅仅是一代人的问题，同时也是一个重要的社会问题。

3. 大学生形成的家庭价值观对其亲社会行为的养成扮演了重要角色

大学是一个人自我成长的关键时期，在家庭生活中所形成的价值观、道德观念会因生活的多元化而不断变化，或深入，或改观。一方面，本研究针对这一与社会紧密相关的主题，希望能够更加贴近研究群体，且对于生长在不同家庭环境中的大学生所表现出的社会行为的差异性表现表示困惑，比如，在学生的成长过程中是否会因为自身的成长而淡化家庭孝道所影响形成的道德观念也是笔者一直想探寻的课题；另一方面，在道德教育的问题上，无论是教育工作者还是大学生自身都更应该有所重视，根据大学生由固有家庭道德观念所表现出的社会行为来对其进行相应的道德教育引导策划，这是每一位教育工作者的本职所在。当代社会需要道德教育，而培养具有亲社会倾向的价值观念也是道德教育中最为关键的一步。大学生群体作为社会的接班人和中坚力量，是自我道德教育最为主要的目标。

因此，本研究拟从家庭视角探讨其中的关键因素对大学生亲社会行为的影响，希望了解大学生的亲社会行为动机，透过行为的表现去探究其中的关系，从而为日后的大学生道德教育做出一定的方向引导。

二、研究意义

(一) 理论意义

其一,因为受到原生家庭固有的价值观念、教养方式长期以来的影响,大学生的孝道信念较为稳定,已经有不少学者做了孝道信念的相关研究,例如"孝道信念的本源研究,孝道信念对于自我效能感、人格特质的影响"(Ho,1996;杨国枢,2009)。而家庭是每个人最初生长的环境,价值观念的建立与其有密切的关系,拥有不同家庭背景的大学生必然存在不同的社会行为,但是笔者发现,生活在不同家庭背景下的大学生也会有相同的亲社会行为,厘清其中存在的机理,对丰富内涵和理论,具有重要的心理学研究意义。

其二,每个人在成长中都会经历自我分化的过程,个体只有通过自我分化才能获得感性与理性的分离,而自我分化的关键期发生在大学阶段。在这个时期,个体由稚嫩蜕变得成熟,许多心理机制会逐渐变得健全,当然也会随之产生更多的心理问题。不夸张地说,没有自我分化就没有真正成熟完整的个体。目前已经有学者分析自我分化对于心理健康、就业焦虑以及婚姻生活的影响(吴煜辉,2008;姚玉红,刘亮 & 赵旭东,2011),但缺少采用系统的方式,分析自我分化对亲社会行为的影响以及进行验证的实证研究,自我分化究竟是以什么方式产生影响,如何发挥其作用,本研究拟探讨其中的过程机制。

其三,社会行为对社会的影响是最为直观的。亲社会行为的增加无疑是对无序混乱的道德规范规整的一个侧面,而亲社会行为的产生并不是单因素促成的,家庭背景及自我分化的影响也决定了亲社会行为的表现与否、表现程度与表现形式。笔者通过对这一系列因素的关系分析,可以准确有效地厘清其中的规律,对大学生的道德教育进行方向梳理,引导大学生形成健康、正确的亲社会观念。

(二) 现实意义

亲社会行为在目前看来较为敏感,时代性较强(仇勇,姜蓓蓓 & 田雅琳,2015)。社会的发展并没有绝对让文明与经济携手共进,物质的泛滥与精神的缺乏一定程度上造成了道德的缺席。亲社会行为作为道德规范的行为表现,能有效地测评当今社会人们素质的高低与社会道德标准的底线。通过本研究,亲社会行为的表现所牵连的内在影响因素也是笔者着重研究的内容,大学生群体作为社会的新生代力量,其社会行为将会对社会造成极大的影响。如何通过亲社会行为对新生代大学生进行道德规范的引导值得反思,本研究期望得出针对性实践策略。

其一,对于社会而言,无序混乱的社会行为会让精神匮乏的经济膨胀体更加畸形,社会危机的频发会逐渐削弱人们的幸福感。亲社会行为的出现不仅仅是和谐社会的保障,也是人们幸福生活的源泉。亲社会观念的建立无疑是非常重要的。这是社会的需要,也是个人的需要。

其二,对于家庭而言,亲社会行为的产生更加有利于幸福感的延续,在一个充满爱的环境中,人们会更容易感受到幸福与快乐。冷漠的环境只会滋生矛盾与不安,亲社会行为既来源于家庭的熏陶,又惠于家庭,影响极为深厚。

本研究既通过研究亲社会行为,同时又通过实证调查法,对孝道信念、自我分化与大学生亲社会行为之间的关系进行分析,希望可以对亲社会行为做一个系统的梳理和验证,探究如何引导大学生建立健康的亲社会观,表现更多元的亲社会行为。

三、本研究理论基础

(一)自我分化的理论基础

自我分化水平是衡量青春期个体成长状态的重要标准(安芹,邱彩虹 & 王伟,2012)。自我分化理论缘起于西方,西方个体主义文化背景崇尚独立和自主。自我分化与压力(吴煌辉,2008)、心理逆反(Johnson,Walter & Buboltz,2000)、心理幸福感(Bohlander,1999)、自我统一性(Johnson,2005)和依恋(Skowron & Dendy,2004)有关系。中国集体主义文化更强调家庭联结,要求个体在成长过程中始终与家庭保持密切联系,并被教导听从父母安排,尽责尽孝(黄华,2008)。黄华(2008)在对传统孝道与个体自我分化的研究中发现,家庭是个体学习交流与情感积累开始的地方,个体的自我分化就是家庭生活互动交流的结果,父母和子女之间的亲子互动对个体的自我分化能够产生巨大的影响。在中国,孝道就是亲子互动中极为重要的一条规则。

近年受生态系统理论的影响,个体所处的关系系统对其发展的影响越来越受到研究者的关注(曹娟 & 安芹,2016)。笔者更关注个体关系系统对其自我分化的影响。Bowen(1978)的多代传承的观点认为家庭的情感过程是通过多代传承下来的,上一代表现出的家庭问题对于下一代有一定的预测作用。Bowen 的家庭投射观点认为"从原生家庭分化出来的个体,可能具有和父母大致相当的分化水平"。自我分化不良的父母,容易将自身的不成熟投射或传递到孩子身上,比如当父母对孩子的问题产生焦虑时,会变得过度保护,溺爱孩子,而使孩子无法顺利地自我分化。

在 Bowen(1978)的家庭理论中,每个个体都在其家人、朋友的互动关系中存在和活动。家庭也并不是一个真空的场所,它是由情感为纽带来与个体的连接,家庭中的个体的情感不仅仅受自己的控制,还受到家庭的影响。Skowron(1998)发现自我分化水平高的个体拥有良好的心理调整和社会问题解决技巧。

(二)亲社会行为的理论基础

已有研究者对亲社会行为形成了一致共识:"亲社会行为受个体差异、外部情境和被帮助者特征三个方面因素交互作用的影响。"(王丽娜 & 鲍卉,2015)尽管如此,关于亲社会行为的影响因素也存在颇多争论(丛文君,2014):模仿学习理论认为,亲社会行为是过去的助人行为受到强化所致;移情假设理论认为,个体对受助者的移情关怀是导致助人行为的根本原因(寇彧,2005);社会规范理论则认为,助人行为主要取决于社会是否有责任规范和回报规范(丁芳盛,2009);自我同一性理论认为个体的行为倾向于与自我概念相一致,否则会导致同一性混乱,影响个体的健康发展(Blala,2004)。已有理论分别从外在视角以及个体受到外界影响因素而做出亲社会行为给出了解释。社会认知学派强调个体的认知发展是亲社会行为发展的直接动力,不同年龄阶段的认知能力由性质不同的思维模式构成,而且不同的思维模式是以不变的顺序发展的(Kohlberg,1986;俞国良,1999),个体只有在认知水平达到相应的程度时,才有可能表现出相当的亲社会行为。其中亲社会认知能力的发展与亲社会行为的发展尤为密切(Eisenberg,1991)。

梳理已有研究,笔者认为,已有亲社会行为的理论分别从不同视角对亲社会行为的发生给出了多元化的解释,亲社会行为的发生与发展应该是一个综合性的结果。外在因素中,家庭因素导致个体的亲社会认知的形成方面并没有深入探究,比如受到家庭因素的影响,面对父母和面对社会表现出的无私行为,其形式虽然不同,但本质上都是德行的外在表现。为什么个体会产生内外有别的差异化行为表现?郑月清(2009)在对父母控制对大学生亲社会行为影响的研究中提到,父母对孩子提供的不仅仅是物质上的需求,更多的还有精神上的影响,这种影响渗透在子女的心理层面,称为父母控制。这种控制不仅仅是一时的行为控制,而且贯穿在子女整个成长过程当中,最终成为一种行为模式,影响着子女价值观的形成。郑月清(2009)研究发现,父母控制对子女的亲社会行为有显著的预测效果。

孝道是我国传统文化的核心,是家庭生活的准则。李曼(2010)在对大学生孝道信念与亲社会关系的研究中讲到,我国传统家庭观念一直强调孝顺长辈,与人为善,但是在大学生群体中,有些在家庭中很孝顺的子女,在社会上却表现得很冷漠或者并没有做出对社会更多有益的行为,这其中究竟是家庭因素在起作用,还是个体成长的认知能力在扮演了什么角色?

（三）小结

综上所述,一方面,本研究发现孝道信念是个体自我发展的基石,在个体自我发展的过程中以一种隐性基因的方式发生着影响作用。自我分化本质上对个体的心理成长与家庭沟通会产生影响,有积极的功能。另一方面,已有研究者探讨孝道信念和亲社会行为的关系,国内外的学者探究了大学生自我分化与家庭功能的关系。笔者认为,社会转型伴随的社会问题已如同露出鳍角的鲨鱼深刻影响着社会的道德秩序。大学生群体是社会中的一支强大队伍,其社会行为是维护道德秩序的关键。并且,大学生的亲社会行为有一部分受家庭环境的影响,孝道信念是家庭环境中渗透到个体信念中的重要因素,它还以影响自我分化的方式在亲社会行为中得以体现。因而,本研究试图揭示大学生孝道信念、自我分化和亲社会行为之间关系的规律。

第二节　文献综述：相关概念界定及研究现状

一、核心概念及界定

（一）自我分化

细胞在同一个组织中相互依赖生长却拥有着不同的分工就是生物学中最早对分化的定义。Murry Bowen (1978)首次把"自我分化"的概念运用到家庭关系,如同生物领域中细胞的分化一样,每个人都是在一个固定的家庭环境中不断完成自我的成长,和身边的家人生活在同一个屋檐下有紧密的联系,但在这一成长过程中,个体又会形成各自独立的人格,出现个体化倾向,于是"亲密性"和"个别化"就成了自我分化的两个方向。

从字面意思上理解,一方面,"亲密性"就是个体和家人保持过于紧密的心理联系,这是一种情感过度依赖。对于亲密性需求过高的个体比较容易形成依赖情绪,会在人际交往中把握不好适当的距离。另一方面,"个别化"就与之相反,个别化是个体在心理上与家人设置的障碍距离。"个别化"需求过盛的个体不容易与人融合,会时常给人一种距离感,不好接近。

在 Bowen(1978)提出这一理论后不久,Goldenberg(1991)在他的家庭理论基础上对自我分化进行了更加深入的研究,将其界定为两个层面:内心分化与人际关系分化层面。① 在内心分化层面中,自我分化实际是个体辨别情感与理智的能力,换言之,在应激原刺激下,个体的行为是情感主导还是理性主导。若个体的自我分化程度比较低,那么他就无法将情感和理智区分开来,在一些重大问题的选择和情绪激动的情况下容易做出丧失理智的决定与行为。② 人际关系分化层面中,自我分化的外在形式就是人际关系,人际关系层面里的自我分化实际上就是个体在一段社会关系中能同时感触自立性与紧密性的能力(Bray, Williamson & Malone,1984)。若是个体的自我分化程度比较高,就可以比较灵活地处理人际关系,能摆正自己的位置又能与人交好,保持一个比较安全的交往距离,在压力面前也可以有一个清晰的认识,不会为了迎合他人的观点而放弃自我。而自我分化较低的个体就恰恰相反,其行为反应会依赖于情绪,极为容易受到外界的影响而不能够做出自己的判断,缺乏理性喜欢依赖,当压力来临时,逃避问题或者去依赖自己亲近的人是其消除焦虑的主要应对方式。③ 自我分化是国内外学者关注的热点,大学生自我分化定义为既能够辨别感性与理性,又能够在人际交往中同时感受到融合与独立的能力(吴煜辉 & 王桂平,2010)。国外普遍采用 Skowron 和 Schmitt (2003)的量表,后来经王桂平和吴煜辉(2010)修订为中国版的"大学生自我分化量表"(DSI-R)被国内大多数学者所采用,这一量表维度分别为:情绪反应、自我位置、情感断绝、与人融合。

情绪反应即个体对原生家庭或重要他人做出的在情绪上的不稳定性和过度敏感的反应;自我位置是指个体在人际关系中,能够清晰地明确自己的立场,坚持自己的观点,能够控制自己的情感(李海燕,2012);情感断绝指在人际关系中,个体与他人情绪的不相容,表现为对原生关系没有归属感和疏离他人的行为表现;与人融合是个体过度依赖原有关系,认同父母(或配偶)和重要他人的观点,无法感受自己真实的情绪和情感。

(二) 亲社会行为

亲社会行为这一概念最早是由美国威斯伯提出的(1972),最初是指与攻击、侵犯行为相对立的行为。然而社会问题将研究视角越来越多地聚焦在亲社会行为的研究上,国内外广泛且多角度的实证研究干扰了亲社会行为的定义,目前学术界也没有一个统一的界定,但学者们从不同角度将其划分为重视行为结果、强调行为动机、社会认知归纳三个阵营。

首先,在只追求行为结果不关注行为动机的结果阵营中,Taylor 等认为,一切能够对社会及他人产生有益结果的行为就是亲社会行为(Taylor,Peplau & Sears,2004)。亲社会行为是指个体在与他人和社会交往中所表现出来的谦让、帮助、合作、分享,甚至为他人利益而做出自我牺牲等一切积极的、有社会责任感的行为(寇彧,2005)。这一视角的定义虽然直观易懂,但是有学者提出这一概念所包含的范围太广,缺乏学术严谨性。但仍然有很大一部分学者支持此观点。Batson(1991)认为亲社会行为动机上就是完全利他性的,忽视自己的利益,以他人的获益为中心,体现完全的奉献精神。其次,第二阵营内部也存在一些不同的观点,Bartal(1982)就提出亲社会行为并不是完全利他性的,在利他同时也有利己的动机存在。最后,也有一些这种观点的提出,例如国内学者王蕾(1994)认为,亲社会行为就是在法律允许的范围内,所进行的符合社会标准并且能够得到社会认可与鼓励的行为,这一行为更加倾向于利他性。

目前社会上有很多人总是将亲社会性、助人行为与利他行为混淆,甚至有些人认为这三者内涵相同。其实不然,这三者虽然在一定程度上有相关性,但是行为动机并不相同。利他行为与亲社会行为虽然在行为结果上都是有益于社会的,但是利他行为更加倾向于个体的主动意愿,行为动机更加纯粹、更加简单,就是以他人的获益为目的。而亲社会行为的内涵远远大于利他行为,利他行为是亲社会行为的子概念,或者可以说利他行为是亲社会行为最高层次的表现。助人行为较利他行为更加接近于亲社会行为,它们的行为动机都是既有利他成分,也有利己成分,但是助人行为的概念辐射面还是要小于亲社会行为,所以助人行为是涵盖在亲社会行为中的。

综上所述,虽然国内外各个学者对亲社会行为定义角度不同,但仍有共同之处,即,亲社会行为指对他人有益的、符合社会标准的行为。因此,笔者选用了丛文君(2008)对亲社会行为的界定,即,个体能够对他人及社会产生有益影响的行为。美国心理学家卡罗(G.Carlo)等(2001)在前人研究的基础上区分出 6 种亲社会行为倾向,分别是利他的、紧急的、情绪的、公开的、匿名的和依从的行为。

二、孝道信念、自我分化与亲社会行为关系的研究现状

(一)自我分化的积极影响结果

基于已有研究,笔者发现,自我分化对个体的心理健康起着积极的作用。国外对"自我分化"的深入研究从 Bowen 的"自我分化"概念提出以后逐渐增多,到目前为止,已经有 40 多年历史,近些年来,自我分化的跨文化研究正逐渐深入。国外研究者在自我分化对人格发展、家庭幸福感、自我效能感的影响等方面做了相对成熟的研究。国内研究者涂翠平、夏翠翠和方晓义(2008)研究发现,自我分化是影响心理健康的重要因素。自我分化的水平高低能够对个体心理发展状况做一个预测(Johnson, Buboltz & Seemann, 2003)。不仅如此,自我分化还对个体的健康水平有一定程度的影响,Kirsten 就在研究中发现自我分化与肥胖症关系密切(Lisa & Kirsten, 2011)。

我国对自我分化的研究开始比较晚,目前已有文献大多是理论阐述,并且相关研究较少。很多研究表明,从心理健康这一角度去研究自我分化是国内的研究倾向之一,姚玉红等(2011)研究发现,自我分化水平会对大学生的心理健康产生一定影响,且成明显正相关关系,即自我分化水平越高,心理状况越好;另外,国内低年级大学生中,男生的自我分化水平与心理健康状况要高于女生。

在自我分化的实证研究中,吴煜辉(2007)所探究的自我分化与压力知觉、心理健康的关系有一定的突破。研究发现,自我分化对压力知觉及心理健康有较大的稳固影响,大学生心理的健康依赖着其自我分化水平的提高。安芹与邱剑等(2011)以家庭功能为研究视角,融入了自我分化的中介因素,研究二者与自我和谐之间的关系,结果表示三者呈显著相关关系,自我分化对家庭功能紧密程度起部分中介作用。

基于已有研究,笔者还发现,自我分化在个体平衡自我和谐中扮演着重要角色。学者邓希泉(2003)发现,年龄越小的个体越追求个体的平等,反对权威孝道;且个体年龄越小,越认可物质关怀,对精神层面的照顾并不认同。

(二)亲社会行为的家庭诱因

李琬予(2011)在孝道信念与亲子关系的研究中发现个体的孝道信念受平日里和父母相处的影响。邓凌(2004)研究发现,在文化全球化的今天,东西方价值观的双重影响让大学生有了一种尊敬父母、亲践尽孝、回报父母的孝道观念。刘新玲(2005)的调查表明,当代大学生的孝道观念有了新发展,

自律性明显提高,能够平衡好自尊与敬爱长辈的关系;以自立自强的新观念取代完成父母的梦想的落后观念;不再刻意强求为父母办丧;不仅孝顺父母,而且关心社会。张瑞青(2014)关注了大学生的人际交往,从人际适应角度出发,研究其与孝道信念的关系,从结果中发现孝道信念会对人际疏离产生影响。

金灿灿等(2011)同样聚焦于人际适应关系,但主体为中学生,并在孝道信念的特点及其与人际适应的关系研究中发现,家庭教养方式对孝道信念产生影响。董兰(2013)的研究另辟蹊径,将视角放在大学生心境上,研究同样的孝道信念在不同的心境下会对社会行为产生怎样的结果,研究结果发现,孝道信念会影响个体的亲社会行为。

王萍(2003)对于青少年不同类型的亲社会行为研究发现,不同类型的亲社会行为在青少年群体中存在一定的差异,其中谦让的表现水平最高。曾晓强(2012)在关于大学生道德认同与亲社会行为的研究中发现,一定程度上道德认同能够对亲社会行为产生预测。范翠英(2012)将研究视角聚焦在儿童道德脱离上,研究其与社会行为的关系,结果表示二者呈现显著负相关。

(三)小结

梳理国外对于亲社会行为的研究,笔者发现,国内外研究较多关注儿童的亲社会行为,主要集中在合作、安慰、分享等方面。施托布在1978年对5—12岁儿童的亲社会行为研究中发现,8岁以前的儿童较8岁以后的儿童更容易产生亲社会行为。这是因为随着孩子年龄的增加,其认知结构相对完善,接触社会也更加频繁,社会及家庭对其价值观念及道德行为的影响更加深厚,一些亲社会行为的产生并不再那么容易,理性对于情感的牵制有所表现。社会的规则在一定程度上约束着儿童的行为(Eisenberg,1986)。

目前,我国对于亲社会行为的研究起步较晚,与国外情况类似,研究对象大多是儿童,也有少部分学者对青少年的亲社会行为进行研究。但对儿童成长为青少年乃至成人过程中的亲社会变化并未做出相关深入研究,在这一过程中,到底是什么影响了个体成熟之后的亲社会行为,这是让笔者所困惑的。本研究拟从这个视角探讨大学生群体的亲社会行为如何因家庭渗透的孝道信念影响了个体的自我分化,进而表现出不同的亲社会行为,试发现其中的心理学规律。

第三节　孝道信念、自我分化与大学生
亲社会行为的实证研究

一、理论框架

梳理已有研究,本研究发现,孝道信念与亲社会行为关系密切,孝道信念与自我分化也联系紧密。一方面,孝道信念通过自我分化影响亲社会行为的作用机制是本研究的研究焦点;另一方面,不同孝道信念分别通过哪一种自我分化要素所起作用的差异有待探讨。具体框架设计如图 6-1。

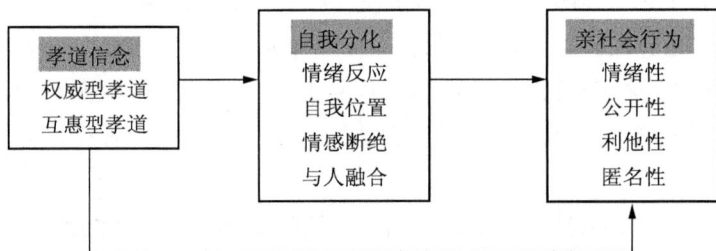

图 6-1　大学生孝道信念、自我分化与亲社会行为的研究框架

二、研究假设

本研究基于以上文献梳理及框架架构,做出如下假设:

假设一($H1$):孝道信念、自我分化与亲社会行为关系密切;

假设二($H2a$):孝道信念对亲社会行为有显著预测作用;

　　　　($H2b$):孝道信念对自我分化有显著预测作用;

假设三($H3$):自我分化在孝道信念与亲社会行为间起中介作用。

三、研究方法

(一)取样

本研究主要采用随机抽样、现场回收问卷的方式,选取了长三角地区 2 所高校的大学生进行调查。取样周期为 2 个月,一共发放问卷 420 份,回收问卷 390 份,回收率为 92.86%;筛选出信息不全、内容无效问卷,最终有效

问卷共 384 份,有效回收率为 91.43%。其中,男性 195 人(51.1%),女性 189 人(48.9%);一年级 92 人(23.8%),二年级 79 人(20.7%),三年级 170 人(44.3%),四年级 43 人(11.2%);文科生 109 人(28.4%),理工科生 198 人(51.6%),艺体生 77 人(20.0%);城市 153 人(39.8%),农村 231 人(60.2%)。

(二) 测量工具

1. 双元孝道信念问卷(DFPS)

本研究选取了叶光辉(2009)编制的双元孝道信念问卷为量表,在测试中,如果得分越高,则表示孝道信念程度越高。在台湾,已经有学者选用此量表对初高中生进行了样本调查,该量表总体 Cronbach α 系数为 0.770,具有良好的信效度,本研究结果发现,孝道信念总一致性信度为 0.823,互惠孝道信念为 0.799,权威孝道信念为 0.865。

2. 大学生自我分化量表(DSI-R)

笔者选取吴煜辉、王桂平 (2010) 修订编制的大学生自我分化量表(DSI-R)来调查大学生自我分化问题,这个量表包含 4 个维度,分别为情绪反应、自我位置、情感断绝和与人融合,共 27 个项目。修订量表依然是 6 度量表,每个题目按 1 (完全不认同)—6(完全认同)级评定,如果被测者的自我分化能力越好,则其得分越高。除此之外,本修订量表共有 27 题反向计分题,5 题正向计分题,其中总体 Cronbach α 系数为 0.82,其他各因子的 Cronbach α 系数在 0.66 到 0.78 之间,这份量表拥有较好的信效度,可适用于本研究。

3. 亲社会行为量表(PTM)

采用丛文君(2008)依据美国心理学家 Gustavo Carlo 编制的亲社会倾向测量问卷(PTM)修订后的量表,修订量表是 6 度量表,每个项目按 1 (完全不认同)~6(完全认同) 级评定。该量表共有 6 个维度,23 个题目,笔者根据研究所需,选择了其中的 4 个维度进行分析,分别为情绪性、利他性、公开性、匿名性。本研究中,通过对有效样本问卷的检验,笔者发现该问卷 KMO 值为 0.766,Barlett 球检验近似卡方值为 805.243,sig 值为 0.000。因素分析发现,经过检验总项目中可抽取 4 个因子,分别为情绪性、利他性、公开性、匿名性。总体的 Cronbach α 系数为 0.721,各分维度的 Cronbach α 系数分别为:0.630,0.655,0.797,0.647。数据表明该问卷具有良好的效度和信度,可适用于本研究。

(三) 统计方法

本研究对所有数据的处理和研究均采用 SPSS19.0 统计软件,统计分析方法包括描述性统计、相关分析、回归分析、中介分析、差异性检验等。

四、数据结果与分析

(一) 大学生孝道信念、自我分化与亲社会行为的描述性统计

从表 6-1 可以得出:权威孝道信念因子平均数得分为 23.58,互惠孝道信念因子得分为 42.99,各项目中单个题目的平均分值分别为 2.95 和 5.37,数据相差较大,说明如今大学生的互惠孝道信念总体感知水平高于权威孝道信念。

大学生自我分化的 4 个维度中,其每题平均得分在 3.10～3.86,各维度数据相差较小。其中与人融合所得分数最高,每题的平均得分为 3.86;自我位置略低于与人融合,排在其后,平均得分是 3.84;得分最低的则为情绪反应,平均得分为 3.10。这一情况表示大学生在自我分化中,与人融合能力较强。自我分化的过程中,与人融合的倾向性高于情绪反应。

在大学生亲社会行为的 4 个维度中,情绪性亲社会行为得分最高,每题的平均的得分为 4.50;次之为匿名性亲社会行为,每题的平均得分为 4.35;公开性亲社会行为略高于利他性亲社会行为,每题平均得分是 3.96;得分最低的为利他性亲社会行为,每题平均得分是 3.48。

表 6-1 大学生孝道信念、自我分化、亲社会行为各维度间的描述性统计结果 ($N=384$)

变 量	总 数	最小值	最大值	平均数	标准差	每题均分
权威孝道	384	8.00	48.00	23.58	6.83	2.95
互惠孝道	384	12.00	48.00	42.99	6.52	5.37
情绪反应	384	4.00	24.00	12.38	3.83	3.10
自我位置	384	5.00	24.00	15.36	3.46	3.84
情感断绝	384	4.00	24.00	13.02	4.01	3.25
与人融合	384	4.00	24.00	15.45	3.90	3.86
情绪性	384	8.00	24.00	18.00	3.42	4.50
利他性	384	4.00	24.00	13.91	3.91	3.48
匿名性	384	4.00	24.00	17.40	3.37	4.35
公开性	384	4.00	18.00	11.87	2.81	3.96

(二) 大学生孝道信念、自我分化与亲社会行为的相关分析

相关分析是一项线性统计分析技术,它是通过相关系数(r)来反映变量间相关关系的方向和密切程度的。表 6-2 列出了各个维度之间的相关关系及其显著性水平。

表 6 - 2　大学生孝道信念、自我分化、亲社会行为各维度间的相关分析结果（N=384）

变　量	1	2	3	4	5	6	7	8	9	10
权威孝道	1									
互惠孝道	−0.250**	1								
公平性	0.237**	0.297**	1							
匿名性	0.081	0.251**	0.307**	1						
利他性	0.346**	−0.093	0.305**	0.105	1					
情绪性	0.043	0.285**	0.367**	0.409**	0.239**	1				
自我位置	0.049	0.038	0.173**	0.385**	0.042	0.177**	1			
情绪反应	−0.149*	−0.050	−0.079	−0.107	−0.075	−0.271**	0.070	1		
与人融合	−0.370**	0.205**	−0.156**	−0.013	−0.412**	−0.137*	0.010	0.399**	1	
情感断绝	−0.199	0.029	−0.080	−0.063	−0.194**	−0.237**	0.042	0.518**	0.529**	1

注：* 代表 $p<0.05$，** 代表 $p<0.01$，*** 代表 $p<0.001$

由表6-2可见:大学生孝道信念中的权威孝道信念分别与亲社会中的公开性和利他性呈显著正相关,与自我分化中的情绪反应和与人融合呈显著负相关。其中权威孝道信念和利他性存在较高的正相关关系($r=0.346^{**}$, $p<0.01$)。互惠孝道信念分别与亲社会中的公开性、匿名性、情绪性呈显著正相关,与自我分化中的与人融合呈显著正相关。其中与亲社会行为中的公开性存在较高的正相关关系($r=0.297^{**}$, $p<0.01$)。

亲社会行为中的公开性分别与自我分化中的自我位置呈显著正相关($r=0.173^{**}$, $p<0.01$)、与人融合呈显著负相关($r=-0.156^{**}$, $p<0.01$)。匿名性与自我分化中的自我位置呈显著正相关($r=0.385^{**}$, $p<0.01$)。利他性分别与自我分化中的与人融合和情感断绝呈显著负相关,其中与与人融合存在较高的负相关关系($r=-0.412^{**}$, $p<0.01$)。情绪性与自我分化中的4个因子均有显著相关关系,其中与自我位置呈显著正相关($r=0.177^{**}$, $p<0.01$),与情绪反应、与人融合和情感断绝呈显著负相关,与情感断绝存在较高的负相关关系($r=-0.237^{**}$, $p<0.01$)。

(三)大学生孝道信念、自我分化与亲社会行为的回归分析

1. 自我分化对公开性亲社会行为的回归分析

本研究以公开性亲社会行为作为因变量,以自我分化各维度作为自变量进行逐步回归分析,如表6-3。

表6-3 自我分化对公开性亲社会行为的线性回归分析表($N=384$)

模型	R	R^2	ΔR^2	F 值	Beta	DW 值
1	0.173^a	0.030	0.030	8.680	0.173^{**}	1.788
2	0.234^b	0.055	0.026	8.127	-0.158^*	

注:* 代表 $p<0.05$,** 代表 $p<0.01$,*** 代表 $p<0.001$
a. 预测变量:(常量),自我位置;b. 预测变量:(常量),自我位置,与人融合;因变量:公开性亲社会行为

表6-3结果表明,在自我位置对公开性亲社会行为的预测作用中,自我位置解释量为3.0%($\beta=0.173^{**}$, $p<0.01$),与人融合解释量为2.6%($\beta=-0.158^*$, $p<0.05$)。其回归方程为:公开性亲社会行为 $=0.173×$ 自我位置 $+(-0.158×$ 与人融合$)$。回归方程中DW值为1.788,约等于2,该回归方程可接受。

2. 自我分化对匿名性亲社会行为的回归分析

本研究以匿名性亲社会行为作为本次回归分析的因变量,以自我分化各

维度作为自变量进行回归分析,方法为逐步分析,如表6-4。

表6-4　自我分化对匿名性亲社会行为的线性回归分析表（$N=384$）

模型	R	R^2	ΔR^2	F 值	Beta	DW 值
1	0.385^a	0.148	0.145	48.961	0.385^{**}	1.742
2	0.407^b	0.166	0.022	27.964	-0.135^*	

注:＊代表 $p<0.05$,＊＊代表 $p<0.01$,＊＊＊代表 $p<0.001$
　a. 预测变量:（常量）,自我位置;b. 预测变量:（常量）,自我位置,情绪反应;因变量:匿名性亲社会行为

由表6-4数据可以发现,在自我分化各维度对匿名性亲社会行为的回归预测作用中,自我分化的自我位置、情绪反应维度进入回归方程。其中自我位置解释量为 14.8%（$\beta=0.385^{**}$,$p<0.01$）,与情绪反应的共同解释量为 16.6%（$\beta=-0.135^*$,$p<0.05$）。其回归方程为:匿名性亲社会行为 $=0.385\times$ 自我位置 $+(-0.135\times$ 情绪反应）。回归方程中显示 DW 值为 1.742,约等于2,表明该回归方程可接受。

3. 自我分化对利他性亲社会行为的回归分析

本研究以利他性亲社会行为作为本次回归分析的因变量,以自我分化各维度作为自变量进行回归分析,方法为逐步分析,如表6-5。

表6-5　自我分化对利他性亲社会行为的线性回归分析表（$N=384$）

模型	R	R^2	ΔR^2	F 值	Beta	DW 值
1	0.412^a	0.169	0.166	57.531	-0.412^{***}	1.806

注:＊代表 $p<0.05$,＊＊代表 $p<0.01$,＊＊＊代表 $p<0.001$
　a. 预测变量:（常量）,与人融合;因变量:利他性亲社会行为

表6-5结果表明,在自我分化各维度对利他性亲社会行为的回归预测作用中,自我分化的与人融合维度进入回归方程,其中自我位置解释量为 16.9%（$\beta=-0.412^{***}$,$p<0.001$）。其回归方程为利他性亲社会行为 $=(-0.412\times$ 与人融合）。回归方程中显示 DW 值为 1.806,约等于2,表明该回归方程可接受。

4. 自我分化对情绪性亲社会行为的回归分析

本研究以情绪性亲社会行为作为因变量,以自我分化各维度作为自变量进行逐步回归分析。

表 6－6　自我分化对情绪性亲社会行为的线性回归分析表（$N = 384$）

模型	R	R^2	ΔR^2	F 值	Beta	DW 值
1	0.271[a]	0.073	0.070	22.346	-0.271^{***}	1.839
2	0.335[b]	0.112	0.038	17.753	0.197^{***}	
3	0.354[c]	0.125	0.013	13.346	-0.134^{*}	

注：* 代表 $p < 0.05$，** 代表 $p < 0.01$，*** 代表 $p < 0.001$
a. 预测变量：（常量），情绪反应；b. 预测变量：（常量），情绪反应，自我位置；
c. 预测变量：（常量），情绪反应，自我位置，情感断绝；因变量：情绪性亲社会行为

由表 6－6 可以看出，在自我位置对情绪性亲社会行为的预测作用中，自我分化的情绪反应、自我位置和情感断绝维度都进入回归方程，其中情绪反应解释量为 7.0％（$\beta = -0.271^{***}$，$p < 0.001$），自我位置的解释量为 3.8％（$\beta = 0.197^{***}$，$p < 0.001$），情感断绝的解释量为 1.3％（$\beta = -0.134^{*}$，$p < 0.05$）。其回归方程为情绪性亲社会行为＝（$-0.271 \times$ 情绪反应）＋$0.197 \times$ 自我位置＋（$-0.134 \times$ 情感断绝），回归方程中显示 DW 值为 1.839，约等于 2，该回归方程可接受。

（三）大学生孝道信念、自我分化与亲社会行为的中介效应分析

国外学者 Baron 和 Kenny 等（1986）关于中介效应分析提出：为了要解释自变量 X 对因变量 Y 的影响，并且同时还考虑变量 M 的存在时，当 X 通过 M 影响 Y 的情况成立，则 M 就是中介变量，并且能够以此检验回归系数。中介效应显著需要两个条件，条件同时成立时才能够有显著结果：其一，X 与 Y 之间有显著相关关系（X 对 Y 有较大影响）；其二，因果关系中的任意变量（例如 M），在其前面的变量处于隔离状态时（例如 X 被隔离），它后面的变量还存在着显著影响（例如 Y 仍然有显著影响）。

如上所述，孝道信念、自我分化和大学生亲社会行为同时满足以上两个条件，存在显著相关关系。中介变量作用的检验需要对孝道信念、自我分化和大学生亲社会行为的关系进行研究，分为三个步骤。第一步，明确孝道信念与大学生亲社会行为之间有显著的相关或回归；第二步，显著相关或回归存在于孝道信念与自我分化之间；第三步，检测自我分化的加入是否显著降低了孝道信念与大学生亲社会行为之间的回归方程系数，如果有显著降低则有部分中介作用，如果没有显著降低，认为是完全中介作用。

1. 自我分化对权威孝道信念与亲社会行为的中介作用（以与人融合为中介因素）

假设权威孝道信念为预测变量，亲社会行为为因变量，二者的中介因素为与人融合。

表 6-7　自我分化对权威孝道信念与亲社会行为的中介作用分析（$N=384$）

步骤		预测变量	Beta	T	Sig
1	亲社会行为对权威孝道回归	权威孝道	0.265***	4.621	0.000
2	与人融合对权威孝道回归	权威孝道	−0.370***	−6.678	0.000
3	亲社会行为对权威孝道和与人融合同时回归	权威孝道	0.188**	3.102	0.002
		与人融合	−0.209***	−3.449	0.001
中介判定：与人融合起部分中介作用					

注：* 代表 $p<0.05$，** 代表 $p<0.01$，*** 代表 $p<0.001$

由表 6-7，步骤 1 亲社会行为对权威孝道信念进行回归，权威孝道信念的回归系数呈现显著水平；步骤 2 与人融合对权威孝道信念进行回归，与人融合的回归系数呈现显著水平；步骤 3 分别是亲社会行为对权威孝道信念和与人融合的同时回归分析。结果表明，与人融合的回归系数呈现显著水平，权威孝道信念的回归系数依然达到显著水平，但是数值分别由 0.265 减小到 0.188，因此，权威孝道信念对亲社会行为的影响过程中，与人融合起到了部分中介作用。

2. 自我分化对权威孝道信念与亲社会行为的中介作用（以情感断绝为中介因素）

假设权威孝道信念为预测变量，亲社会行为是因变量，二者的中介因素是情感断绝。

表 6-8　自我分化对权威孝道信念与亲社会行为的中介作用分析（$N=384$）

步骤		预测变量	Beta	T	Sig
1	亲社会行为对权威孝道信念回归	权威孝道	0.265***	4.621	0.000
2	情感断绝对权威孝道信念回归	权威孝道	−0.199***	−3.409	0.000
3	亲社会行为对权威孝道信念和情感断绝同时回归	权威孝道	0.166***	4.795	0.000
		情感断绝	0.252***	4.556	0.000
中介判定：情感断绝起部分中介作用					

注：* 代表 $p<0.05$，** 代表 $p<0.01$，*** 代表 $p<0.001$

由表 6 - 8，步骤 1 亲社会行为对权威孝道信念进行回归，权威孝道信念的回归系数呈现显著水平；步骤 2 情感断绝对权威孝道信念进行回归，权威孝道信念的回归系数也呈现显著水平；步骤 3 中，亲社会行为对权威孝道信念和情感断绝同时回归，结果表明，情感断绝的回归系数呈现显著水平，权威孝道信念的回归系数依然在显著水平上，但是由 0.265 减小到 0.166，因而，在权威孝道信念对亲社会行为的影响过程中，情感断绝起到部分中介作用。

总结以上中介效应，自我分化在权威孝道信念与亲社会行为的关系中起到部分中介作用，如下图 6 - 3。

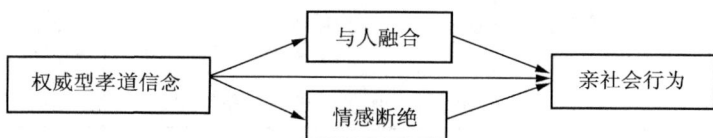

图 6 - 3　自我分化对权威孝道信念与亲社会行为的中介作用

（四）不同人口学变量在亲社会行为维度上的差异分析

分析表 6 - 9，发现：不同性别的大学生在亲社会行为的维度上有显著差异，由均差可以看出在匿名性、利他性、公开性这 3 个维度中，男生的亲社会行为明显显著于女生，而在情绪性这一维度中，女生的亲社会行为显著于男生。总体而言，男性大学生的亲社会行为显著于女性大学生。

表 6 - 9　不同性别大学生亲社会行为差异分析（$N=384$）

变　量	性别	均值	均值差值	标准差	F 值	T 值	P 值
匿名性	男	12.021	1.243	5.340	4.556	2.092*	0.037
	女	10.777		4.636			
利他性	男	14.648	1.504	4.071	1.593	3.299**	0.001
	女	13.1434		3.586			
公开性	男	12.186	0.654	2.999	2.587	1.972*	0.05
	女	11.532		2.560			
情绪性	男	17.635	−0.747	3.587	0.62	−1.846	0.066
	女	18.381		3.208			
亲社会行为总分	男	56.489	2.656	11.066	15.964	2.36*	0.019
	女	53.834		7.462			

注：* 代表 $p<0.05$，** 代表 $p<0.01$，*** 代表 $p<0.001$

五、讨论与解释分析

（一）大学生亲社会行为的特点分析

本研究对亲社会行为的研究包括大学生亲社会行为的整体情况和每个维度的具体情况。总体来看，亲社会行为的 4 个维度在大学生的生活中均有体现，并且由于大学生群体内的差异性较大，亲社会行为的特点也各有不同。

亲社会行为的含义较为广泛，拥有各种不同的表现形式，在不同的大小环境下所产生的亲社会行为倾向也各有不同。大学生是社会的中坚力量，是未来社会的脊梁。他们在社会、学校和家庭中所受到的影响不同，形成不同的价值观，自然会表现出不同的亲社会行为。比如互惠孝道信念占主导的家庭，父母较为民主，家庭氛围也更加融洽，子女对父母的爱更多来源于内心的情感而不是社会责任的驱使，这一背景下的大学生的亲社会行为更具有公开性倾向。权威孝道信念占主导的家庭，父母相对专制，对于子女的成长干涉更加密切，这一背景下的大学生的亲社会行为更多地表现为利他性倾向。

亲社会行为随着时代的进步而不断更新着其表现形式，正如此次研究所显示的，大学生的亲社会行为存在显著性别差异，并且会受到外在因素的影响，大学生在情绪的影响下更容易发生亲社会行为，总体而言，男性大学生比女性大学生更容易发生亲社会行为。

（二）大学生孝道信念、自我分化和亲社会行为的相关关系的讨论

目前，对孝道信念和自我分化的相关关系已有了部分研究证明，这二者具有一定的相容性。自我分化是在对家庭环境所产生的孝道信念类型的认同基础上进行的，并且在自我分化过程中，个体又会践行着所认同的孝道信念。在当今社会，个体主义逐渐盛行，传统孝道信念也慢慢发展成为更加符合现代社会形态的新孝道，因而也成为促进个体自我分化的催化剂。

据相关分析，大学生孝道信念中的权威孝道信念分别与自我分化中的情绪反应和与人融合呈显著负相关，与亲社会行为中的公开性和利他性呈显著正相关。互惠孝道信念分别与自我分化中的与人融合呈显著正相关，与亲社会行为中的公开性、匿名性、情绪性呈显著正相关。其中权威孝道信念和利他性存在较高的正相关关系。互惠孝道信念与亲社会行为中的公开性存在较高的正相关关系。由此可得，家庭环境中所形成的孝道信念对日后的亲社会行为起到一定的影响作用，权威孝道信念高的学生，对于情感上的融合度和表现度较低，会偏向自我孤立，情绪激动的自我分化，会在弱势群体中有共情反应，

亲社会行为的表现更多有利他倾向；互惠孝道信念高的学生更愿意去与他人沟通，更愿意情感表达，所以在亲社会行为中更具有公开性倾向。

同时，数据分析表明，亲社会行为中的公开性分别与自我分化中的自我位置呈显著正相关、与人融合呈显著负相关。匿名性与自我分化中的自我位置呈显著正相关。利他性分别与自我分化中的与人融合和情感断绝呈显著负相关，其中与与人融合存在较高的负相关关系。情绪性与自我分化中的4个因子均有显著相关关系，其中与自我位置呈显著正相关，与情绪反应、与人融合和情感断绝呈显著负相关，与情感断绝存在较高的负相关关系。由此可以推测：个体内部的自我分化会影响亲社会行为。简而言之，情绪反应、自我位置、情感断绝和与他人融合4方面会不同程度地影响个体的亲社会行为。自我分化程度越高的人，在亲社会行为中会比较少地有利他性倾向。

（三）大学生自我分化对亲社会行为的预测分析

由多元回归分析可得，自我分化的4个维度都能有效预测大学生的亲社会行为。其中自我位置、情绪反应能显著预测亲社会行为中的匿名性，与人融合能显著预测亲社会行为中的利他性，自我位置、情绪反应和情感断绝能显著预测亲社会行为中的情绪性，自我位置、与人融合能显著预测亲社会行为中的公开性。这一结果有一定的思考价值。

大学生是一个较为特殊的群体，大学阶段是自我分化较为关键的时期，在这一时期，大学生的价值观念发生改变，心理迅速成熟，在社会与家人的期许下，对自己有一个较高的期望，希望成为一个人格完满、让人羡慕的个体。本研究中，与人融合能显著预测亲社会行为的利他性，但是与其呈负相关。也就是说，个体的自我分化程度越高，越不容易产生利他性的亲社会行为。这一结果着实需要我们的深思，在自我分化的过程中，与人融合程度高反而会减少利他性亲社会行为说明我们的人际交往导向出现了问题。

自我位置、情绪反应和情感断绝能显著预测亲社会行为中的情绪性，情绪反应、情感断绝与情绪性呈负相关。这说明，在自我分化中，情绪反应、情感断绝越高的人，越难受到情绪的影响做出亲社会行为。这一点与本研究预测一致，在自我分化中，情感断绝程度高的人是情感较为冷漠的，并不会受到怜悯、同情等情绪的感染而做出亲社会行为，或者可以解释为他们惧怕这种亲密的关系和融洽的氛围而选择逃避。所以，对大学生进行健康的道德行为教育，有助于提高他们的自我分化程度，也可以帮助其正确处理家庭中的孝道行为，逐步形成良好的孝道信念，由此形成健康的亲社会行为的良性循环。

（四）自我分化的中介作用讨论

根据中介效应分析,自我分化中的情绪反应、与人融合和情感断绝在权威孝道信念对亲社会行为的影响中起到了部分中介作用,表明权威孝道信念本身对亲社会行为有影响之外,还通过情感断绝和与人融合进一步影响了亲社会行为。并且从数值来看,情感断绝和与人融合是负向影响亲社会行为。

这说明大学生的权威孝道信念认同感越强,越难摆脱对权威重要人物的人际依赖,越难做出亲社会行为。根据 Bowen(1978)的家庭投射观点,父母的分化水平影响了子女的分化水平。权威孝道信念本身对子女会形成距离感和压力感,更认同权威孝道信念的大学生容易依赖于成人作出判断,父母带给子女的距离感更容易传递给子女,因此面对亲社会行为的表现时,子女越不容易表现出来。

此外,情感断绝本身就是个体在人际交往中因恐惧亲密而表现出的疏离他人的情绪倾向。多代传承的观点认为家庭的情感过程是通过多代传承下来的。无论是高自我分化还是低自我分化,大学生都表现出重视父母的看法并期待得到父母认同的倾向,我国青少年受中国家庭文化的影响,在走向独立的成长过程中会始终与家庭保持较为紧密的情感联结(安芹,邱彩虹 & 王伟,2012)。权威孝道信念认同感越强的大学生,受到家庭情感过程的影响,与人交往过程中越容易表现出疏离感,因此更不容易表现出亲社会行为。

第四节 促进青少年亲社会行为的教育启示与对策

一、理性看待亲社会行为的理念,辩证分析正负效应

1. 辩证客观地看待亲社会行为

众所周知,在当前的社会中,由社会冷漠、社会纠纷而造成的社会道德秩序混乱现象逐渐增多,社会经济的发展并没有带动道德精神同步发展,一些亲社会行为呈现出一种病态,比如有些人做出的亲社会行为初衷并不是为了助人,而是有一些功利想法在其中。所以教育工作者不仅要看到亲社会的行为,还要去探究其动机与影响因素,还要认识到亲社会行为的重要性,并用辩证的视角看待亲社会行为。

张爱社(2003)从道德缺失视角出发,认为当代大学生冒险创业精神缺乏、

理想信念缺失、享乐主义盛行、功利倾向明显。宗岚等(2014)指出,大学生中存在思想状况复杂、价值判断和人生取向出现偏差、缺乏同情心、助人意愿不足、交往功利心重、人情淡薄等问题。黄艳钦(2014)认为一些学生表现出冷漠、自私和较强的利己主义,缺乏亲社会的意识和行为。周宏和吴玫(2015)总结认为中国社会进入急剧社会转型期,伴随而来的个体主义思潮在某些社会群体中逐步盛行,因此以利他主义为特征的亲社会行为出现水平降低和相对缺失的状况。

2. 强化大学生亲社会行为的正效应

亲社会行为的正效应主要体现在社会的道德秩序与家庭生活的和谐中。如果大学生拥有合理、健康的道德观念,就会做出相应的亲社会行为,这一行为又会反作用于生活的其他方面,进而增加个体的幸福度与满足感。相反,如果拥有偏激的道德观,会慢慢脱离社会群体,形成一种社会冷漠,甚至产生心理问题,极端的个体还会做出一些有害于社会的行为。

合理健康的亲社会行为并不是受单一因素影响的,而是由多方面共同作用的。如本书研究的亲社会行为,主要分为4个维度:情绪性、利他性、匿名性、公开性。但这四者并不是绝对排斥的,它们之间也能够相互影响而有所连接。亲社会行为的正效应在这四者中的体现主要是:在个体做出亲社会行为时,一定不是单单出于某一个因素,肯定是某一个因素占主导,其他因素配合,从而个体可以将健康合理的道德观念外化,做出合理的亲社会行为。

此外,发挥移情在亲社会行为培养中具有的动机功能和信息功能,通过移情这一信息传递过程,构建人们对移情对象在情感上的共鸣反应,从而促发亲社会行为(周宏 & 吴玫,2015)。Eisenberg(1999)指出,在紧急情境中,移情或个人痛苦等情感因素在助人决策过程中起主要作用。

3. 理性理解大学生亲社会行为的负效应

大学生亲社会行为的负效应主要是由于不健康的道德观念。如果一个个体没有健康合理的道德观念,那么他也无法做出合理的亲社会行为。一个人的亲社会行为看似与社会相关但实为个体内心的写照,一个人的行为是冷漠病态的,那么其自身一定是缺乏爱与希望的,这种病态的心理会逐渐扭曲其人格,从而对身心和社会风气造成一定的损害。这不仅仅是社会行为,更关乎我们自身。

有研究发现,在不同的社会情境中,即便是高共情倾向的个体,也并不是表现出一致性的助人行为的(Batson & Shaw,1991)。

二、深刻反思家庭教育对亲社会行为的影响,渗透父母的榜样作用

1. 父母孝道信念传递和以身作则

都说子女是父母的一面镜子,可想而知父母的教育对于子女而言有多大的影响。在家庭里面,父母的一言一行都会对子女的价值观念产生影响,虽然很多家庭都会对子女的道德教育进行专门的引导和交流,但是一种隐形的力量往往被忽视,那就是言传身教。父母的行为是其道德观念的体现,所以要想子女成为一个怎样的人,自己就先要成为一个怎样的人。如果父母平时经常出现亲社会行为,那么他的子女也一定会有亲社会行为,这是一种隐形的力量。但是能够让子女自律地践行亲社会行为,父母对子女传递的孝道观念和行为会发挥无形的作用。比如,已有研究表明,互惠孝道信念会促进子女的公开性的亲社会行为,孝道及其各维度得分对亲社会行为有正向预测作用(金志玲,金河岩 & 金志杰,2017)。不管是拥有互惠孝道信念还是权威孝道信念,孝道信念越高的被试,亲社会行为水平越高(董兰,2013)。这是因为孝道信念本身就是传递"爱幼、尊老"意识,因此,有强烈孝道信念的大学生必然会把自我孝道意识泛化在社会环境中,表现出更多的亲社会行为。

2. 与子女积极沟通,促进子女的良性"自我分化"

平常在生活中,父母可以结合生活情景和子女沟通,或者通过对一件新闻或者社会事件的评价来传达自己的道德观念,这也是一种无形的渗透。父母不仅要做引导者,也要做一个合格的倾听者,要时常与子女交流,实时了解他们的价值观念与道德观念,在适当的时候以沟通交流的方式进行引导。当然,这一切都要在父母本身有着健康合理的道德观念的基础之上,所以父母首先要对自身有一个明确的认识,才能给子女一个好的引导教育。

已有国外研究通过训练个体的自我分化,取得了良好的效果。比如,交互分析理论是由加拿大心理学家艾瑞克·伯恩创立的一套心理分析、心理沟通、人际交流的理论与技术,该理论认为人格系统以父母、成人、儿童三种自我状态为基本构架。这三种自我状态构成了人格冲突与平衡的基础(安晓鹏,2010)。自我分化本质上代表着一种自由自在的感受,一种自如的交往,没有被控制的感受。这也意味着个体更加独立,能够应对困境,处理复杂问题。因此,在社会情境中,高自我分化的大学生会更适应与人沟通,有能力表现更多类型的亲社会行为。

三、积极发挥媒介作用，促进教育者的自身引导功能

1. 发挥大学教育的思想教育作用和媒体的积极导向作用

新世纪的大学生乐于探索世界并且善于模仿与尝试。在如今这个信息资源丰富的时代，各种信息鱼龙混杂，大学生初次脱离了父母的监管，更容易被很多不好的信息所迷惑而无法辨识，这个大环境对于他们来说就是一朵大的罂粟花，美丽而危险。所以大学必须发挥其思想教育作用，对大学生进行道德教育，帮助其分辨社会信息，建立正确的道德观念，做出正确的道德行为，充分发挥其引领作用，以便更好地培育大学生形成合理健康的亲社会行为观。

车文辉和杨琼（2011）提出通过媒体的潜移默化的作用对大学生产生积极的作用。媒体通过有所侧重地集中宣传一个人或一类人，以及某一类特征的行为方式，可以成功地在社会上树立起人事物的典范，再通过对受众潜移默化的影响，对受众的认识和行动产生效果。

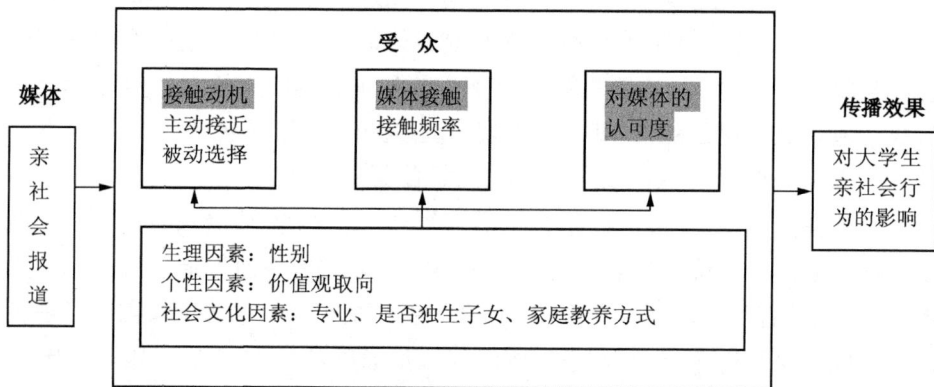

图 6-4　媒体传播对亲社会行为的影响过程（周宏 & 吴玫，2015）

如图 6-4，作为社会监督平台的大众传媒，应该积极宣传社会生活的正能量，不要对一些社会事件进行扭曲不实的报道，让人们对社会现状有一些歪曲的认识；应该充分发挥媒体的正确价值取向的宣传作用，增强大众的社会责任感，维持一个良好的道德舆论导向，修正社会风气，让大学生在良好氛围中形成合理健康的亲社会行为观。

2. 反思教育工作者自身的"刻板意识"，形成合理的亲社会行为观

"90后"＝"自私＋无责任感＋社会适应力差"？这其实是教育工作者自身根据先验经验形成的刻板印象。长期以来，人们也习惯于将"90后"与独生

子女之间画上等号,认为"90 后"这一代很多被人们所诟病的"缺点"与其成长于独生子女家庭的时代背景不无关系,而仇勇、姜蓓蓓和田雅琳(2015)研究所得结论恰恰相反:单就亲社会行为这一角度来讲,独生子女的表现反而较好。独生子女在公开的亲社会行为、利他的亲社会行为以及情绪的亲社会行为 3 个维度上均显著高于非独生子女。因此,这一社会认知本身就是在提示教育工作者,亲社会行为会对社会及家庭和个人带来一定的积极影响,教育工作者应该努力引导大学生形成科学、合理的道德观念,进而做出正确的亲社会行为。

大学生对社会规范因素也有明确的选择倾向。Joan Miller 等(1994)研究表明,社会文化传统对个体亲社会行为存在影响。以集体主义文化为导向的中国,强调人与人之间的相互作用,帮助有困难的人被看作一种责任和道德义务,因此更容易表现出亲社会行为。因此,无论是教育工作者还是大学生自身,都应该对亲社会行为观有自己的反思,亲社会行为就是对社会和他人做出的角色外行为,是否应该主动践行,取决于自身的素养。即使社会氛围形成了某些不良的刻板印象,作为社会成员一分子的大学生,依然应该有责任心和义务履行其职责。

第七章　孝道信念对中学生心理社会适应的影响

第一节　理论基础：中学生心理社会适应的家庭视角

> 父兮生我，母兮鞠我。拊我畜我，长我育我。顾我复我，出入腹我。欲报之德，昊天罔极。
>
> ——《诗经·小雅·蓼莪》

出自《诗经》的这几句话，字里行间渗透着子女对父母的爱，也投射出家庭中父母对子女成长的支撑力量。在成长过程中，父母伴随着子女共同适应社会和挑战人生。心理社会适应是个体保持优势资源不断应对环境的一种心理状态。中学生面对青春期的生理与心理的发展不平衡，在努力完成学业任务的同时，需要调动自身与外在的各种资源适应学校与家庭系统。在这个适应过程中，家庭、自我以及父母在其中都扮演了重要角色。

首先，家庭因素不仅具有强大的支持力量，同时也会带来代际冲突。孝道本身是子女对父母深刻的发自肺腑的爱。然而事实上，孝道教育经历着一层继一层艰难的冲击，良性效应正在慢慢减缓（张静，2016）。家庭教育的好坏直接影响个体的一生。父母应该给子女最正确的孝道教育，给子女未来人生的示范，做好第一任责任教师！

其次，家庭结构因突发性事件而不完整，单亲家庭也会形成社会的特殊群体，家庭结构的变动造成家庭非常重要的功能不能很好地发挥，比如社会化功能、情感和陪伴功能，造成单亲家庭的儿童没有形成良好的社会规范，影响儿童的社会化发展（陈丹，2016）。单亲家长性别角色类型、性别角色教养态度与子女的社会适应间存在密切关系（陈羿君，沈亦丰 & 张海伦，2016）。特别是家长的性别角色、教养态度发挥着重要的作用（夏小燕，2007）。此外，家庭因素也是影响依恋关系的一个重要因素（陈丽君 & 钟佑洁，2009），不安全的依恋关系会制约子女的发展，与安全型依恋关系子女相比，不安全依恋型子女在面对生活中出现的问题或压力时存在一定的困难，会伴随一些问题行为的出现。

最后，半个多世纪以来，随着应对困境和心理社会适应等不良问题的各种积极心理学概念不断涌现，比如韧性、逆境信念、心理复原力、逆商等，教育工作者和心理学研究者都在不断探求帮助个体摆脱危机局面，更好地适应社会环境，真切地体会到绝望中带来的希望，进而对自我逐步肯定。这其中，学者们对家庭抗逆力（family resilience）的研究使得人眼前一亮，从家庭视角，而非单纯从个体变量入手，系统化地分析个体在危机困境中如何从身体、心理以及社会情境的复杂关系中解困，通过调动内外资源适应环境的这个过程既解决了个体所面对的问题，又提升了个体的能力。

一、家庭抗逆力理论

抗逆力（resilience）研究目前正在以跨学科、跨领域及跨国界的动态整合方式向纵深拓展（冯跃，2017）。Henry 等（2015）认为构成家庭抗逆力的最外围系统是生态系统（ecosystem），其次是家庭适应系统（family adaptive systems），最后是家庭情境的意义系统（family situational meanings），如图 7-1。

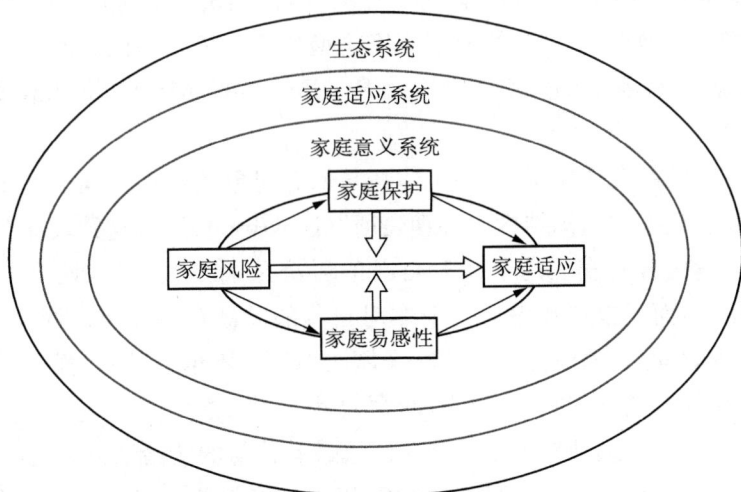

图 7-1　家庭抗逆力模型

聚焦家庭抗逆力的策略主要包括协助家庭在面对逆境时增强保护性因素与抗逆能力。家庭抗逆力经常也包括协助家庭成员重新认识逆境,以积极方式适应新情境带来的新挑战。

在抗逆力研究中,保护因素是抗逆力的内核(万江红 & 李安冬,2016)。Rutter(1990)提出"环境—个体策略模型",认为抗逆力有 4 种作用机制,通过改变认知降低危险因子的影响,减少风险因素导致的消极连锁反应,自尊和自我效能的提升能够促进抗逆力发展,为个人的成长提供支持和机会。Kumpfer(1990)通过"环境—个体互动模型"关注个体与环境的互动,完整呈现了抗逆力作用机制,包括抗逆力的起点、运作过程与可能的结果,突出了内外保护因素的重要作用。Patterson(2002)基于对家庭压力理论与家庭应对策略的研究,特别强调有必要把家庭需求(也可以是压力源)、能力(家庭资源)以及适应(家庭成员的适应)3 个方面系统整合起来。在家庭保护过程中,最为重要的是家庭凝聚力(family cohesiveness)和灵活性(flexibility)。

二、依恋理论

依恋(attachment)是个体与生俱来的一种形成和保持亲密关系的倾向(Bowlby,1969)。成人依恋(adult attachment)是指个体与当前同伴形成的持久的情感联系,是"个体在毕生发展过程中与重要他人建立的一种深层的、坚固的、持续的情感联结"(Crosnoe & Johnson,2004;彭运石等,2017)。Bartholomew 根据 Bowlby 依恋的内部工作模式,将成人依恋划分为安全型、恐惧型、专注型和冷漠型,后 3 种均属于不安全型依恋。依恋理论已成为人们理解情绪调节最有影响力的概念框架之一(Bowlby,1969;Malik,Wells,& Wittkowski,2015)。

依恋的"内部工作模型"认为个体在与依恋对象的互动过程中形成了一套"关于自我和他人的认知结构或心理表征"(Bowlby,1979),这种表征有积极和消极之分,消极自我表征的个体对自我的看法是消极被动的,认为自己无价值,不值得爱,而积极自我表征的个体对自我的看法正好相反。同样,在关于他人的心理表征上,消极他人表征的个体认为他人不值得信赖,而积极他人表征的个体对他人充满信心(许学华,麻丽丽 & 李菲,2016)。

认知重评和表达抑制则是最受关注且最有价值的情绪调节策略(Gross & Thompson,2007)。认知重评是个体重新选择对情绪事件有意义的解释,通过认知合理化降低或增大情绪反应,有效的认知重评策略不仅能调节个体的行为表达,更能改善个体的心理体验和生理反应;而表达抑制是指在情绪激发后,个体抑制将要发生或正在发生的情绪行为,但该策略对调节个体的主观体验和生理反应作用并不明显(刘颖,翟晶 & 陈旭,2016)。

三、性别角色理论

在中国现代,有许多文化名人的成长得力于母教(史志谨,2011)。鲁迅的许多生活情趣都是在他母亲的濡染熏陶下培养而成的。也因此,在母亲的理解和支持下,鲁迅 18 岁的时候放弃传统仕途而选择学洋务。巴金受到母亲深刻的影响,认为母亲在其幼小的时候是他世界的核心。他曾说:"我的第一个先生就是母亲。"

性别角色(gender role)指属于特定性别的个体在一定社会和群体中占有的适当位置,及其被该社会和群体规定的行为模式,它是个体在社会化过程中通过模仿学习获得的一套与自己性别相应的行为规范(蒋玉娜等,2007)。

关于性别角色对个体的影响有很多相关理论,Hetherington 和 Stanley-Hagan(1999)提出"危机—弹性"理论,认为单亲家庭通过单亲前后不变的个体因素与因单亲而相应受到影响的环境因素对子女的心理、行为社会适应产生中介、调节或交互等作用。

一致性模型和双性化模型一直是理论界争论的焦点。学者们从开始关注性别差异到深入探究其生理、心理和社会等影响因素。双性化理论模型使传统的一致性模型受到挑战,性别角色与性别类型相匹配的人更健康、更适应。双性化理论模型认为拥有最佳健康水平和最好的适应能力的个体是双性化的个体,即同时具备男性特质和女性特质的个体(Rossi,1964)。性别形成受到来自家庭中父母的影响,个体的性别角色会通过模仿、认同和信息加工等方式形成社会认知,并通过学习不断强化。

第二节　孝道信念影响中学生心理社会适应的要素分析

一、引言

2000 多年来,孝道作为中国社会的伦理核心,不仅是中国家族制度与社会结构稳定的基础,同时也是当今社会生活中需遵循的德行原则。在现代社会心理学范畴下,孝道被定义为一套子女以父母为主要对象的社会态度与社会行为的组合,即孝道态度和孝道行为组合(杨国枢 & 叶光辉,1989)。孝道信念则是指个体根据对孝道的看法和原则采取行动的个性倾向,它影响着人们的孝道态度与行为(金灿灿,邹泓 & 余益兵,2011)。

为了更好地解释孝道内涵及其与各心理变量间的关系,叶光辉等人从认知心理学角度出发,在理论分析和实证研究基础上透析了个体信念与亲子互动关系的运作机制,发现代际存在两种层面上的亲子关系——亲子间等级秩序关系与独立个体的平等关系。正是基于"父母—子女"关系的双元性,叶光辉建立了双元孝道模型(Yeh & Bedford,2003),即互惠孝道信念(reciprocal filial piety)与权威孝道信念(authoritarian filial piety)。互惠孝道指子女发自内心地感恩父母的养育之情,重视亲子间自然而亲密的情感;权威孝道指子女抑制自己的想法或欲望,甚至牺牲自我利益以达到父母的要求,强调子女奉养父母的义务及亲子间的阶序关系。可以说,双元孝道为以应运而生的新孝道为基础的研究提供了可借鉴的研究路径与模型。

二、孝道信念影响中学生心理社会适应的关键因素

首先,生活满意度指人们根据自己所选择的标准对一定时期内生活状况的整体认知和评价(姚本先,石升起 & 方双虎,2011),是衡量心理幸福感的重要指标,影响着个体情绪的体验、行为方式的选择、生活目标的定位等。近年来,国内学者从多个角度探讨生活满意度的影响因素。其中台湾学者叶光辉研究指出,子女的生活满意度会受到自己及其父母之孝道观念的双重影响,表明个体的孝道信念的确在一定程度上影响着个体生活满意度(陆洛,高旭繁 & 陈芬忆,2006)。这是由于在儒家思想的影响下,我国的孝被拓展和泛化到家族以外的广大领域,产生了泛孝主义。泛孝主义促使孝道成为我国家庭生活、社会生活、政治生活以及宗教生活中最核心的伦理基础(叶光辉,2009),即孝道成为个体在社会生活中需遵循的一种道德规范,必然在个体层面、家庭层面和社会层面上影响人们对生活的满意度。

其次,孝道信念影响个体的社交自我知觉与自尊。Angel 等研究表明,基于亲子间自然情感和感恩回报的互惠孝道可促进中学生社交自我知觉的发展,且子女的孝道信念与自尊显著相关,互惠孝道促进子女自尊的发展,而权威孝道抑制子女自尊水平(Angel Ngaman Leung,2010)。我国古代学者孔子也曾提出:"爱亲者不敢恶于人,敬亲者不敢慢于人。"(《孝经·天子章》)认为

孝顺的人能够将尊敬爱戴亲人的感情延续和扩散到与他人的交往中,促进个体人际交往能力的发展,使之更懂得善待和尊敬他人。

再次,社交自我知觉、自尊与生活满意度关系密切。张灵等研究表明,不同的人际关系质量会影响人们的生活满意度,且人际关系可以预测幸福感(张灵,郑雪,严标宾,温娟娟 & 石艳彩,2007)。尤其在集体主义影响下,中国人十分重视人际和谐,自我幸福感也更多受到社交关系的影响(曾红 & 郭斯萍,2012)。李晓苗等研究的结果显示,中学生自尊水平越高,其生活满意度越高(李晓苗,张芳芳,孙昕霙 & 高文斌,2010),且自尊与生活满意度下的学业满意度相关最高,高自尊、积极应对方式、较好的学习成绩是中学生学校生活满意度的保护因素(孙莹 & 陶芳标,2005)。

最后,基于以上分析,既然从孝道信念角度出发,可以看出孝道信念影响青少年的社交自我知觉、自尊,同时社交自我知觉、自尊影响着生活满意度,那么社交自我知觉、自尊在孝道信念与青少年生活满意度之间应具有中介作用。综上所述,本研究以中学生为研究样本,基于双元孝道理论建构一个以社交自我知觉与自尊二者为中介的孝道信念与生活满意度关系模型,并通过调查数据予以分析检验和修正,全面探讨孝道信念、社交自我知觉、自尊和生活满意度四者之间的关系,试图为有效发挥孝道提高中学生的生活满意度功能提供理论基础与启示。

第三节　基于父母支持的孝道信念对中学生自尊和社交自我知觉影响的实证研究
——单亲家庭与双亲家庭的比较

一、研究目的

家庭和同伴是影响个体发展和适应的两个重要微系统(Bronfenbrenner,1979)。张晓等(2008)研究发现,感知到良好的亲子关系或高父母支持的个体有更少的行为问题。验证了良好的亲子关系促进子女提升更高的自我价值感(Appel,Holtz,Stiglbauer & Batinic,2012)和社会能力(Rubin,Dwyer,Kim,& Burgess,2004)。面对不同的家庭结构,即单亲家庭和双亲家庭,父母与子女的亲子关系如何相互影响,其中形成的孝道信念、父母自主支持都扮演了怎样的角色,是本研究拟验证的主要内容。

二、研究设计与调查分析

本研究特别针对单亲家庭和双亲家庭养育方式的不同,进行比较研究,旨在分析不同家庭养育方式下的中学生是否会形成不同的孝道信念,以及对中学生的自尊和社交自我知觉是否会产生不同的影响。

(一)研究对象的选取

本研究调查选取了江苏省苏南地区的 7 所中学生,包括城市和城镇不同分布地点。样本涵盖了初一、初二和初三和高中的中学生,包括不同性别,来自不同家庭抚养方式。共发放问卷 940 份,回收 896 份,有效问卷 882 份,有效回收率为 93.83%。详见表 7-1。

表 7-1　　调查样本分布情况表(N＝882)

人口学变量	分布特征	人　数	百分比
性　别	男	235	26.6%
	女	647	73.4%
年　级	初一	152	17.2%
	初二	269	30.5%
	初三	169	19.2%
	高中生	292	33.1%
家庭抚养方式	单亲家庭	186	21.1%
	双亲家庭	696	78.9%
是否和祖父母生活在一起	是	558	63.3%
	否	324	36.7%

(二)测量工具

1. 双元孝道信念问卷(DFPS)

本次实证调研仍采用叶光辉(2003)编制的双元孝道问卷,该量表包括互惠孝道信念(8 个项目)和权威孝道信念(8 个项目)2 个分维度。量表采用 6 级评分,1 表示完全不认同,6 表示完全认同,得分越高,表明孝道信念程度越深。本次调查结果表明,KMO 值为 0.849,Bartlett's 的球形检验为 3014.240 (df＝120,$p<0.001$),两个维度共同解释 45.953%,量表整体 Cronbach α 为 0.817,互惠孝道信念信度为 0.800,权威孝道信念信度为 0.818。通过验证性

因素分析,整体拟合指数如下:$\chi^2 = 401.645$,df $= 89$,CFI $= 0.955$,GFI $= 0.952$,NFI $= 0.963$,RMSEA$=0.069$,问卷信效度良好。

2. 父母自主支持问卷(Parental Support Scale)

本研究采用 Wang,Pomerantz 和 Chen (2007)根据 McPartland (1977),Steinberg,Lamborn,Dombsch 等(1992)修订的父母自主支持问卷,共 12 个项目,采用 Likert 5 点计分,1 表示完全不符合,5 表示完全符合。问卷得分为所有题目得分的平均分,得分越高,说明子女感知到的父母自主支持水平越高。

本次调查结果表明,经过验证性因素分析后,问卷整体拟合指数如下:$\chi^2 = 262.700$,df $= 54$,CFI $= 0.921$,GFI $= 0.942$,NFI $= 0.903$,RMSEA$= 0.072$;内部一致性信度 Cronbach α 系数为 0.867,问卷信效度良好。

3. 自尊问卷(Self-Esteem Scale)

自尊问卷采用 Rosenberg(1965)编制的问卷,量表由 10 个项目组成,用来评定青少年关于自我价值和自我接纳的总体感受,采用 4 级评分,总分值越高,代表自尊程度越低。经过验证性因素分析后,问卷整体拟合指数如下:$\chi^2 = 241.784$,df $= 68$,CFI $= 0.935$,GFI $= 0.922$,NFI $= 0.934$,RMSEA$= 0.071$;内部一致性信度 Cronbach α 系数为 0.844,问卷信效度良好。

4. 社交自我知觉问卷(Perceived Social Competence Scale)

本研究采用 Harter(1982)编制的自我知觉量表中的社交自我知觉问卷。问卷由 7 个项目组成。在中国文化背景下,此问卷亦表现出较好的信效度。问卷采用 5 点计分,分数越高,代表社交自我知觉水平越高。经过验证性因素分析后,问卷整体拟合指数如下:$\chi^2 = 45.810$,df $= 14$,CFI $= 0.975$,GFI $= 0.969$,NFI $= 0.965$,RMSEA$=0.063$;内部一致性信度 Cronbach α 系数为 0.754,问卷信效度良好。

（三）统计方法

本研究采用 SPSS19.0 和 AMOS17.0 进行验证性因素分析、描述性统计、相关分析和差异性检验。

三、研究结果

（一）描述性统计分析

基于以上调查研究结果,如表 7 - 2,本研究发现单亲家庭与双亲家庭的中学生在父母支持、孝道信念、自尊和社交自我知觉各维度上有很大不同。

表7-2　中学生父母支持、孝道信念、自尊和社交自我知觉各维度的描述性分析（N＝882）

类　别	变　量	总　数	平均数	标准差
双亲家庭	互惠孝道	696	44.284	4.013
	权威孝道	696	20.302	5.881
	父母自主支持	696	43.262	9.215
	自尊	696	26.681	5.701
	社交自我知觉	696	24.886	5.709
单亲家庭	互惠孝道	186	43.256	4.207
	权威孝道	186	20.605	6.321
	父母自主支持	186	42.302	7.742
	自尊	186	27.209	3.132
	社交自我知觉	186	20.233	4.834

　　单独把单亲家庭和双亲家庭区别成2个独立组，研究发现，单亲家庭的学生对权威孝道信念感知更深刻。单亲家庭的权威孝道信念感知和自尊水平比双亲家庭的学生的感知水平略高；而互惠孝道信念、父母自主支持和社会自我知觉总体水平上，双亲家庭的中学生均高于单亲家庭。

　　分析所有描述性结果，本研究发现，单亲家庭自尊水平的标准差最小，为3.132，表明中学生对个体自尊感知水平的看法高度一致。

（二）相关分析

　　为了进一步分析单亲家庭、双亲家庭与各维度的关系密切程度，本研究做了皮尔逊积差相关，结果如表7-3。

表7-3　中学生父母支持、孝道信念、自尊和社交自我知觉各维度的相关分析（N＝882）

类　别	变　量	互惠孝道	权威孝道	父母自主支持	自　尊	社交自我知觉
双亲家庭	互惠孝道	1				
	权威孝道	0.225***	1			
	父母自主支持	0.436***	0.257***	1		
	自　尊	0.083	−0.114*	0.237***	1	
	社交自我知觉	0.078	0.117**	0.207***	0.210***	1

类　别	变　量	互惠孝道	权威孝道	父母自主支持	自　尊	社交自我知觉
单亲家庭	互惠孝道	1				
	权威孝道	0.406***	1			
	父母自主支持	0.505***	0.283**	1		
	自　尊	0.116	−0.074	0.162	1	
	社交自我知觉	0.421***	0.142	0.587***	0.623***	1

注:* 代表 $p < 0.05$,** 代表 $p < 0.01$,*** 代表 $p < 0.001$

基于以上研究结果,本研究发现了有趣的结果。单亲家庭中,互惠孝道信念与社交自我知觉关系密切($r = 0.421^{***}$, $p < 0.001$);双亲家庭中,权威孝道信念与社交自我知觉关系密切($r = 0.117^{**}$, $p < 0.01$)。这说明不同家庭教养方式个体的孝道信念与社交知觉有差异性的关系。双亲家庭中,权威孝道信念表现得更明显;单亲家庭中,互惠孝道信念表现更突出。

双亲家庭中,父母自主支持越多,自尊水平越高($r = 0.237^{***}$, $p < 0.001$),社交自我知觉水平也越高($r = 0.207^{***}$, $p < 0.001$),个体感知到权威孝道信念越深刻;而单亲家庭中,父母自主支持越多,社交自我知觉水平也越高($r = 0.587^{***}$, $p < 0.001$),但同自尊水平没有显著性相关($r = 0.162$, $p > 0.05$)。

双亲家庭中,权威孝道信念与自尊水平呈显著性负相关($r = −0.114^{*}$, $p < 0.05$);单亲家庭中,孝道信念与自尊水平二者之间没有显著性相关($r = 0.116$, $p > 0.05$; $r = −0.074$, $p > 0.05$)。

（三）回归分析

本研究以自尊和社交自我知觉两个关键结果变量为因变量,以父母自主支持和孝道信念为自变量,采用逐步回归分析法进行多元回归分析,分析结果如下表 7-4。

1. 父母自主支持与权威孝道信念对双亲家庭中学生自尊维度的回归分析

研究结果发现,针对单亲家庭,自变量都没有进入回归方程,多元回归不成立;而针对双亲家庭,父母自主支持和权威孝道信念进入回归方程。

表 7-4 显示,父母自主支持和权威孝道信念分别预测自尊为 5.6%,3.3% 的变异量,其中父母自主支持得分正向预测自尊水平($\beta = 0.285^{***}$, $p < 0.001$),而权威孝道信念负向预测自尊水平($\beta = −0.187^{***}$, $p < 0.001$),两个

变量联合解释 8.9％的变异。

究竟感知到的父母自主支持，还是父母建立的权威更能预测个体自尊？表7-4 给出了一个规律，即父母自主支持对个体建立良好的自尊会更有预测作用。未来的预测结果中，个体感知到的权威孝道信念越深，反而抑制了个体自尊水平的发展。

表7-4　父母自主支持与权威孝道信念对自尊的多元回归分析结果（$N = 882$）

结果变量	预测变量	R	R^2	ΔR^2	F 值	SE	Beta	t 值	DW
自尊	父母自主支持	0.237	0.056	0.056	29.390	0.017	0.285***	6.406***	
	权威孝道	0.298	0.089	0.033	24.003	0.027	−0.187***	−4.198***	1.891

注：* 代表 $p < 0.05$，** 代表 $p < 0.01$，*** 代表 $p < 0.001$

2. 父母自主支持与权威孝道信念对中学生社交自我知觉维度的回归分析

表7-5　父母自主支持与权威孝道信念对社交自我知觉的多元回归分析结果（$N = 882$）

分类别	结果变量	预测变量	R	R^2	ΔR^2	F 值	SE	Beta	t 值	DW
双亲家庭	社交自我知觉	父母自主支持	0.207	0.043	0.043	22.082	0.027	0.207***	4.693***	1.882
单亲家庭	社交自我知觉	父母自主支持	0.587	0.345	0.345	44.259	0.055	0.587***	6.653***	2.219

注：* 代表 $p < 0.05$，** 代表 $p < 0.01$，*** 代表 $p < 0.001$

研究结果如表7-5，无论是针对双亲家庭还是单亲家庭，只有父母自主支持变量进入回归方程，但是总体解释变异有很大不同。

表7-5 显示，针对双亲家庭，父母自主支持正向预测社交自我知觉为4.3％的变异量（$\beta = 0.207$***，$p < 0.001$），而对单亲家庭，父母自主支持正向预测社交自我知觉为 34.5％的变异量（$\beta = 0.587$***，$p < 0.001$）。研究结果说明，单亲家庭的中学生，对父母自主支持感知水平越高，越会促进社交自我知觉，这一规律表现得更为突出。

四、研究讨论与解释

（一）不同家庭抚养方式的中学生的父母自主支持、孝道信念、自尊和社交自我知觉的特点分析

本研究对中学生的父母自主支持、孝道信念、自尊和社交自我知觉婚恋观进行调查和分析。总体而言，把单亲家庭和双亲家庭区别成 2 个独立组，描述

性统计分析发现,双亲家庭中学生的互惠孝道信念、父母自主支持和社交自我知觉总体水平,均高于单亲家庭中学生。

双亲家庭抚养方式毕竟比单亲家庭抚养方式更全面,学生感受到和父母之间的沟通比单亲家庭更充分。单亲家庭背景下,学生只单方面面对父亲或者母亲,权威孝道信念会体会得更深刻,单方面父母亲扮演了绝对的主导角色,学生在生活和学习中更多以其中接触最多的父亲或母亲为自己的角色榜样。双亲家庭抚养的学生会体会到更多来自父母双方的自主支持力量,对社交自我知觉也会自然地表达充分。个体的个性特征会融合父母双方的教育模式,潜移默化地形成比单亲家庭模式更良好的交往行为。描述性统计结果发现,单亲家庭中学生的自尊水平高于双亲家庭中学生的自尊水平。原因可能更多是单亲家庭的中学生更希望被他人肯定自我的成长,强烈的"缺失感"促使个体不断努力,积极取得成功体验。

此外,单亲家庭的学生也会感受到周边环境的影响。学生本身会意识到自己家庭模式的不同,减少与良好家庭环境学生的充分交往。Sigelman(2003,2009)依恋理论研究发现,良好的亲子关系有利于个体形成安全的内部工作模型。父母支持能影响个体对未来其他关系的期望,为形成良好的同伴关系提供基础,继而影响个体适应。双亲家庭抚养提供的父母支持会有助于学生确立心理幸福,对于同伴关系的发展皆是如此(Helsen等,2000)。笔者认为,同父母的充分交往和形成的良好依恋亲子关系在青少年期有利于个体泛化到同周围同伴的交往过程中。过去的交往经验会影响当下的同伴交往,并能预示其未来的交往特点(Sias & Bartoo,2007)。总结来说,双亲家庭抚养范式更完整,感知到的亲子关系,作为个体首先遇到的重要社会关系必然会影响到其同伴关系的质量,学生会体验到不同的社交自我知觉。

(二)不同家庭抚养方式的中学生的父母自主支持、孝道信念、自尊和社交自我知觉的关系分析

1. 不同家庭支持系统中,权威孝道信念和互惠孝道信念分别扮演不同的重要角色

结合相关分析和回归分析结果,本研究发现,单亲家庭中互惠孝道信念越强,越会促进个体的社交自我知觉。孝道信念是同社交自我知觉关系密切的一个敏感因素。一方面,Mayseless 和 Scharf(2007)研究发现,对父母的依恋关系在儿童早中期之后继续影响人际的和心理社会的功能。而支持性的亲子关系,比如父母支持,作为家庭系统的重要因素对青少年的适应具有重要影响

（田录梅，张文新 & 陈光辉，2014）。互惠孝道信念是双方相互体谅和相互支持的对方自然卷入的支持性亲子关系。另一方面，单亲家庭的中学生更渴望有充分的交流。而 Furman 和 Buhrmester（1992）的研究就提出 4 年级、7 年级和 10 年级的被试分别将父母和同性别朋友看作最主要的支持者。单亲家庭的父母与之沟通的积极范式会影响个体与同伴交往的泛化模式。

双亲家庭支持系统中，中学生体会和感知到的交往关系更加不同。双亲家庭中，权威孝道信念越强，越会促进社交自我知觉。尤其男生的友谊质量比女生的更多地受到父母支持的影响（田录梅等，2014）。如以往研究所述，权威孝道更看重亲子尊卑等级和抑顺关系。在促进关系自主性时，会抑制个体发展的自主性，子女更看重等级次序（Yeh & Yang，2006）。双亲家庭中的子女更多以父母为权威榜样，在处理青春期的自身冲突时会直接或间接地受到父母的影响。

本研究分析了其中存在的主要原因。其一，青春期阶段，父母权威孝道信念是中学生积极应对社会关系的参照标准。中学阶段，尤其是初中阶段，中学生正面临生理发育高速发展，心理上强烈渴望成人感，希望得到成人的权利，独立处理自己的事务。然而，面对身心发展的不平衡，因心理危机产生的焦虑和烦恼的突然增多会打乱中学生的生活和学习节奏。父母的权威孝道信念是其处理个体关系问题的"良方"。有了参照效应，中学生才能积极应对问题，而非内化不良情绪。其二，中学阶段，亲子关系的沟通质量促进个体的友谊交往水平。青少年期，在子女眼中与父母不容易达成良好的沟通效果。Shek（2000）发现父亲更具有决策性，更有可能通过施加权威，使子女妥协。相比母亲，父亲的倾听质量较低，很少讨论情感等个人问题，这反而更加促使子女寻找其他同伴，努力摆脱对成人的依赖。随着年龄的增加，子女逐步实现独立处理社交关系，家庭的孝道风格成为关键的促进因素。其三，权威孝道信念会更有利于促进个体的适应性行为和能力发展。Dekovic 和 Janssens（1992）提出权威型父母对子女温暖而严厉，对需要积极反应，并能给予合理控制。当子女感受到自己的意见被合理对待的时候，父母的权威才易于使子女形成良性权威信念，对促进个体社会交往和心理健康有积极作用。

2.不同家庭抚养模式上，父母自主支持比差异化孝道信念对个体产生更重要影响

家庭因素中的父母养育方式对青少年自尊成长水平的高低和青少年自尊成长的速度和方向产生一定影响。双亲家庭中，父母自主支持越多，子女自尊

水平越高；而单亲家庭中，父母自主支持越多，子女的社交自我知觉水平也越高。双亲家庭中，权威孝道信念与自尊水平呈显著性负相关。

本研究结果充分说明了父母自主支持的因素比形成的孝道信念对子女的成长发展起到更积极的作用。自主支持在某种意义上意味着以更平等的身份与子女形成良性互动。权威意味着以等级差序为原则对待同子女的沟通，形成的家庭氛围更多的是"服从"。

家庭结构也是家庭因素的一个重要方面，"非核心家庭"子女自尊的发展水平明显低于"核心家庭"。此外，G.E.Kawash 等(1985)的研究发现：子女自尊的高低与父母对子女的接受程度的高低呈明显的正相关，和父母对子女的控制水平高低呈现明显的负相关。国内许多学者也都证实了父母教养方式对子女自尊的发展会产生影响作用这一研究结论。田录梅等(2014)验证了无论在哪个年级，也无论男生还是女生，父母支持与抑郁均显著相关，友谊质量与孤独感也显著相关。父母理解这样积极的教养方式会对子女自尊的发展具有很大的提升作用；反之，诸如惩罚、拒绝、否认等消极的教养方式就会对子女自尊的健康发展形成阻碍。

已有研究和本研究结果同样证明了无论是单亲家庭还是双亲家庭，父母支持的力量会形成更温馨的家庭氛围，会提高个体对父母的接纳程度，提高个体的自尊水平，促进积极的社交自我知觉。

第四节　家庭教育与中学生心理社会适应的干预策略

一、家庭教育应为"温暖"而行

(一)父母需要适应多元化角色

家庭环境是子女出生后首要面对的内在环境。从自我到家庭再到学校的过渡过程中，父母和子女都需要在这个环境中不断地自我调适，自我适应的过程就是情感不断进化与调试的过程。这个成长过程中如何成为优秀父母，怎样学会适应多元的角色，成熟对待子女的教育，都是父母的必修课！

圣经认为儿女是上帝所赐的礼物，父母是幸福而又必须称职的管家(刘志雄 & 王爱君,2016)。父母作为子女一生中的重要他人，在其成长阶段中要扮演多元角色，而这些角色的学习和成长又是伴随着子女的成熟不断学习而来的。在此过程中,情感的温度一直贯穿在彼此的生命体验中,温暖不仅是一种相互对待的方式,更是一种品质。朱晓庆(2010)研究发现,父母采用信任鼓励和情感温暖教养的学生,其心理资本显著高于忽略型父母教养的学生。王春莉和廖凤林(2005)研究验证了父母的温暖和理解越多,高中生的焦虑和抑郁水平越低,积极乐观的情绪越多;而父母对高中生的惩罚、干涉、保护越多,其焦虑和抑郁水平越高,积极乐观的情绪越少。许韵旖(2016)发现家庭环境的矛盾性对学生的学习成就有显著负向预测,而家庭环境对学习动机的影响完全通过子女的自尊达成。

父母教养方式是一种既有家族特征,又受到时代特点影响的行为方式。它是多层次和多维度的。在父母养育过程中,子女会潜移默化地形成不同的孝道信念。这是一种父母教养过程中的内化范式。南希·劳伦斯·斯坦伯格(1993)定义父母教养方式是在以亲子关系为中心的家庭生活中,在提高儿童行动的过程中,父母都显示出比较强的行为和思维的意图,这是家长对儿童包括态度和情感模式的综合反映行为。自尊虽然形成于童年早期,但是随着同家庭成员的密切接触和人格的自我发展,到了成年,依然需要自我管理和家长及教育工作者的呵护。父母在此过程中扮演了榜样的角色。

互惠孝道信念是子女更易于接受的,而对权威孝道信念,随着时间和子女的成长发展,接受度会慢慢提高(姚金娟 & 韦雪艳,2016)。这个过程中,子女的自尊扮演了重要角色。通过学习,子女可以实现对自尊的影响,关于父母怎么尊重他人和尊重自己的行为,子女通过对其观察和模仿,意识到自己的价值,并通过反复不断的操作和实践,使这些价值不断得到加强和提升,并最终学会了自尊。反之亦然,家长的不重视、或多或少地对其限制自由、态度冰冷或瞧不起的教养方式会导致出现不同类型的自我结构或不良的活动,以至于表现出比较低的自尊(Stanley Coopersmith,1967;荣越,2016)。

一位优秀的中学教师给家长的建议是:"在子女 3 岁左右,他的身边最好有一个无为的放任型父母;在子女 9 岁前后,他的身边最好有一个积极的权威型父母;在子女 13 岁左右,他的身边最好有一个消极的民主型父母。有效的教育是先严后松,无效的教育是先松后严。"

(二)单亲家庭子女的适应需要多要素的和谐平衡

1. 单亲家庭家长需要适应角色转换

随着社会变革和家庭结构的调整,单亲家庭环境日益增多,随之带来子女的各种问题。一方面,对子女而言,余小芳、邓小农和王立皓(2004)发现单亲家庭的子女容易低自信且缺乏安全感。这种心理状态会使家庭氛围变得被动、焦虑，亲子关系出现矛盾，不利于子女人际关系处理及社会能力的发展。另一方面，对于家长而言，未分化类型的家长无论是男性特质还是女性特质优势均不明显，较难有效转换角色以适应环境的变化，在成为单亲后对子女性别角色的教养缺乏灵活性及适应性，倾向于传统、保守的性别角色教养态度。单亲家长的未分化及女性化性别角色类型会负向影响子女的社会适应，且未分化也会负向影响性别角色及教养态度。但陈羿君、沈亦丰和张海伦（2016）认为面对家庭结构改变这一危机性事件，良好的家庭环境因素及个体因素同样也能够对单亲子女社会适应起到保护性作用。如果单亲家长的性别角色类型较多表现为双性化，单亲家长的性别角色教养态度较为开明，而且单亲子女的社会适应水平较高，这说明，子女良好成长适应的关键因素在于家长的适应能力和对家庭氛围的营造。

2. 单亲家庭氛围的营造更需要温暖

唐文军（2009）指出离异后的单亲母亲容易陷入无奈、无助、自卑、孤独、痛苦等负面情绪之中，离异打击了她们面对生活的积极性，严重影响她们自我能力的重建。冯超超（2016）研究发现，单亲母亲主要面临基本生活困境、孩子方面的问题、情感与心理困境等问题，现有社会支持体系以非正式支持为主，正式支持存在不足，且正式支持中缺乏专业方面的支持；与异质性群体的接触较少，更多地依靠强关系去获得社会支持，并且对资源的利用程度不高。

3. 良好的亲子沟通和情感温暖有利于问题行为的有效解决

安伯欣（2004）研究发现亲子关系中，母亲沟通的开放性对子女的心理健康有相当的预测力。母亲会更卷入问题本身，提出不同的看法，给子女合理、肯定的建议和积极关注。这样的沟通更加有效，有利于子女建立对自我的积极情绪体验，遇到问题会更偏好于采取建设性的应对方式，不容易出现各种问题行为。王慧欣（2016）也发现互联网时代，父母情感温暖与受欺负行为呈现显著负相关。尤其母亲的情感温暖在同伴接纳和交往过程中受欺负间起到了中介作用。父母温暖、鼓励适当独立性的教养方式，能够使子女形成良好的同伴关系和解决社会问题的技能，有利于子女同伴友谊的发展（Karyn，Healy，Matthew，Sanders & Aart，2015）。

4. 单亲家庭中个体的社会适应需要各要素和谐平衡

社会适应是个体在与社会环境的交互作用中，不断地学习或修正各种行为和生活方式，最终达到与社会环境保持和谐和平衡的状态（Hannum &

Dvorak,2004)。特质系统、预测控制系统、心理调节系统、动力支持系统是社会适应的 4 个维度,4 个维度从不同侧面来影响和调节个体社会适应的内容、方向、资源和特点等。分析青少年所面对的具体问题,其社会适应更多表现为学习、与生活环境的和谐,即包括建立良好的人际关系、提升稳定进步的学业成就、掌握有效的生活技能、获得丰富的心理资源等多个方面(杨彦平,金瑜,2007;陈羿君,沈亦丰 & 张海伦,2016)。

(三)自主支持成为温暖力量的主导

自我决定理论认为,个体会倾向于按照自己的价值观和兴趣爱好去从事工作和完成任务,但同时个体的动机及行为也一定程度上受到社会环境的影响(Ryan & Deci,2000)。当社会环境是控制性和限制性的时候,个体内部意愿和动机被抑制,不利于个体的适应与发展;当社会环境是自主支持的时候,个体受到外界的鼓励与支持,能够充分挖掘内在资源,积极主动地适应与发展。Ryan 和 Deci(2000)指出,自主支持的学习环境能够激发学生的内部动机和对学习的主动性,促进学生主动管理学习并对自己的学习负责。唐芹等(2013)抽取 4988 名高中生通过实证研究,发现父母自主支持对于子女的学业和个性社会性发展的影响显著高于对其生涯发展的影响。Deci 和 Ryan(2000)发现自主支持的环境更利于个体发觉自我内在资源,凭借自身性格特点和兴趣爱好,在吸收外界文化价值观的同时形成自己的评价体系。

虽然子女更容易接纳互惠孝道信念而感受到来自父母的自主支持,但是辩证地看待权威孝道信念所起到的关键作用也是不容忽视的。权威孝道信念会使子女在解决冲突和困境问题时,对不良信息的选择给出判断和决策。青春期社会媒介中不良信息的干扰,解决问题的冲动性特点,对待周边的人际关系的强烈情绪的理性控制,学业失败和成功的努力调整,都需要父母的权威给出正性的干预,这本身也是自我约束的无形力量。

因此,家庭环境中,一方面,笔者认为家庭环境中,父母始终应该扮演子女的重要支持者的角色:能够站在子女的角度理解对方的感受;能够尽可能给子女提供充分选择的机会,并且鼓励子女采取具体行动;支持子女主动性的发挥。父母应该意识到合理减少控制性的行为(Joussemet,Landry, & Koestner,2008),使子女感受到能够从父母亲那里获得有价值的支持性信息,体验到情感认同,感受到较小的压力。另一方面,对于严而有威、严而有望、严而有信的父母,权威孝道风格依然需要在关键成长阶段渗透到子女的信念中。互惠孝道信念与权威孝道信念本就不是矛盾着存在的,而应该以共生的方式促进个体的成长发展。只是在此过程中,因时、因问题、因环境变化而权变地发挥其效能。

二、子女成长因"自立"才幸福

(一) 单亲家庭的"抗逆力"与子女成长的"自立"

杨业(2015)研究提出,面对单亲家庭的子女这样一个非常特殊的群体,培养子女的抗逆力是有效策略。从社会工作者的角度出发,创造性地把社会工作理念与抗逆力培养相结合,以优势视角介入,优化单亲家庭中子女的内在保护因子。针对单亲家庭的子女,在小组干预过程中,使其学会提升解决问题、人际技巧、目标订立和情绪处理,理解这些知识,正面对待问题,应对挫折,训练单亲家庭子女的自立人格。杨业(2015)通过干预研究发现,某些个体与环境系统的交互作用可以帮助个体将高风险的环境转化为具有保护性的环境。个体会有意识或无意识地改善自我的环境或者对环境进行选择性知觉,面对压力挑战,内在抗逆力特质会与环境直接发挥作用(田国秀,邱文静和张妮,2011)。

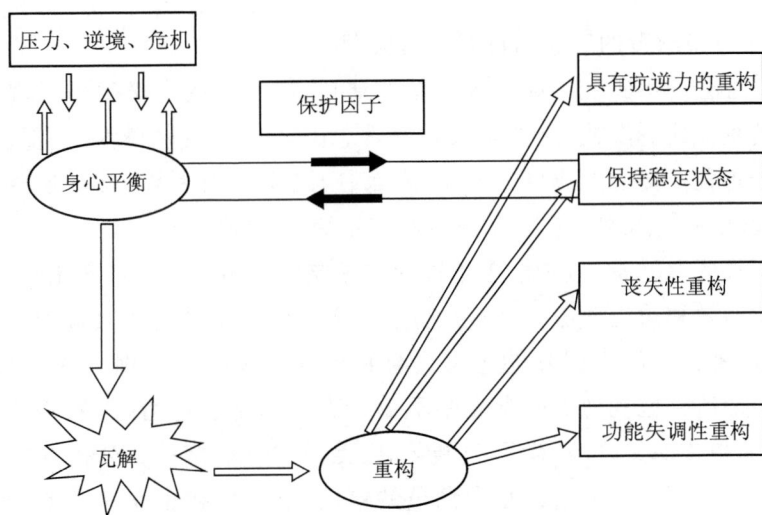

图7-2 抗逆力机理模型(Richardson,1990)

事实上,抗逆力无论对单亲家庭子女的母亲还是子女都是一个有效调节模型。其本质是在逆境中成长,激发生命的本能。任何一个个体都处于平衡状态,如图7-2,当外力或突发危机打破平衡之后,个体会重构,寻找或者建构优势因素以及效能因素,达到平衡的重构和抗逆力的重构。

(二) 家庭抗逆力的系统化功能

家庭在一定意义上就是一个重构抗逆力的合作小组,单亲家长与子女形成的正面亲密关系就是为战胜挑战重构的共同保护因子。家庭因素与儿童抗逆力水平存在着较强的相关,影响着儿童心理韧性的发展。家庭因素,主要有依恋风格、父母教养方式和家庭氛围3个方面(代辉,2008)。单亲家庭的家长一方面与子女形成相互依赖的关系,有助于彼此相互信任、形成温暖的联结,变成彼此抗逆力发展的有力保护因子;另一方面,子女抗逆力的增长有助于单亲家长的独立个性的培养。单亲家长抚养子女的过程中,独立应对各种困难问题,为子女树立了正性的榜样力量,也为自我的抗逆力重构提供了强大的基础。Henry 等(2015)细致地描绘了家庭抗逆力模式(Family Resilience Model,FRM)。这一模式覆盖了家庭系统、亚系统、人类适应系统等多个门类的系统理论,同时也是多学科的研究整合。通过家庭适应系统的作用,个体的情绪、控制、意义确立以及压力反应得到动态调整(冯跃,2017)。

三、孝道教育与个体的自我发展

(一) 孝道教育的缺失与自我发展失衡

随着社会的不断变迁和人际关系的演化,新生代的中学生虽然观念上受到中国传统文化的洗礼,比如学校教育理念上教化学生修身养性、塑造德行,家庭教养过程中提倡形成良好家风,传承中国孝道文化精髓,然而这些并没有充分内化在现代中学生身上,教育现状并不令人满意。

王永强(2012)发现,中学生孝道缺失主要体现为缺乏孝道文化知识、缺乏孝道情感体验和缺乏孝道品德实践行为。实际生活中的行为表现为敬老养老的行为表现匮乏、没有强烈的感恩之心和出现更多的心安理得的"啃老族"。张静(2016)研究也发现了中学生中不令人满意的孝道行为,比如不懂得尊重父母、不懂得体谅父母、不懂得照顾父母、无视父母的期望。分析其中存在的主要原因,一方面,是由于家庭中角色的错位,家长代替子女完成了子女应该自身完成的太多行为,使得子女形成了自我中心的意识,没有形成正确的人生观、世界观和价值观。没有这些有效的参照系统,子女没有学会孝顺父母。这种亲子关系中的父母和子女体验到的并非真正的"幸福"。幸福隐患藏在子女的不良习惯和信念中,为子女的长期发展埋下了不良因素。另一方面,由于社会功利化和过分强调学校分数,家长在培养子女成长过程中,更注重成绩,而非德智体全面发展。子女在成长过程中认为分数代表了全部，将注意力更多放在分数上。父母教育，作为子女的小学校，未能把握正确的学习观并传递给子女。冰山上只看一角的教养方式和培养理念注定使得个体的自我发展严重失衡。

（二）亲子之间的相互理解与彼此的共同成长

真正促进个体自我发展的孝道是学会做父母，懂得做子女，建构"自立"的观念和行为，把握"真幸福"。家庭是子女成长的第一所学校。父母早期的榜样力量、言行举止对子女起到"刻板"作用。作为监护人的家长，不能插手子女的一切，应该给子女空间和时间，学会尊重子女。董文婧（2016）提出初中生处于成长的重要阶段，由于自我意识正在向成熟阶段过渡，对事物的好坏需要明辨能力，家长更应该抓住这个时期对其进行引导。叶广辉（1989）研究发现，初中生正处于自我意识急剧增长的阶段，想要打破父母的权威来为自己争取到平等双向的权威地位，权威性孝道的存在会对亲子关系有着负向的影响，可能导致亲子冲突的产生。面对这些新的质疑和冲突，家长应该学会变通对待同子女之间的沟通，给子女一定的空间表现自我和平等，尊重子女。若只是凭借自我权威压制逆反，子女或者以更强烈的形式反抗，或者以不情愿的方式沉默，形成后续难以调节的不良问题行为。孝道是用血缘关系维系的一条社会关系纽带。根据孝的伦理标准，在家庭关系之中，子女应当对父母行孝，父母应当对子女以慈。这些是家庭关系中应当遵循的伦理准则（十三经注疏，1997）。

亲子之间的相互理解才能促进彼此的共同成长。许韵旖（2016）认为，首先，感戴教育是完整教育中必不可少的一部分，关怀子女，用正面的、积极的、温暖的引导方式，而不是负面的、消极的、羞辱的引导方式。其次，也要在心灵层面和道德层面给予一定的指导与帮助。子女接触最早、影响最深的人就是父母，子女的整个成长过程离不开父母的言传身教。父母要想教育好自己的子女，必须先规范自己的一言一行，要在日常生活用自己良好的言谈举止给子女树立榜样。再次，理性地爱子女，这样才能为子女的孝道教育提供良好的环境。最后，父母也要处理好与长辈的关系，父母只有自己做到发自内心地关爱长辈、孝顺长辈，才能给子女树立榜样，才能让子女心甘情愿地接受父母的教育。

第八章　孝道信念对大学生婚恋观的影响

第一节　绪　论

一、问题的提出

婚恋自古乃人生大事,古人言父母之命媒妁之言,家庭同意方可婚嫁。而今,在改革开放的大背景下,婚姻自由广为人知,每个人对恋爱和婚姻的要求也逐渐变得多元化。上海社科院社会学研究所提供的一份《转型期中国人的婚姻质量》全国性调查报告,通过对 6000 多名被访者的调查表明,家庭出身、本人成分在 1977 年前曾是被访夫妻择偶的重要条件之一,尤其在城市,未婚男女对"家庭出身、社会关系"有要求的达 27.7%,考虑过对方的"本人成分、政治面貌"的达 28.0%,在所有 30 项标准中分别排在第 6 位和第 5 位,远高于"学历""职业""住房""收入"和"容貌"。而改革开放以后,社会流动的频繁和经济收入的大幅度增长,使适婚青年的自身资源和婚姻需求发生分化,外来文化的冲击和社会控制的弱化也使一些人私欲膨胀、自律行为松懈而出轨。个体对于选择恋爱对象和择偶的标准又产生了变化。

本研究选定大学生孝道信念、自我分化和婚恋观的关系作为方向,也是因为大学生此时处于自我成长的关键期,所持有的人生价值观也在不断地变化发展,而家庭所带来的影响也在不断深入和体现。因此,笔者期望通过调查研究,从中了解和掌握大学生现有的婚恋观走向,探讨父亲在位、孝道信念、自我分化与婚恋观的相关关系,以便有效地指导大学生秉持健康的婚恋观。

二、研究的意义

当今时代,随着生活节奏的日益加快,物质和精神文明产生了剧烈的冲突。婚姻自由所导致的消极影响也日益呈现,对当代大学生的婚恋观发展也产生了深深的影响。因此,对婚恋观的研究应该成为各个学科,当然也包括心理学科的重点。本研究从心理学领域出发,探讨了大学生孝道信念、自我分化和婚恋观之间的关系。

（一）理论意义

首先,大学生的孝道信念已经相对稳定,源自其原生家庭所持有的家庭氛围、家庭教养方式等等。而相关理论研究了孝道信念在时代发展中的变革,对于人格特征、家庭关系的影响等,没有学者在孝道信念对于婚恋观的影响上进行实证研究。而不同家庭环境下的大学生对于婚恋观的确存在不同,因此对此进行研究在心理学和社会学上都具有一定的理论意义。

其次,大学生处于自我成长的关键时期,也是自我分化逐步成熟的重要阶段,大学生很多的心理问题都可以在其自我分化中寻找到答案。自我分化对大学生的行为产生了难以估量的支配性影响,已有学者研究了自我分化对于家庭矛盾、心理健康的影响,却没有系统化地研究自我分化对于婚恋观的影响,以及通过自我分化的何种方式进行影响,因此也具有一定的理论意义。

最后,婚恋观具有鲜明的自身特点与时代特性。伴随着社会开放程度的快速进步变化,它突破了以往传统的父母之命媒妁之言的婚姻桎梏,扩大了人与人之间相互交往和恋爱婚嫁的时空范围,丰富了情感生活,显著地改变了人们的认知能力、活动方式和情感态度。而具体联系到本研究,笔者聚焦的大学生群体,是婚恋观影响下未来重要的主体之一,其与异性的社交沟通行为无疑被婚恋观潜移默化地改变着。

（二）现实意义

本研究的现实意义主要体现在,婚恋观对大学生生活的各个方面产生渗透性的影响,对其进行分析可以有效地引导婚恋观发挥积极效应,将负面效果降到最低。而孝道信念和自我分化对大学生的行为发挥着至关重要的作用,研究三者之间的相互关联,对于引导大学生充分、合理地了解自我婚恋观具有重大的参考价值。

首先,在社会大背景下,婚恋观的变革,给大学生的人际交往带来了方便快捷的同时也带来了不小的挑战。秉持健康良好的婚恋观是十分重要的,也对创建和谐型社会具有重要意义。

其次,在家庭视角下,婚恋观对于两个家庭来说具有重要意义,包括婚姻满意度、家庭和谐程度以及亲子教育方式等等,影响深远。

本研究通过探究婚恋观,同时通过问卷调查法分析孝道信念、自我分化与大学生婚恋观之间的相关关系,力求能够辩证客观地看待现有大学生的婚恋观,探讨如何有效地引导大学生拥有完善的婚恋观。

第二节 孝道信念、自我分化与大学生婚恋观的关系研究

一、核心概念界定

基于本书已有研究,杨国枢将孝道信念的具体内容分为 3 个维度:抑己顺亲、尊亲恳亲、奉养祭念。而后,经过反复斟酌和社会心理学研究,又提出了护亲荣亲这一概念,共有 4 个维度(杨国枢,2009)。叶光辉从杨国枢上述 4 个维度中提取出互惠孝道和权威孝道 2 个主维度,形成双重孝道模型。其中,互惠孝道反映了孝顺是由内心出发,是在有爱的基础上回报父母的养育之恩,而权威孝道是子女由于存在和父母之间的亲子关系而进行尽孝(叶光辉,2004)。本研究依然采用双元孝道模型的概念框架(叶光辉,2004),衡量个体属于何种孝道信念;基于已有经典研究对自我分化的界定(吴煜辉 & 王桂平,2010),本研究将"自我分化"定义为"在家庭环境中获得的个体可区分独立性或联合性的能力、理智或情感的能力"。

对于婚恋观的明确定义,目前学术界始终停留在宽泛的罗列中,如恋爱观、婚姻观、择偶观等等。相关的研究也只是对这些概念进行了一些具体的陈述和讨论,并未界定出明确的概念。从字面上来看,"婚恋观"指的是个体所拥有的婚姻、恋爱观念。但是从婚恋的本质上看,它不仅仅是沿袭了上千年的社会传统现象,更是一种脱离亲情、友情的男女两性之间的情感联系。婚恋行为的产生不仅仅是来自人的原始本能,更是当下社会生产关系不断变更、人际交往模式不断改变的产物,常在适龄两性之间产生。当适龄两性的身心成熟到一定阶段,一般情况下会产生恋爱以及婚配的环节。而不同时代的婚恋行为都受到当时社会主流价值观的影响,符合着当代社会道德和风潮,也因此,不同时代的男女所拥有的婚恋观也是极为不同的。

纪秋发(1995)认为婚恋观也是体现个体情感态度和价值观的重要一点,也就是作为婚恋主体的个体对于自己和对方的两性恋爱、婚姻关系的看法,相

对来说涉及的面较广,也较为笼统,侧重感觉。而在 2000 年以后,学者黄希庭(2002)认为,婚恋观应是价值观上的具体体现,具体到何种爱情是有意义的,如何选择婚姻是幸福的或者是如何更好地寻找婚恋对象。相比于前两者,任永进(2009)强调了不同婚恋观下的个体婚前恋爱的选择如何对未来婚姻范围内的责任、义务意识所产生影响。

关于婚姻观的内部维度分类,不同学者给出的结果也不同。比如苏红(2006)把婚恋观分为了 7 个维度,分别是恋爱动机、婚姻倾向、婚姻自主观、婚姻价值观、婚姻角色观、婚姻忠诚观、性爱抉择观;张云喜(2011)在编制大学生婚恋观量表时,将婚恋观分为经济与物质、志趣与性格、感情与信念、审美需求、个人品质这 5 个维度。

因此,基于已有文献梳理,笔者修订编制了张云喜的大学生婚恋观量表,并且定义婚恋观为:个体在适龄阶段形成的对与异性恋爱和婚姻行为的标准和态度,包括对经济与物质、志趣与性格、感情与信念、审美需求、个人品质五大方面所概括起来的外在物质需求和内在精神需求的具体观念和基本看法。

二、大学生孝道信念、自我分化与婚恋观研究现状

1. 研究现状

相对而言,国外的研究比国内更早些,大多数学者认为婚恋观研究应始于精神分析学说的建立,已有一百多年的历史,而在这段时间内,也涌现出了众多对于婚恋观的研究。

Salts(1994)的研究发现,在适龄阶段,女性相对于男性来说,更向往恋爱和婚姻。而在普遍研究中,国外大学生对大学期间恋爱呈现支持态度,并且恋爱现象较为普遍(未婚背景下)。当然,在选择婚姻的时候,绝大多数大学生选择爱情是核心因素,失去了爱情的婚姻是不值得继续的。Martin(2003)发现国外大学生对于恋爱和婚姻整体呈积极态度。他们对于婚姻的责任感看得相对更重要。

在国内的婚恋观研究中,丁岚(2012)发现不同学历的单身女性在婚恋观上有不同的特点。在拥有女性普遍的婚恋观基础上,她们还有独特的观点和需求。在单身女博士高学历、高年龄和高标准的情感需求方面,她们所承受的社会压力更大,择偶矛盾更突显。刘惠娟(2014)研究了大学生家庭环境、自立

人格和婚恋观的关系,发现家庭环境通过影响自立人格进而影响婚恋观,家庭环境也直接影响婚恋观,自立人格起了部分中介作用。

国内外研究者对自我分化和婚恋观两者的关系做过相关研究,也有学者做过家庭功能、自立人格和自我分化的关系研究,比如,自我分化与婚姻关系的感性联系(柴莉颖,2010),或是家庭功能中的孝道和自我分化的关系(安芹,2011)。对于大学生孝道信念、自我分化与婚恋观的关系,已有的研究在实证研究方面还较为欠缺。因此,本研究结合文献,尝试寻求三者之间的作用规律。

笔者认为大学生婚恋观是社会环境不断变革中发展的一种人际关系的新展示。孝道信念作为家庭环境中的重要因素,通过影响自我分化从而进一步在这种新的婚恋观中得以体现,为此,本研究建构了中介模型,研究探讨大学生孝道信念、自我分化和婚恋观之间的关系。

2. 理论框架

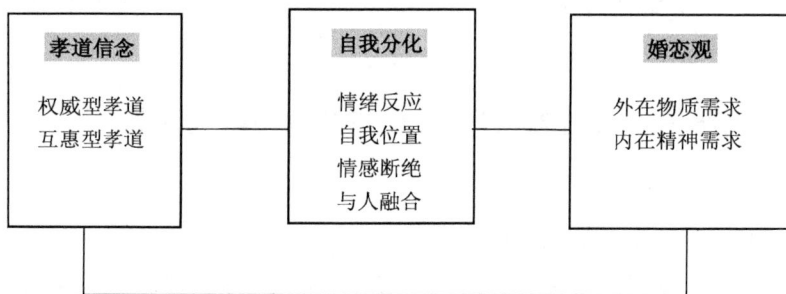

图 8-1　孝道信念、自我分化与婚恋观的研究框架

三、实证设计与调查

(一) 研究目的

本研究选定大学生孝道信念、自我分化和婚恋观的相关研究作为方向,期望通过对所选取的样本的调查,从中掌握大学生婚恋观的基本现状,探讨孝道信念、自我分化和婚恋观的相关关系,以便有效地为指导大学生认识与父母的关系层次、自我的理智和情感,为自身在未来婚恋观应改进的方面提供有益的参考。

为了达到研究目的,研究在统计分析时要对大学生的孝道信念、自我分化和婚恋观的因子做描述性统计分析、相关分析、回归分析和中介分析,并检验大学生婚恋观在专业、年级、居住地和家庭结构方面的差异显著性。

（二）取样

本次研究以随机抽样方式对来自江苏省 3 所大学的 500 个大学生进行调查。共发放问卷 500 份，回收问卷 482 份，回收率为 96.4%；再剔除无效问卷 26 份，得到有效问卷 456 份（其中，男性 218 名，女性 228 名；一年级 87 人，二年级 108 人，三年级 97 人，四年级 164 人；文科生 272 人，理科生 184 人），有效回收率为 91.2%。

（三）测量工具

1. 双元孝道信念问卷

笔者选取了叶光辉（2004）编制的双元孝道信念问卷（DFPS）作为量表。该量表包含 2 个维度，共 16 个项目，具有良好的信效度，可运用于研究大学生孝道信念。

2. 大学生自我分化量表

采用吴煜辉、王桂平（2010）修订编制的大学生自我分化量表（DSI - R），包含 4 个维度，共 27 个项目。该修订量表共有 5 题正向计分题，分别为 4、6、13、16、26 五题，其余 22 题均为反向计分题，具有良好的信效度，信度为 0.862，各分量表的信度均在 0.727 到 0.880 之间，可适用于研究进行。

3. 大学生婚恋价值观量表

采用张云喜（2014）编制的大学生婚恋价值观量表修订而成，该量表包含 2 个维度，分别为外在物质需求和内在精神需求，共 18 个项目。修订量表采用 5 级评分，每个项目按 1（完全不认同）～ 5（完全认同）级评定。在本研究中，通过对收取的样本问卷进行检验，发现该问卷 KMO 值为 0.882，Barlett 球检验近似卡方值为 5053.044，自由度为 171，显著性概率为 0.000，适用因素分析。经探索性因素分析结果发现，问卷 18 个项目经过检验可抽取 2 个因子，分别为外在物质需求（1、5、6、10、13、14、16、18）以及内在精神需求（2、3、4、7、8、9、11、12、15、17），其 Cronbach α 系数分别为 0.868、0.885，整体的 Cronbach α 系数为 0.870，表明该问卷具有良好的效度和信度，可适用于研究进行。

（四）统计检验方法

本研究对数据的处理研究均采用 SPSS19.0 统计软件，统计分析方法包括描述性统计、相关分析、回归分析、中介效应分析、差异性检验等。

四、研究结果

(一) 描述性统计

表 8-1　大学生孝道信念、自我分化、婚恋观各维度间的描述性统计结果（$N=456$）

变　　量	总　　数	最小值	最大值	平均数	标准差	每题平均分
权威孝道	456	8.00	45.00	24.311	6.723	3.042
互惠孝道	456	8.00	48.00	42.632	7.044	5.321
情绪反应	456	6.00	36.00	18.463	5.242	3.075
自我位置	456	6.00	30.00	21.021	4.233	4.206
情感断绝	456	6.00	34.00	23.912	5.501	3.981
与人融合	456	10.00	54.00	31.153	9.114	3.132
外在物质需求	456	8.00	40.00	25.217	7.046	3.155
内在精神需求	456	14.00	50.00	42.884	6.352	4.292

由表 8-1 可以看出：在大学生孝道信念量表中，权威孝道信念因子得分在 24 左右，互惠孝道信念因子得分在 42 左右，即涉及单个题目平均分值在 3 分、5 分左右，相差较大。问卷涉及的权威孝道信念问题与大学生实际的符合程度为"有点不认同"，互惠孝道信念问题与大学生实际的符合程度为"相当认同"，这说明大学生被试的孝道信念从总体上看相对较高。

在大学生自我分化的 4 个维度中，自我位置所得分数最高，每题平均得分 4.206；其次为情感断绝，平均得分为 3.981；得分最低的是情绪反应，平均得分为 3.075。说明大学生自我分化中，自我位置较强。而对自我分化的建构中，大学生更倾向于明确自我位置，而比较少地选择做出情绪反应。

在大学生婚恋观的 2 个维度中，内在精神需求因子得分高于外在物质需求因子得分。内在精神需求平均每题得分为 4.292，外在物质需求平均每题得分为 3.155，表明被试大学生选择婚恋时更多注重的是内在精神需求。

(二) 相关分析

相关分析是用相关系数（r）来反映变量间相关关系的方向和密切程度的线性统计分析技术。表 8-2 列出了各个维度之间的相关关系及其显著性水平。

表 8-2　　大学生孝道信念、自我分化、婚恋观各维度间的相关分析结果（$N=456$）

变　量	1	2	3	4	5	6	7	8
权威孝道	1							
互惠孝道	−0.112*	1						
情绪反应	0.193**	−0.125*	1					
自我位置	−0.161**	0.168**	−0.117*	1				
情感断绝	0.393**	−0.205**	0.451**	0.007	1			
与人融合	−0.243**	0.143**	0.631**	−0.024	−0.502**	1		
外在物质需求	0.358**	0.096	−0.116*	−0.038	0.333**	−0.357**	1	
内在精神需求	0.066	0.464**	−0.217**	0.310**	−0.116*	0.247**	0.258**	1

注：* 代表 $p<0.05$，** 代表 $p<0.01$，*** 代表 $p<0.001$

由表 8-2 数据可见：大学生孝道信念中的权威孝道信念分别与自我位置、与人融合呈显著负相关，与情绪反应、情感断绝、外在物质需求呈现显著正相关，互惠孝道信念分别与自我位置、与人融合、内在精神需求呈现显著正相关，与情绪反应、情感断绝呈显著负相关。其中权威孝道信念和外在物质需求存在较高的正相关关系（$r=0.358**$，$p<0.01$）；互惠孝道和内在精神需求存在较高的正相关关系（$r=0.464**$，$p<0.01$）；内在精神需求与自我位置、与人融合之间存在较高的正相关关系（$r=0.310**$，$p<0.01$，$r=0.247**$，$p<0.01$），外在物质需求与情感断绝呈较高的正相关关系（$r=0.333**$，$p<0.01$），与与人融合呈较高的负相关关系（$r=−0.357**$，$p<0.01$）。

（三）回归分析

为了了解孝道信念、自我分化对于婚恋观的预测程度，分别以孝道信念的权威孝道信念、互惠孝道信念 2 个维度，自我分化的情绪反应、自我位置、情感断绝和与人融合 4 个维度为自变量，以婚恋观的 2 个维度为因变量，进行多元回归分析。

1. 孝道信念、自我分化对外在物质需求的回归分析

本研究以外在物质需求得分作为因变量，以孝道信念和自我分化各维度作为自变量进行逐步回归分析。

表 8-3　孝道信念、自我分化对外在物质需求的多元回归分析表（N＝456）

模型	R	R^2	ΔR^2	F 值	Beta	DW 值
1	0.358[a]	0.128	0.128	66.882	0.358***	
2	0.453[b]	0.206	0.077	44.033	−0.286***	
3	0.479[c]	0.230	0.024	14.178	0.201***	
4	0.495[d]	0.245	0.016	9.290	0.155***	1.810

注：* 代表 $p<0.05$，** 代表 $p<0.01$，*** 代表 $p<0.001$
a. 预测变量：（常量），权威孝道　b. 预测变量：（常量），与人融合　c. 预测变量：（常量），情绪反应
d. 预测变量：（常量），情感断绝　e. 因变量：外在物质需求

表 8-3 的分析结果表明，在孝道信念对外在物质需求的预测作用中，孝道信念的权威孝道信念维度进入回归方程，其解释量为 12.8%（$\beta=0.358^{***}$，$p<0.001$），其回归方程为外在＝0.358×权威孝道信念；在自我分化上，与人融合、情绪反应和情感断绝进入回归方程，其中与人融合的解释量为 7.7%（$\beta=-0.286^{***}$，$p<0.001$），其回归方程为外在＝−0.286×与人融合；情绪反应的解释量为 2.4%（$\beta=0.201^{***}$，$p<0.001$），其回归方程为外在＝0.201×情绪反应；情感断绝的解释量为 1.6%（$\beta=0.155^{***}$，$p<0.001$），其回归方程为外在＝0.155×情绪疏离。回归方程中显示 DW 值为 1.810，约等于 2，表明该回归方程可接受。

2. 孝道信念、自我分化对内在精神需求的回归分析

由表 8-4 数据可见，以内在精神需求得分作为本次回归分析的因变量，以孝道信念和自我分化各维度作为自变量进行回归分析，方法为逐步。

表 8-4　孝道信念、自我分化对内在精神需求的多元回归分析表（N＝456）

模型	R	R^2	ΔR^2	F 值	Beta	DW 值
1	0.464[a]	0.215	0.215	124.443	0.464***	
2	0.520[b]	0.270	0.055	34.360	0.239***	
3	0.550[c]	0.303	0.033	21.102	0.182***	
4	0.572[d]	0.328	0.025	16.561	−0.192***	1.997

注：* 代表 $p<0.05$，** 代表 $p<0.01$，*** 代表 $p<0.001$
a. 预测变量：（常量），互惠孝道　b. 预测变量：（常量），自我位置　c. 预测变量：（常量），与人融合
d. 预测变量：（常量），情感断绝　e. 因变量：内在精神需求

分析结果表明，在孝道信念各维度对内在物质需求的回归预测作用中，互惠孝道信念维度进入回归方程，其解释量为 21.5%（$\beta=0.464^{***}$，$p<0.001$）；

在自我分化的子维度：自我位置、与人融合和情感断绝进入回归方程，其中与自我位置的解释量为 5.5%（$\beta = 0.239^{***}$，$p < 0.001$），与人融合的解释量为 3.3%（$\beta = 0.182^{***}$，$p < 0.001$），情感断绝的解释量为 2.5%（$\beta = -0.192^{***}$，$p < 0.001$）；其回归方程为：内在精神需求 = 0.464×互惠孝道信念+0.239×自我中立+0.182×与人融合+（-0.192×情感断绝）。回归方程中显示 DW 值为1.997，约等于 2，表明该回归方程可接受。

（四）中介效应分析

Baron 和 Kenny(1986)定义的(部分)中介过程提出：为了了解自变量 X 对因变量 Y 的影响，同时还有变量 M 的存在时，当 X 通过 M 影响 Y 的情况存在，那么 M 就为中介变量，并以此检验回归系数。如果以下两个条件成立，那么中介效应显著：① X 对 Y 有显著影响；② 在因果链中任何一个变量，当控制了它前面的变量(包括自变量)后，显著影响它的后继变量。

本研究检验中介变量的作用需要对孝道信念、自我分化和婚恋观这三个变量的关系进行考察，通过三个步骤进行研究。一是确定孝道信念与婚恋观之间有显著的相关或回归；二是孝道信念与自我分化之间也有显著相关或回归；三是加入自我分化之后，孝道信念与婚恋观之间的回归方程系数显著降低，则是部分中介作用，如果不显著，则认为是完全中介作用。

1. 自我分化对权威孝道信念与外在物质需求的中介作用

假设预测变量为权威孝道信念，因变量为外在物质需求，情感断绝、与人融合是这二者的中介因素。

表 8-5　自我分化对权威孝道信念与外在物质需求的中介作用分析

	步　骤	预测变量	Beta	T	Sig
1	外在物质需求对权威孝道信念回归	权威孝道信念	0.358***	8.178	0.000
2	情绪疏离对权威孝道信念回归	权威孝道信念	0.393***	9.104	0.000
			0.269***	5.789	0.000
3	外在物质需求对权威孝道信念和情绪疏离同时回归	情感断绝	0.277***	4.883	0.000
1	外在物质需求对权威孝道信念回归	权威孝道信念	0.358***	8.178	0.000
2	与人融合对权威孝道信念回归	权威孝道信念	-0.243***	-5.332	0.000
			0.289***	6.690	0.000
3	外在物质需求对权威孝道信念和与人融合同时回归	与人融合	-0.286***	-6.636	0.000
中介判定：情感断绝、与人融合起部分中介作用					

注：* 代表 $p < 0.05$，** 代表 $p < 0.01$，*** 代表 $p < 0.001$

从表 8-5 中可以看到,在步骤 1 做外在物质需求对权威孝道信念回归分析结果发现,权威孝道信念的回归系数达到显著水平;在步骤 2 做情感断绝、与人融合对权威孝道信念回归分析结果发现,情感断绝和与人融合的回归系数均达到显著水平;在步骤 3 分别作外在物质需求对权威孝道信念和情绪疏离、与人融合的同时回归分析结果发现,情感断绝、与人融合的回归系数达到显著水平,权威孝道信念的回归系数仍然达到显著水平,但是分别由 0.358 减小到 0.277、-0.286,因此,权威孝道信念对外在物质需求的影响作用过程中,情感断绝与人融合都起到部分中介作用。

2. 自我分化对互惠孝道信念与内在精神需求的中介作用

假设预测变量为互惠孝道信念,因变量为内在精神需求,自我中立、与人融合是这二者的中介因素。

表 8-6   自我分化对互惠孝道信念与内在精神需求的中介作用分析（$N = 456$）

	步　骤	预测变量	Beta	T	Sig
1	内在精神需求对互惠孝道信念回归	互惠孝道信念	0.464***	5.197	0.000
2	自我中立对互惠孝道信念回归	互惠孝道信念	0.257**	3.346	0.001
			0.349**	3.459	0.001
3	内在精神需求对互惠孝道信念和自我中立同时回归	自我位置	0.224*	2.520	0.013
1	内在精神需求对互惠孝道信念回归	互惠孝道信念	0.464***	11.155	0.000
2	与人融合对互惠孝道信念回归	互惠孝道信念	0.184***	8.130	0.000
			0.437***	10.604	0.000
3	内在精神需求对互惠孝道信念和与人融合同时回归	与人融合	0.182***	4.421	0.000

中介判定:自我位置、与人融合起部分中介作用

注:* 代表 $p < 0.05$,** 代表 $p < 0.01$,*** 代表 $p < 0.001$

从表 8-6 中可以看到,在步骤 1 做内在精神需求对互惠孝道信念回归分析结果发现,互惠孝道信念的回归系数达到显著水平;在步骤 2 做自我中立、与人融合对互惠孝道信念回归分析结果发现,自我中立和与人融合的回归系数均达到显著水平;在步骤 3 分别作内在精神需求对互惠孝道信念和自我中立、与人融合的同时回归分析结果发现,自我位置、与人融合的回归系数均达到显著水平,互惠孝道信念的回归系数仍然达到显著水平,但是分别由 0.464

减小到 0.224、−0.182,因此,互惠孝道信念对内在精神需求的影响作用过程中,自我位置和与人融合都起到部分中介作用。

　　为了更进一步形象地说明中介效应,本研究运用框架图表达两条中介路径。如图 8-2 和图 8-3。

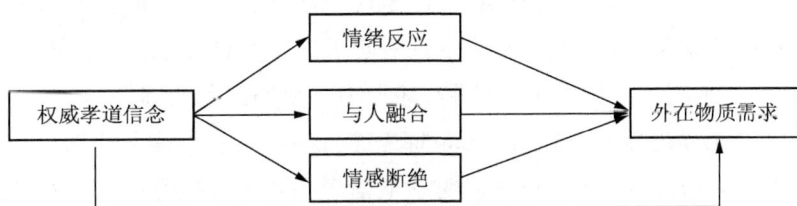

图 8-2　权威孝道信念影响外在物质需求的路径

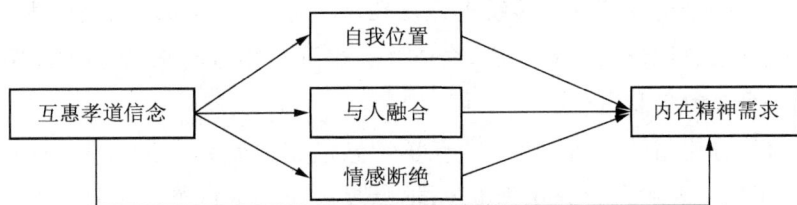

图 8-3　互惠孝道信念影响内在精神需求的路径

五、讨论与教育启示

(一)总研究结果的讨论与分析

1. 大学生婚恋观的特点分析

　　本研究通过修订张云喜的大学生婚恋价值观量表对大学生婚恋观进行调查和分析,调查内容包括大学生婚恋观整体情况和各维度的具体情况。总体而言,婚恋观的外在物质需求和内在精神需求在大学生中普遍存在,且由于学生群体的差异性较大,婚恋观的特点也各异。

　　婚恋观涵盖的面广,表达方式也多样,在不同的社会环境下所产生的婚恋观类型也截然不同。大学生是社会的主力军,是未来社会不可或缺的重要群体之一。他们在家庭、学校和社会上所接受的价值观不同,也导致了个体本身婚恋价值观不同。比如在我国经济发达的城市地区,家庭结构比较独立,父母养育方式也相对具有发展性,子女在成长中对于物质概念并不具象,也导致日后的婚恋观不太注重外在物质；在经济相对落后的其他地区，对家庭经济的整体依赖程度较强，而且相对于婚恋对象的选择更注重婚恋的结果和婚恋的价值，也可能将婚恋中的物质看得过重。

婚恋观也在随着历史推进而不断发展着，就本次研究而言，和绪论中阐述的改革开放时期的婚恋观已然有了截然不同的观念。正如本研究所显示的，相对于外在物质需求，大多数大学生更偏向于内在精神需求，说明在一段两性关系中，大学生更关注情感上的体验，甚于物质和外在上的选择。

2. 大学生孝道信念、自我分化和婚恋观的相关关系的结果讨论

在当前的研究中，已有研究表明孝道信念和自我分化有一定的相关关系，这二者关系体现在具有相容性，对整个家庭环境所产生的孝道信念类型的认同是顺利进行自我分化的保障，同时在自我分化过程中，对所奉行的孝道信念的践行又是一个重要体现。传统孝道已在历史潮流中逐渐发展演变为全新的符合当代社会意识形态的新孝道，个体主义也逐渐盛行起来，因此也就可以更好地促进个体的自我分化。

在自我分化与婚恋观之间，也有学者做过相关研究分析。Bowen(1988)认为，由于每个人的自我分化程度不同，所反映出来的性格、逻辑能力、处事方式都有着较大区别，因此在选择恋人或伴侣上，通常会选择和自己分化程度相当的人来尝试生活。而且，他也认为相对于自我分化程度低的人来说，和自我分化程度高的人生活在一起，婚姻满意度会相对较高，也就是说，自我分化能有效地预测婚姻满意度。

本研究相关分析发现，大学生孝道信念中的权威孝道信念分别与自我位置、与人融合呈显著负相关，与情绪反应、情感断绝、外在物质需求呈现显著正相关，互惠孝道信念分别与自我位置、与人融合、内在精神需求呈现显著正相关，与情绪反应、情感断绝呈显著负相关。其中权威孝道信念和外在物质需求存在较高的正相关关系，互惠孝道和内在精神需求存在较高的正相关关系。这表明，在家庭中耳濡目染所接受到的孝道信念对日后的婚恋观具有较大影响，孝道信念低的学生，对于情感上的信任度和表现度较低，会偏向物质上和外表上的追求；而孝道信念高的学生比较愿意去与他人沟通，情感表达和需求也相对较强，对于内在的、精神上的追求会更显著。

同时，数据分析表明，内在精神需求与自我位置、与人融合之间存在较高的正相关关系，外在物质需求与情感疏离呈较高的正相关关系，与人融合呈较

高的负相关关系。由此可以推测：个体长时间形成的自我分化会影响婚恋观。换句话说，对于情绪反应、自我位置、情感断绝和与人融合四方面的不同程度，在未来选择婚恋对象、婚恋生活的侧重点会有不同。自我分化程度高的人，会更多地追求内在精神；而自我分化程度低的人，可能更多地追求外在物质。

3. 大学生孝道信念、自我分化对婚恋观的预测分析

多元回归分析表明，孝道信念的 2 个维度和自我分化的 4 个维度都能有效预测婚恋观。其中，权威孝道信念、与人融合、情绪反应和情感断绝能显著预测外在物质需求，互惠孝道信念、自我位置、与人融合和情感断绝能显著预测内在精神需求，与研究前设想基本一致。

大学生作为特殊的群体，处于心理迅速成熟的时期，在社会的期许下，都渴望自己成为一个人格完满、做事成熟的个体。本研究中，权威孝道信念、与人融合、情绪反应和情感断绝能显著预测外在物质需求，但是与人融合呈负相关。也就是说，个体的权威孝道信念越强，那么他的自我分化中的与人融合、情绪反应和情感断绝越低，更认同和选择外在物质方面的追求。同样，如果个体在婚恋情况中所表现的外在物质需求较强烈，则较大可能自我分化程度低，权威孝道信念强。

互惠孝道信念、自我位置、与人融合和情绪疏离能显著预测内在精神需求，并且变量之间除了情感断绝外都呈正相关。也就是说大学生个体的互惠孝道信念越强，个体的自我分化程度越高，在婚恋过程中更认同和选择内在精神需求。同样，通过鼓励大学生在婚恋过程中积极追求内在精神需求，也有助于提高他们的自我分化程度，从而正确处理家庭中的孝道行为，逐步形成良好的孝道信念，最后形成对婚恋观的良性循环。

4. 自我分化的中介作用讨论

中介效应分析表明，自我分化中的情感断绝和与人融合在权威孝道信念对外在物质需求中起到了部分中介作用，表明权威孝道信念本身对外在物质需求有影响之外，还通过情感断绝和与人融合进一步影响了外在物质需求。而且从数值来看，情感断绝是正向影响外在物质需求，而与人融合则是负向影响。因而可以进一步发现个体的情绪疏离越强、与人融合越弱时，权威孝道对婚恋观中的外在物质需求的影响更大。

此外，自我分化中的自我位置和与人融合在互惠孝道信念对内在精神需求中起到了部分中介作用，表明在互惠孝道信念本身对外在物质需求有影响

之外,互惠孝道信念还通过自我位置和与人融合进一步影响了外在物质需求。而且从数值来看,二者都是正向影响内在精神需求的,可以进一步发现个体的自我位置、与人融合程度越高时,互惠孝道信念对内在精神需求影响越大。

(二) 教育启示

众所周知,在传统中国社会之中,婚恋大事,父母之命,媒妁之言,没有自主性可言,日后的生活也不可预测;而在现代,婚姻自主,思想开放,恋爱观念也逐步放开,婚恋观的内涵也日益丰富起来,倡导自由恋爱、自由结婚。但是与此同时,自由市场的背景下也孕育了一些不良的婚恋观,导致离婚率逐步增高,出轨、骗婚等恶性现象层出不穷。因此,婚恋观是需要被重视的,笔者认为应该辩证地看待婚恋观。

1. 强化大学生婚恋观的正效应

婚恋观的正效应主要体现在恋爱和婚姻后个体合理的身心发展以及家庭生活的和谐进行。大学生若拥有合理、健康的婚恋观,会在日常的恋爱中得到相应的满足感,并且会反作用于生活的其他方面;相反,若是拥有错误或者偏激的婚恋观,则容易在恋爱中受到伤害,以至于产生心理问题,甚至心理疾病。

但是合理健康的婚姻观并不是单纯建立在情感上的,而是多方面共同作用的。正如本书研究的婚恋观,主要分为外在物质需求和内在精神需求,二者并不是绝对排斥的。所谓的婚恋观正效应在这二者中的体现主要是:以精神需求为前提下的婚恋行为,配合一定的外在物质需求,达到内与外的和谐统一。也就是我们日常所说的,异性双方两情相悦的同时,最好门当户对,不至于在外在物质上产生无谓的冲突,也避免在日后的生活留下阴影。

能发挥正效应的婚恋观应是对象单体、行为得当、思想契合的三位一体。即当代大学生处在一个异性较多较密的环境里,在进行婚恋行为时,必须身心达到一致,同时在婚恋中要注重自身的行为得体,并在思想上、精神上有一定的契合,方能和谐长久。这样对双方的日常生活也会有较好的影响,同时对身边的环境甚至社会风气也会发挥良好的正能量。

2. 理性面对大学生婚恋观的负效应

大学生婚恋观的负效应主要是不合理的婚恋观所带来的不幸后果。倘若个体的婚恋观十分注重外在物质需求而忽视内在精神需求,一味地看中对方所带来的物质利益或者对方的良好基因,则一旦产生一些变故,这段关系便容易崩断,从而对身心和社会风气造成一定的损害;又如一味地追求内在精神需求,而忽略社会现实性,将自身完全依附于对方身上,那么极度容易受到对方的情绪、行为影响,在婚恋受挫时易产生不理性、不健康的思想,甚至做出伤害自我的事情。

3. 加强恋爱婚姻教育,父母积极与子女沟通

面对自己子女谈恋爱,父母不能一味地反对,否则只会造成亲子间的冲突。想要了解子女,最好的办法就是让子女知道父母自身和子女是站在同一立场上的,尽量聆听子女的想法,多丢一些问题给子女思考,增强亲子间的互动;如果父母一味反对,只会更激起子女的叛逆性,跟子女越走越远的同时,也会使子女对日后的恋爱和婚姻产生相应的抵触心理。

平常,父母可以结合生活的情境与子女进行沟通,或者结合所接触到的事例与子女分享自己对于婚恋的看法,这时候,父母的言传起了很重要的作用。当然,父母也可以结合自己的婚恋经历来"身教":比如婚姻的结合是因为爱而不是需要。如果父母本身婚姻不幸,也可以以此来警戒子女,对于婚恋的选择和预期都需要更好地把握。

4. 发挥思想政治教育机制的引领作用和大众传媒的正面宣传作用

如今的大学生冒险精神强、好奇心重、模仿能力显著,这使得一个良好的大环境对他们优良婚恋观的形成具有十分重要的作用。学校应该通过相关通识课程的设置来将婚恋问题引入课堂,充分发挥思想政治教育机制的引领作用,使大学生能正视自己的婚恋观,重审个人的婚恋行为,以更好地培育合理健康的婚恋观。

同时,大学生的是非观念还未完全成熟,作为社会的监督媒介——大众传媒,也应该积极宣传与婚恋有关的正能量,充分发挥媒体正确价值取向的宣传作用,增加社会责任感,维持良好的道德舆论导向,清新社会风气,在良好氛围中使大学生形成合理健康的婚恋观。

第三节　父亲在位、孝道信念与女研究生婚恋观的实证研究

——家庭背景与子女类别的差异比较

婚姻观念作为一种社会意识,反映了一个社会的文化特色。恋爱与婚姻独立自主是青年婚恋观由传统走向现代的重要特征(杨恒宜 & 郑楷,2015)。

从中国的现实来看,传统中国的男尊女卑观念根深蒂固,到了现代,女卑情况虽然有很大缓解,但受传统和法律因素不完善等原因的影响,男女不平等的现象仍然存在(井莹 & 刘少航,2012)。一方面,"剩女现象"是现代青年女性婚恋观的突出表现。"剩女现象"也是对社会的现代性与文化观念的传统性的悖论的抵制与反抗(张婕琼,2014)。另一方面,女大学生依然受到家庭压力,在婚姻的选择上表现出对父母亲人的依赖和顺从(胡冰,郑秋娟 & 李韵轶,2013)。面对传统与现代的冲突,物质需求与精神需求共生,来自家庭的观念与自我成长中形成的理念能否在婚恋观中成长,满足家庭与自我的预期,是本研究的一个焦点问题。

一、女研究生婚恋观念发展的特点

首先,婚恋态度日渐理性客观,但难变传统性别意识。性别关系在传统家庭中应有的地位形成了固定模式。这早已深入人心:如果一个女人,学历过高、个性过于刚硬独立、事业发展过快,就会被人冠以"女强人"的称号,从而可能为她的恋爱和婚姻之路增添许多障碍。受传统社会性别意识影响,女研究生的婚恋路走得异常辛苦(井莹等,2012)。相比男生,女生在性爱抉择上更保守,恋爱动机更清晰,但婚姻自主度较低;相比曾经恋爱过的群体,正在恋爱的群体在性爱抉择上更传统,在婚姻角色上更加开放。

其次,婚恋观念趋向成熟,但依然受父母影响。大学本科生和研究生处于学业的两个阶段,面临的发展任务也不相同,因而在婚恋观上也存在差异。相比研究生,本科生在性爱抉择上更保守,在婚姻的认识上也更忠诚(孟雅雯,2012)。研究生思想更为成熟,对婚恋与性有更多的认识和思考,在婚恋方面拥有更多的自主权,对"性"在婚恋中的角色看得较轻(孟雅雯,2012)。

研究生多数到了适婚年龄,父母和家庭对其婚恋虽然产生了一定的影响,但其自身也会对父母辈的婚姻进行思考,因此表现出相对稳定的婚恋观(李祖娴,聂衍刚 & 田婧妤,2009)。经济越是发达、现代化程度相对较高的城市,父母在子女择偶上的权力也就越小,然而真正成家时,年轻人却往往因为需要父母提供的资源而不得不重视父母的意见,年轻人的恋爱婚姻仍然难以获得真正的自主、自立(马春华,石金群,李银河,王震宇 & 唐灿,2011)。甚至传统的家庭观念认为,尊重父母,尤其在婚恋问题上听取父母建议是一种孝道的表现。千百年来,孝道一直是我国传统文化的核心理念之一,是维护社会稳定及家庭和谐的重要纽带。

此外,父母是子女学习模仿的楷模,父母的婚姻互动关系即成为子女观察模仿的对象。若父母的婚姻关系是和谐的、亲密的,子女即可能习得与异性相处的良性互动,并于日后的两性关系中表现出类似的行为模式;反之,如果父母婚姻关系是不和谐的、冷漠的,则子女亦可能习得不恰当的异性相处行为(李祖娴,聂衍刚 & 田婧妤,2009)。

已有研究表明,父亲角色对于子女的性格塑造有着不可忽视的作用。从子女的视角和体验出发,以家庭系统的角度考察父子关系,父亲在位理论的动力学模型提出子女心理上的父亲在位(psychological presence of the father),即子女对父亲的心理亲近和可触及(psychological nearnessand accessibility)(Krampe & Newton,2006,2009)。这其中包含个体与父亲关系、家庭代际关系以及父亲信念。家庭结构关系中,从父亲的视角探求对子女孝道信念与婚恋观的影响是有价值的。相对于母亲,父亲的角色不仅仅作用于子女的个性与成就动机的发展,高水平的父亲在位会让子女有更强的心理安全感和人际信任。安全感在父亲在位和人际信任间起完全中介的作用(杨燕 & 张雅琴,2016)。父亲参与子女教养有利于子女各方面的发展,父亲参与度更高的家庭中,子女的认知能力发展更好,对学习和学校的态度也更为积极,同时,也会有更好的社会交往技能和同理心(黎志华,尹霞云,蔡太生 & 苏林雁,2012)。Krampe 有关女性大学生的相关研究显示,与父亲关系更亲密的女大学生,与同龄人相处时,更易建立起开放真诚的关系(Krampe & Newton,2009)。

最后,择偶要求注重品质,偏重物质精神追求。杨恒宜和郑楷(2015)调查研究发现,择偶标准中的"男高女低"观念依然盛行,主要表现在年龄、经济条件和文化水平上。52%的女性要求自己伴侣的经济条件比自己要好。单身主要是由于经济条件、未找到理想对象等客观条件的限制,单身者对婚姻关系还是具有相当高的信任程度,也有研究发现女研究生的择偶标准更看重品质和精神需求。女研究生择偶时最看重的五项条件依次是人品性格、两人感情、能力才干、身体健康和生活习惯,这一因素在某种程度上决定着未来的婚姻品质。这说明与物质相比,无论男女,研究生都更看重精神因素,注重婚姻生活的品质(李龙科,陈宇晴 & 刘艳芬,2014)。

二、父亲在位、孝道信念与女研究生婚恋观的调查研究

(一) 研究目的

本研究以家庭背景与子女类别的差异比较,调查父亲在位、孝道信念与女

研究生婚恋观的关系。本研究以女研究生作为调查对象,考察在其成长过程中自身父亲在位水平对其孝道信念的形成与发展的影响与作用,进而分析父女关系质量究竟更影响了子女的物质需求婚恋观还是精神需求婚恋观,抑或父女关系质量如何影响了女研究生婚恋观的偏好。

（二）调查设计与实证研究

1. 调查对象

研究随机选取江苏省和上海市 4 所高校的女研究生为调查对象,共发放问卷 870 份,回收问卷 836 份,回收率为 96.09%,剔除无效问卷后得到有效问卷 816 份,有效回收率为 93.79%。研究对象具体背景信息如下表 8－11。

表 8－11　调查样本抽样分布情况表（N＝816）

测量指标	分组特征	样本数	百分比（%）
年级	一年级	320	39.2
	二年级	280	34.3
	三年级	216	26.5
家庭出身	城　市	344	42.2
	农　村	472	57.8
是否独生	是	320	39.2
	否	496	60.8
是否有信仰	是	144	17.6
	否	672	82.4
专业类别	文　科	368	45.1
	理　科	312	38.2
	艺　术	136	16.7
本科学历	985 高校	136	16.7
	211 高校	480	58.8
	普通院校	200	24.5
家庭教养方式	民　主	496	60.8
	专　制	96	11.8
	溺　爱	72	8.8
	放　任	152	18.6
恋爱经历	从未恋爱	160	19.6
	恋爱过	184	22.5
	正式恋爱	432	52.9
	已　婚	40	4.9

测量指标	分组特征	样本数	百分比(%)
家庭结构	核心家庭	596	73.0
	重组家庭	144	17.6
	单亲家庭	76	9.3
兼职工作经历	非常丰富	160	19.6
	比较丰富	520	63.7
	没有经历	136	16.7
偏好选择对象	倾向与相似对象结婚	280	34.3
	倾向与互补对象结婚	536	65.7

2. 调查问卷

(1) 父亲在位量表(FPQ-R)。本研究采用蒲少华等(2012)父亲在位问卷中文简式版。问卷有 31 个项目,包含 3 个高阶维度:与父亲关系、家庭代际关系、父亲信念。包括 8 个分量表:与父亲感情、母亲对父子关系支持、父亲参与感知、与父亲身体互动、父母关系、母亲与外祖父关系、父亲与祖父关系以及父亲信念。该表采用 Likert 5 点计分,分值越高,表明父亲在位感知水平越高。3 个高阶维度的信度系数分别为 0.916、0.782、0.899,8 个子维度信度分别为 0.768～0.966,问卷总信度为 0.961。

(2) 双元孝道信念问卷(DFPS)。本研究采用叶光辉(2004)编制的双元孝道问卷作为测量工具,该问卷共 16 个项目,包含 2 个维度即权威孝道信念与互惠孝道信念,问卷采用 Likert 6 点计分,每个项目按1～6级评定,得分越高,表示孝道信念程度越高。两个维度信度系数分别为0.865、0.812,该问卷的整体信度数值 Cronbach α 系数为 0.817。

(3) 婚恋观问卷(Marital Attitude Questionnaire)。本研究采用张云喜(2014)编制的大学生婚恋价值观量表,该量表包含 2 个维度,即外在物质需求和内在精神需求,共 18 个项目。采用 Likert 5 点评分,1 表示完全不认同,5 表示完全认同。通过对收取上来的样本问卷进行检验,检验结果表明 KMO 值为 0.892,Barlett 球检验近似卡方值为 5093.045,自由度为 172,显著性概率为 0.000,适用因素分析。外在物质需求和内在精神需求联合解释量为 68.95%,Cronbach α 系数分别为 0.897、0.785,整体的 Cronbach α 系数为 0.900,表明该问卷具有良好的信度。

3. 数据处理

本研究对所有数据的处理和研究均采用 SPSS19.0 统计软件,统计分析方法包括描述性统计、相关分析、回归分析、中介分析、差异性检验等。

(三) 调查结果与分析

1. 女研究生父亲在位、孝道信念与婚恋观的描述性统计分析

通过对 816 名女研究生的有效数据进行描述性统计分析,研究结果见表 8 - 12。

针对女研究生这一特殊高知识分子群体互惠孝道信念感知水平更高的现象,不难理解是因为女生本身比男生更在意与父亲之间的沟通和相互理解。父亲在位的 3 个维度中,家庭代际关系比父亲关系和父亲信念水平高,说明母亲一般同女儿之间的抚养模式更注重细节和情感教育,母亲与外祖父之间的良好关系模式更容易传递给新的家庭内在环境中。Krampe(2009)发现父亲参与是指父亲全面参与子女的教养,从对子女生活技能的指导到子女社会化的各个方面的培养,是"工具型"父亲(养育和指导)和"表达型"父亲(情感上温暖理解易亲近)的结合(蒲少华,李臣 & 卢宁,2011)。与父亲的关系更密切,子女就更容易形成良好的亲子关系。表 8 - 12 的结果很清晰地反映出当代女研究生对物质需求追求和精神需求追求的表达,两种需求都比较强烈,但内在精神追求更高于外在物质追求。

表 8 - 12　女研究生父亲在位、孝道信念与婚恋观各维度间的描述性统计结果(N=816)

变　量	总　数	最小值	最大值	平均数	标准差	项目均分
权威孝道	816	9.00	45.00	22.82	6.65	2.85
互惠孝道	816	31.00	48.00	44.77	4.07	5.60
与父亲关系	816	29.00	95.00	68.72	15.53	3.88
家庭代际关系	816	19.00	40.00	31.87	4.86	4.5
父亲信念	816	4.00	20.00	15.03	4.23	3.75
外在物质追求	816	4.00	39.00	25.62	4.07	4.27
内在精神追求	816	4.00	60.00	52.47	5.35	3.96

2. 女研究生父亲在位、孝道信念与婚恋观的相关分析——基于家庭背景与子女类别的差异比较

父亲在位、孝道信念与婚恋观的关系密切程度有很大不同,结果如表 8 - 13。

表 8-13　是否独生子女的父亲在位、孝道信念与婚恋观
各维度间的相关分析结果($N=816$)

分类	变量	样本	外在物质追求	内在精神追求
独生子女	权威孝道	320	0.616***	0.380***
	互惠孝道	320	0.639***	0.173**
	与父亲关系	320	0.672***	0.493***
	家庭代际关系	320	0.234***	0.387***
	父亲信念	320	0.726***	0.471***
非独生子女	权威孝道	496	0.071	0.612***
	互惠孝道	496	0.159***	−0.202***
	与父亲关系	496	0.106*	0.179***
	家庭代际关系	496	0.103*	0.238***
	父亲信念	496	0.034	0.280***

注:* 代表 $p<0.05$,** 代表 $p<0.01$,*** 代表 $p<0.001$。

（1）针对独生子女,无论哪种孝道信念,与外在物质追求的婚恋观念都很密切,说明受到社会媒介和家庭氛围的影响,独生子女看重物质追求依然是主流;同样同外在物质追求关系密切的是与父亲有关的核心因素,即与父亲关系和父亲信念,都达到了中等偏上的相关水平($r=0.672^{***}$,$p<0.001$;$r=0.726^{***}$,$p<0.001$),说明子女与父亲的信念和关系水平越密切,越会偏好追求外在物质需求。男性社会评价更容易以外在的物质水平作为评判标准,面对女儿的婚姻幸福,父亲很容易希望唯一的女儿有更好的物质条件;相比外在物质追求,父亲也希望子女有更好的精神生活追求,但是仍略低于外在物质追求。

（2）针对非独生子女,权威孝道信念水平越高,子女的内在精神追求越高。非独生子女看待婚恋观并非只是从个体出发,更从家庭视角理解物质追求和精神追求。对内在精神追求,非独生子女与独生子女有很大不同,反而父亲信念以及家庭代际关系越密切,内在精神追求程度越高。非独生子女家庭,父亲对子女的影响并非单一性,要同每个子女互动,形成亲密关系,中国的家庭代际关系以更和谐友爱为基础,家庭的整体氛围更重要,子女相互之间的沟通、平等、和谐成为主导。因此,同外在物质追求相比,女研究生更看重内在精神需求。

表 8‑14　不同家庭教养方式的父亲在位、孝道信念与婚恋观
各维度间的相关分析结果（$N=816$）

分　类	变　量	样　本	外在物质追求	内在精神追求
民主型	权威孝道	496	0.124**	−0.102*
	互惠孝道	496	0.146**	0.458***
	与父亲关系	496	0.207***	0.379***
	家庭代际关系	496	0.246***	0.306***
	父亲信念	496	0.027	0.320***
专制型	权威孝道	96	0.663***	0.354***
	互惠孝道	96	0.537***	0.418***
	与父亲关系	96	0.551***	0.099
	家庭代际关系	96	−0.576***	−0.167
	父亲信念	96	0.603***	0.183
溺爱型	权威孝道	72	0.694***	0.577***
	互惠孝道	72	0.305	0.390*
	与父亲关系	72	0.539***	753***
	家庭代际关系	72	0.406***	0.495***
	父亲信念	72	0.490***	0.682***
放任型	权威孝道	152	0.219**	0.024
	互惠孝道	152	0.300***	0.614***
	与父亲关系	152	0.237**	0.437***
	家庭代际关系	152	−0.025	0.356***
	父亲信念	152	0.612***	0.604***

注：* 代表 $p<0.05$，** 代表 $p<0.01$，*** 代表 $p<0.001$

根据表 8‑14，本研究发现不同家庭教养方式上，与女研究生对偏好外在物质追求还是内在精神追求的相关因素有很大差异。

（1）民主型家庭教养方式上，互惠孝道信念与内在精神追求关系密切（$r=0.458^{***}$，$p<0.001$）。父亲在位的 3 个因素，即与父亲关系、家庭代际关系和父亲信念均与内在精神追求关系更密切。说明民主型家庭形成的就是平等、温暖和谐的氛围，子女陶醉在其中，也内化到自我的精神世界，因此更偏好内在精神追求。

（2）专制型家庭教养方式上，无论女研究生感知到的是权威孝道信念还是互惠孝道信念，都与外在物质追求关系更密切；父亲在位变量中的与父亲关系和父亲信念同外在物质追求关系密切，说明父亲意志对女儿形成了强烈的影响，女儿更多的是服从父亲的专制想法和专制关系，是父亲专制想法的外化。此外，研究发现家庭代际关系水平越差，女儿也越偏好外在物质追求（$r=-0.576^{***}$，$p<0.001$），分析原因可能是子女对母亲和外祖父的关系的认同度越低，越不利于形成良好的整体家庭氛围，精神追求会弱化，因此外在物质追求变成了替代角色。

（3）溺爱型家庭教养方式上，权威孝道信念与外在物质追求和内在精神追求都有高水平的相关，说明女研究生在这样的家庭教养模式下，被单方面给予了充分的溺爱，形成了无论子女有什么需要都会尽全力过分满足的状态，子女只能被动接纳；父亲在位的3个因子均与外在物质追求和内在精神追求关系密切。父亲把爱无私地给予了子女。无论物质追求还是精神追求，同父亲在位水平越高，女研究生越容易在这样的氛围中形成对物质追求和精神追求的高需要。

（4）放任型家庭教养方式上，互惠孝道信念与外在精神追求关系密切，在自由选择的过程中，感知更高水平的互惠孝道信念的同时，女研究生更愿意接纳自由的精神追求。总体，父亲在位的3个因子上，父亲在位水平越高，女研究生越看重内在精神追求。父亲信念对外在精神追求的相关最高（$r=0.612^{***}$，$p<0.001$）。研究发现，对子女的放任，反而会促进子女更遵从内心的想法，更在意内在的高品质感受。

3. 女研究生父亲在位、孝道信念与婚恋观的回归分析——基于家庭背景与子女类别的差异比较

根据表8-15，研究结果表明，针对独生子女，父亲信念对女研究生外在物质追求预测作用最强。而非独生子女，与父亲关系对女研究生外在物质追求预测作用是唯一最强因子。进一步分析，研究发现，父亲信念对独生子女的外在物质追求的预测解释量为52.7%；而针对非独生子女，与父亲关系维度的预测解释量仅为1.1%。这说明，父亲对独生子女婚恋观的物质追求扮演了主导作用，父亲期望女儿嫁得好，有更好的物质婚恋条件。

针对内在精神追求，本研究发现了有趣的结果，针对独生子女，与父亲的亲密关系解释了24.3%的最高变异；而对非独生子女，父亲信念解释了7.8%的变异。这说明父亲与独生女的关系质量越高，女儿越信任父亲，同父亲形成

了更和谐的关系成为基础,女儿更期望有高质量的内在精神追求。

表 8-15 是否独生子女的女研究生婚恋观的线性回归分析表($N=816$)

类别	变量	模型	R^2	ΔR^2	F 值	Beta	DW 值
独生 子女	外在 物质 追求	1 父亲信念	0.527	0.527	353.659	0.577***	1.958
		2 与父亲关系	0.561	0.035	202.807	0.379***	
非独生 子女		3 家庭代际关系	0.611	0.050	165.413	−0.270***	
		1 与父亲关系	0.011	0.011	5.571	0.106*	
独生 子女	内在 精神 追求	1 与父亲关系	0.243	0.243	102.351	0.272	1.963
		2 父亲信念	0.265	0.022	57.251	0.191	
		3 家庭代际关系	0.279	0.014	40.741	0.141	
非独 生子女		1 父亲信念	0.078	0.078	42.042	0.224***	
		2 家庭代际关系	0.101	0.022	27.602	0.159**	

注:* 代表 $p<0.05$,** 代表 $p<0.01$,*** 代表 $p<0.001$

表 8-16 不同家庭教养方式的女研究生婚恋观的线性回归分析表($N=816$)

类别	变量	模型	R^2	ΔR^2	F 值	Beta	DW 值
民主型	外在 物质 追求	1 家庭代际关系	0.060	0.060	34.127	0.234***	1.977
		2 父亲信念	0.071	0.010	20.112	−0.239***	
		3 与父亲关系	0.101	0.030	19.723	0.241***	
专制型		1 父亲信念	0.304	0.304	91.803	0.283**	1.838
		2 家庭代际关系	0.427	0.124	75.210	−0.465***	
		3 与父亲关系	0.494	0.066	66.287	0.309***	
民主型	内在 精神 追求	1 与父亲关系	0.144	0.144	88.933	0.302***	1.969
		2 家庭代际关系	0.160	0.016	50.339	0.149**	
放任型		1 父亲信念	0.374	0.374	85.969	0.549***	1.826
		2 家庭代际关系	0.420	0.045	51.685	0.220**	

注:* 代表 $p<0.05$,** 代表 $p<0.01$,*** 代表 $p<0.001$

表 8-16 研究发现,针对外在物质追求,民主型教养方式的女研究生的家庭代际关系解释量最大,为 6.0%,父亲在位的 3 个因子共同解释 10.1% 的变异;专制型教养方式的女研究生,父亲信念能够解释 30.4% 的变异,解释量最高,对外在物质追求是显著性正性预测。比较内在精神追求,民主型教养方式

的女研究生,与父亲关系能够解释14.4%的最高变异量;而放任型教养方式的女研究生,父亲信念解释了37.4%的最高变异量。

总结研究结果,笔者发现,针对外在物质追求,专制型家庭的父亲信念起到了至关重要的角色。父亲的高期望充分渗透给子女,促使子女有更强的成就动机认可追求物质需求。相比而言,民主型家庭的总体家庭代际关系对外在物质追求上起到的作用弱化了很多。原因是来自家庭的各方面关系对子女的外在物质追求起到了综合效应。

针对内在精神追求,父亲本身的要素扮演了重要角色。民主型的教养方式上,与父亲的切实存在的父女关系质量起到了最重要的作用,民主型的家庭,父亲传递给子女平等、尊重和温暖和谐的人际关系,女儿体验到了充分的信任和认可,促进了对精神追求的进一步向往;放任型的家庭,子女因可以自由选择,更在意精神世界的自我感受,而父亲信念在子女内心潜移默化地占据着重要位置。传统与现代结合的中国父亲仍旧被描述为养家糊口的人、纪律规范者、家庭支柱、权威,被看作理想、社会政治、社会规范的化身,具有至高无上的权力(宋娟,2016)。

4. 女研究生父亲在位、孝道信念与婚恋观的中介效应检验——基于家庭背景与子女类别的差异比较

本研究将被试分为独生女研究生和非独生女研究生,采用Mplus做结构方程模型检验女研究生孝道信念在父亲在位与择偶倾向之间的中介作用,同时使用偏差校正的非参数百分位Bootstrap法进一步检验中介结果,利用Hayes(2012)编制的SPSS宏(PROCESS),通过在原始数据内作有放回的再抽样,抽取样本估计中介效应95%置信区间,完成中介效应验证。

(1)独生女研究生互惠孝道信念在父亲在位与精神追求倾向中的中介效应分析。为检验互惠孝道信念在父亲在位与择偶的精神倾向间的中介作用,首先把父亲在位、互惠孝道信念和精神追求作为潜变量,父亲在位的8个维度、互惠孝道信念的8个测量项目、精神追求的2个维度作为指标变量,采用Mplus7.0做结构方程模型分析。结果显示,互惠孝道信念在父亲在位与精神追求间起部分中介作用,部分中介效应模型的整体拟合指数良好:$\chi^2/df=4.65$,RMSEA=0.065,CFI=0.863,TLI=0.842,SRMR=0.065。

从中介效应模型1(图8-7)的路径系数所示,父亲在位对精神追求的总效应为0.500,互惠孝道在父亲在位与精神追求的关系中起部分中介作用,中介效应为$(0.757×0.145)=0.110$。

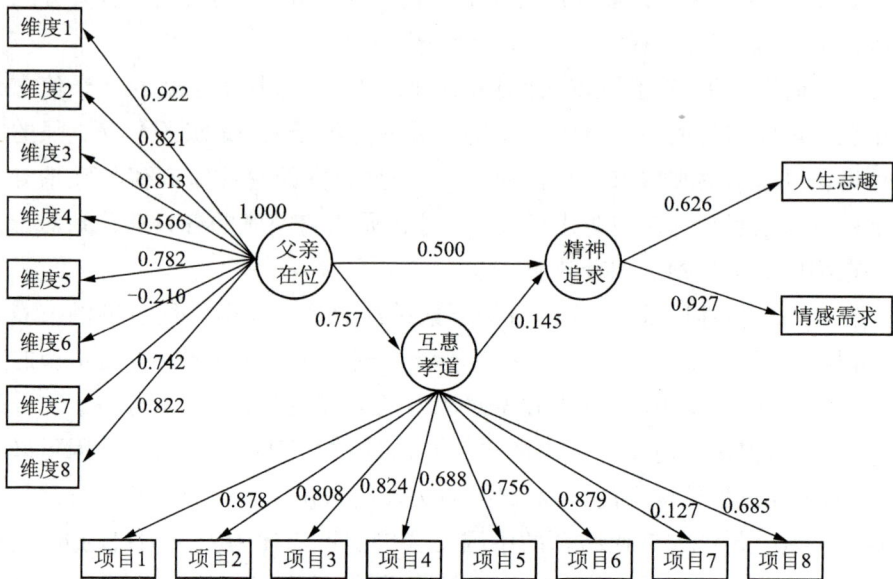

图 8-7 互惠孝道信念在父亲在位与精神追求间的中介作用（模型1）

由于偏差校正的 Bootstrap 法比其他中介效应分析方法有更高的统计检验力(MacKinnon & Lockwood,2004),本研究将采用此方法进一步证实以互惠孝道信念为中介的模型的正确性。在 Bootstrap 法分析结果中,如果 95% 置信区间包括 0,则中介效应不显著;如果置信区间不包括 0,则中介效应显著。

结果显示,由父亲在位—互惠孝道信念—精神追求的路径产生的间接效应,其置信区间为[-0.020,-0.039],不含 0 值,表明互惠孝道在父亲在位与精神追求间的中介效应显著。

表 8-17 互惠孝道信念在父亲在位与精神追求间中介效应分析

中介效应路径	Boot 标准差误	Boot CI 下限	Boot CI 上限	中介效应值
父亲在位→互惠孝道→精神追求	0.015	-0.020	-0.039	10.9%

考虑到父亲在位不同维度可能与变量本身的整体作用不同,研究进一步考察了互惠孝道信念在父亲在位的不同维度和精神追求的关系中是否具有中介作用。首先,把父亲在位的 8 个维度作为显变量,互惠孝道信念和精神追求作为潜变量,互惠孝道信念的 8 个测量项目和精神追求 2 个维度作为显变量,

进行结构方程模型分析。结果显示,该模型的拟合指数为:$\chi^2/df=4.15$,RM-SEA$=0.068$,CFI$=0.832$,TLI$=0.817$,SRMR$=0.065$。删除不显著的路径后,修正模型的拟合指数为:$\chi^2/df=4.54$,RMSEA$=0.069$,CFI$=0.859$,TLI$=0.833$,SRMR$=0.065$。在修正模型中,各路径系数均达到极其显著水平,其中父亲感情、母亲支持和与父亲身体互动可通过影响互惠孝道信念间接影响精神追求,而父亲在位的其他 5 个维度对互惠孝道信念和精神追求的影响不显著。

从中介效应模型 2(图 8-8)的路径系数来看,首先,父亲感情对精神追求影响的直接效应为-0.845,互惠孝道在父亲感情与精神追求的关系中起部分中介作用,中介效应为$(0.677\times0.152)=0.103$;其次,母亲支持对精神追求的直接效应为-0.527,互惠孝道在母亲支持对精神追求的关系中起部分中介作用,中介效应为$(0.468\times0.152)=0.071$;最后,与父亲身体互动对精神追求的直接效应为 0.118,互惠孝道在与父亲身体互动对精神追求的关系中起部分中介作用,中介效应为$(-0.189\times0.152)=-0.029$。

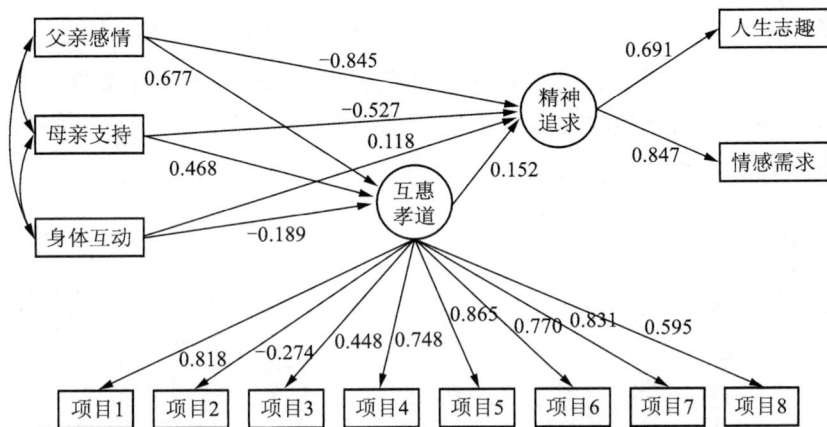

图 8-8　互惠孝道信念在父亲在位不同子维度与精神追求间的中介作用(模型 2)

基于偏差校正的 Bootstrap 检验结果显示,权威孝道在父亲参与与物质追求间的中介效应的置信区间为$[-0.199,-0.296]$,在与外祖父关系对物质追求间的中介效应的置信区间为$[0.264,0.536]$,在父亲信念对物质追求间的中介效应的置信区间为$[0.041,0.033]$,均不含 0 值,因此这三个部分中介效应均显著(表 8-18)。

表 8-18　　互惠孝道信念在父亲感情、母亲支持及与父亲身体
互动与精神追求间中介效应分析

中介效应路径	Boot 标准误	Boot CI 下限	Boot CI 上限	中介效应
父亲感情→互惠孝道→精神追求	0.13	−0.199	−0.296	10.3%
母亲支持→互惠孝道→精神追求	0.07	0.264	0.536	7.6%
身体互动→互惠孝道→精神追求	0.02	0.041	0.133	2.8%

（2）独生女研究生权威孝道信念在父亲在位与物质择偶倾向中的中介效应分析。为检验权威孝道信念在父亲在位与择偶的物质倾向间的中介作用，首先把父亲在位、权威孝道信念和物质追求作为潜变量，父亲在位的 8 个维度、权威孝道信念的 8 个测量项目、物质追求的 2 个维度作为指标变量，采用 Mplus7.0 做结构方程模型分析。结果显示，权威孝道信念在父亲在位与物质追求间起部分中介作用，部分中介效应模型的整体拟合指数良好：$\chi^2/df=5.14$，RMSEA$=0.065$，CFI$=0.841$，TLI$=0.853$，SRMR$=0.065$。

从中介效应模型 3（图 8-9）的路径系数来看，父亲在位对物质追求的总效应为 0.384，权威孝道在父亲在位与物质追求的关系中起部分中介作用，中介效应为$(0.507\times 0.885)=0.449$。

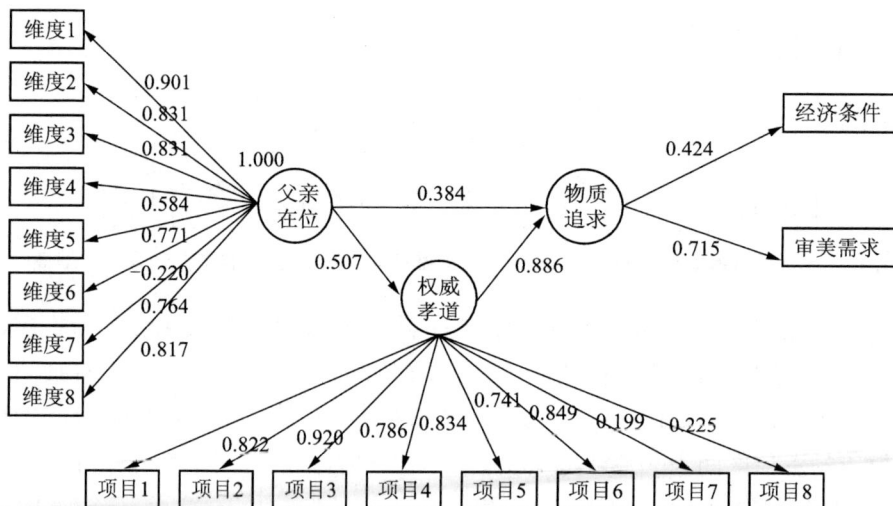

图 8-9　权威孝道信念在父亲在位与物质追求间的中介作用（模型 3）

由于偏差校正的 Bootstrap 法比其他中介效应分析方法有更高的统计检验力(MacKinnon 和 Lockwood,2004)。本研究将采用此方法进一步证实以权威孝道信念为中介的模型的正确性。在 Bootstrap 法分析结果中,如果 95% 置信区间包括 0,则中介效应不显著;如果置信区间不包括 0,则中介效应显著。

结果显示,由父亲在位—权威孝道信念—物质追求的路径产生的间接效应,其置信区间为[0.017,0.044],不含 0 值,表明权威孝道在父亲在位与物质追求中介效应显著(如表 8-19)。

表 8-19 权威孝道信念在父亲在位与物质追求间中介效应分析

中介效应路径	Boot 标准差误	BootCI 下限	BootCI 上限	中介效应值
父亲在位→权威孝道→物质追求	0.07	0.017	0.044	44.8%

考虑到父亲在位不同维度可能与变量本身的整体作用不同,研究进一步考察了权威孝道信念在父亲在位的不同维度和物质追求的关系中是否具有中介作用。首先,把父亲在位的 8 个维度作为显变量,权威孝道信念和物质追求作为潜变量,权威孝道信念的 8 个测量项目和物质追求 2 个维度作为显变量,进行结构方程模型分析。结果显示,该模型的拟合指数为:$\chi^2/df = 4.37$,RMSEA$=0.067$,CFI$=0.852$,TLI$=0.835$,SRMR $=0.065$。删除不显著的路径后,修正模型的拟合指数为:$\chi^2/df = 4.69$,RMSEA$=0.071$,CFI$=0.864$,TLI$=0.843$,SRMR $=0.060$。在修正模型 4 中,各路径系数均达到极其显著水平,其中父亲参与、外祖父关系和父亲信念可通过影响权威孝道信念间接影响物质追求,而父亲在位的其他 5 个维度则对权威孝道信念和物质追求的影响不显著。

从中介效应模型 4(图 8-10)的路径系数来看,首先,父亲参与对物质追求影响的直接效应为−0.351,权威孝道在父亲参与与物质追求的关系中起部分中介作用,中介效应为(0.216×0.387)=0.084;其次,与外祖父关系对物质追求的直接效应为−0.230,权威孝道在与外祖父关系对物质追求的关系中起部分中介作用,中介效应为(0.705×0.387)=0.273;最后,父亲信念对物质追求的直接效应为 0.093,权威孝道在父亲信念对物质追求的关系中起部分中介作用,中介效应为(−0.165×0.387)=−0.064。

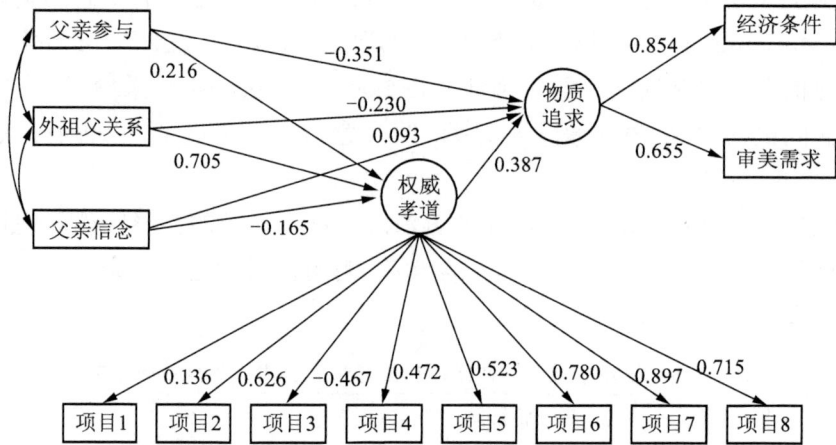

图 8 - 10　权威孝道信念在父亲在位子维度与物质追求间的中介作用（模型 4）

基于偏差校正的 Bootstrap 检验结果显示,权威孝道在父亲参与与物质追求间的中介效应的置信区间为[0.07,0.22],在与外祖父关系对物质追求间的中介效应的置信区间为[-0.64,-0.36],在父亲信念对物质追求间的中介效应的置信区间为[0.10,0.23],均不含 0 值,因此这三个部分中介效应均显著（表 8 - 20）。

表 8 - 20　权威孝道信念在父亲参与、与外祖父关系及父亲信念
与物质追求间的中介效应分析

中介效应路径	Boot 标准误	BootCI 下限	BootCI 上限	中介效应
父亲参与→权威孝道→物质追求	0.04	0.07	0.22	9%
与外祖父关系→权威孝道→物质追求	0.07	-0.64	-0.36	28%
父亲信念→权威孝道→物质追求	0.03	0.10	0.23	-7%

（3）非独生女研究生互惠孝道信念在父亲在位与精神择偶倾向间的中介效应分析。为检验互惠孝道信念在父亲在位与择偶的精神倾向间的中介作用,首先把父亲在位、互惠孝道信念和精神追求作为潜变量,父亲在位的 8 个维度、互惠孝道信念的 8 个测量项目、精神追求的 2 个维度作为指标变量,采用 Mplus7.0 做结构方程模型分析。结果显示,父亲在位影响精神追求的直接路径不显著,因此我们删除这一直接路径,考察互惠孝道信念的完全中介效

应。该模型的整体拟合情况较好：$\chi^2/df=5.17$，RMSEA＝0.065，CFI＝0.793，TLI＝0.812，SRMR＝0.065。因此我们采用互惠孝道信念的完全中介效应模型5(图8-11)，即父亲在位不能直接影响精神追求，而是通过互惠孝道信念间接影响精神追求。为了进一步证实该中介模型的正确性，我们采用基于偏差校正的 Bootstrap 法进一步检验结果。从中介效应模型5的路径系数来看，互惠孝道在父亲在位与精神追求的关系中起完全中介作用，中介效应为(0.368×0.765)＝0.282。

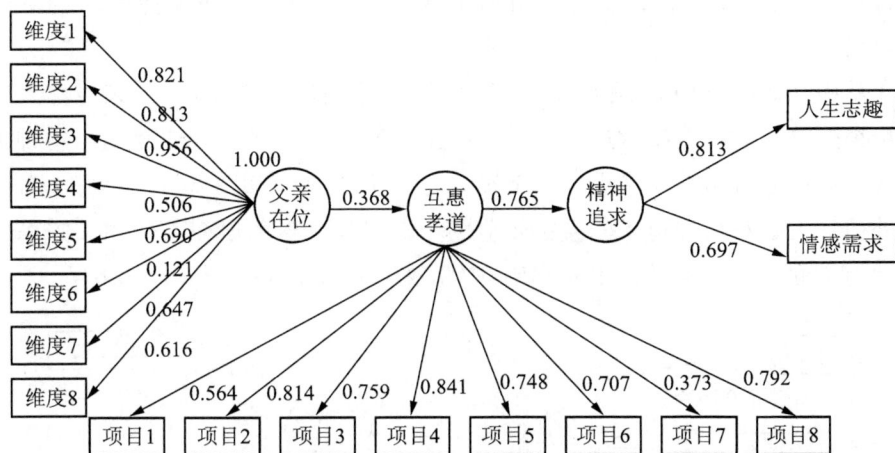

图 8-11 互惠孝道信念在父亲在位与精神追求间的中介作用（模型5）

基于偏差校正的 Bootstrap 法比其他中介效应分析方法有更高的统计检验力(MacKinnon & Lockwood，2004)。本研究将采用此方法进一步证实以权威孝道信念为中介的模型的正确性。在 Bootstrap 法分析结果中，如果95％置信区间包括0，则中介效应不显著；如果置信区间不包括0，则中介效应显著。结果显示互惠孝道在父亲在位与精神追求间的中介效应的置信区间为[0.046,0.075]，中介效应显著(表8-21)。

表 8-21 互惠孝道信念在父亲在位与精神追求间中介效应分析

中介效应路径	Boot 标准误	BootCI 下限	BootCI 上限	中介效应
父亲在位→互惠孝道 →精神追求	0.07	0.046	0.075	28.2％

考虑到父亲在位不同维度可能与变量本身的整体作用不同，研究进一步考察了互惠孝道信念在父亲在位的不同维度和精神追求的关系中是否具有中

介作用。首先,把父亲在位的 8 个维度作为显变量,互惠孝道信念和精神追求作为潜变量,互惠孝道信念的 8 个测量项目和精神追求 2 个维度作为显变量,进行结构方程模型分析。结果显示,该模型的拟合指数为:$\chi^2/df = 5.68$,RMSEA=0.078,CFI=0.817,TLI=0.842,SRMR =0.075。删除不显著的路径后,修正模型的拟合指数为:$\chi^2/df = 5.22$,RMSEA=0.068,CFI=0.836,TLI=0.851,SRMR =0.065。在修正模型中,各路径系数均达到极其显著水平,其中与父亲身体互动、与外祖父关系可通过影响互惠孝道信念间接影响精神追求,而父亲在位的其他 6 个维度对互惠孝道信念和精神追求的影响不显著。

从中介效应模型 6(图 8-12)的路径系数来看,一方面,与父亲身体互动对精神追求影响的直接效应为-0.184,互惠孝道在与父亲身体互动与精神追求的关系中起部分中介作用,中介效应为(0.763×0.258)=0.197;另一方面,与外祖父关系对精神追求的直接效应为-0.208,互惠孝道在与外祖父关系对精神追求的关系中起部分中介作用,中介效应为(0.175×0.258)=0.045。

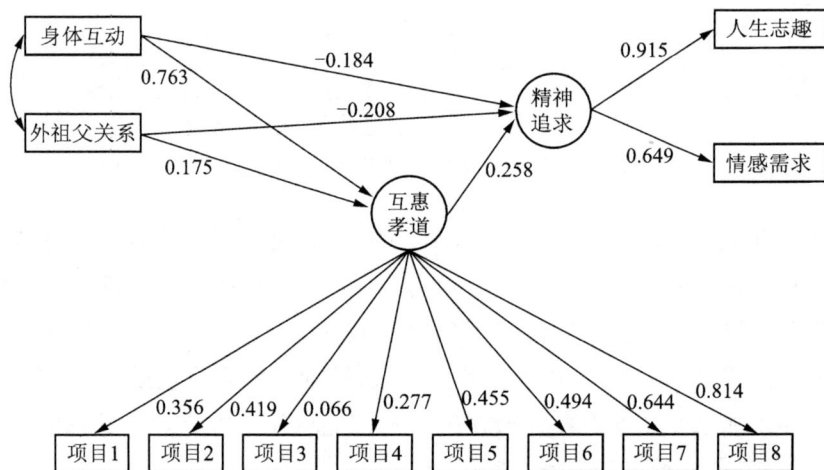

图 8-12　互惠孝道信念在父亲在位子维度与精神追求间的中介作用(模型 6)

基于偏差校正的 Bootstrap 检验结果显示,互惠孝道在与父亲身体互动与精神追求间的中介效应的置信区间为[0.137,0.247],在与外祖父关系对精神追求间的中介效应的置信区间为[0.043,0.090],均不含 0 值,因此这两个部分中介效应均显著(见表 8-22)。

表 8-22　互惠孝道信念在与父亲身体互动及与外祖父关系与精神追求间中介效应分析

中介效应路径	Boot 标准	BootCI 下限	BootCI 上限	中介效应
与父亲身体互动→互惠孝道→精神追求	0.03	0.137	0.247	19.7%
与外祖父关系→互惠孝道→精神追求	0.06	0.043	0.090	4.5%

（4）权威孝道信念在父亲在位与择偶物质倾向间的中介效应分析。为检验权威孝道信念在父亲在位与择偶的物质倾向间的中介作用,把父亲在位、权威孝道信念和物质追求作为潜变量,父亲在位的 8 个维度、权威孝道信念的 8 个测量项目、物质追求的 2 个维度作为指标变量,采用 Mplus7.0 做结构方程模型分析。结果显示,该中介模型不成立,权威孝道在父亲在位与择偶的物质倾向间无中介作用。

（5）小结。通过以上相关分析、回归分析、中介效应检验可知,父亲在位对择偶倾向产生影响,主要有以下几条路径:

在独生女研究生群体中:

路径 1:父亲在位—互惠孝道信念—精神追求;

路径 2:父亲在位—权威孝道信念—物质追求;

在非独生女研究生群体中:

路径 3:父亲在位—互惠孝道信念—精神追求。

根据以上路径检验结果可知,父亲在位不仅可以直接影响女研究生的择偶倾向,而且均可通过互惠与权威孝道信念间接影响其择偶倾向。

（四）讨论

一方面,笔者发现,针对子女类型的差异,作为高知群体的女研究生,对婚恋观都有不同的感知。父亲在位体现出的同子女的亲密关系同样也渗透在子女的孝道信念中,进而影响了子女的婚恋观。新生代的独生子女相比非独生子女,因成长在典型的核心家庭中,父亲与子女的互动更具有针对性、唯一性和集中性,亲子之间的互动频率更为密切,更容易形成高水平的父亲在位体验。因此,在婚恋观上,父亲的信念、家庭代际关系的传递、与父亲的亲密关系都会直接对女研究生产生直接和间接的作用。在某种程度上,正是独生子女的这一特殊性促进了子女对父亲在位资源的独占性。因此,无论是外在物质追求还是内在精神追求,女研究生都会有高水平的认同。

而具体到父亲在位水平的作用上,父亲信念对外在物质追求起到最重要的作用,而与父亲的关系对内在精神追求扮演关键角色。这说明,作为唯一亲情寄托和交流对象,父亲更在意与亲子形成的密切关系。与父亲形成的亲密关系是自然而生的,独生子女从小到大受到事无巨细的照顾。高水平的亲子互动使父亲更加深刻的传递给子女,即"与父亲关系"潜移默化地影响子女的交往,因此子女更关注内在精神追求;此外,父亲更期望子女有优越的物质条件。这种理念的父亲更容易在子女身上寄托全部的期望和情感,希望在子女身上实现自己的理想和愿望(张馨芳,2016)。研究并未发现独生子女在形成两种孝道信念上有特别偏好。说明父亲与子女的相处范式会因家庭而异,没有显著性差别。

相比较而言,非独生子女维度上,互惠孝道信念感知更深刻,与父亲关系对女研究生的外在物质追求起到最重要的预测作用。非独生子女的父亲在对子女的养育过程中,需要分享资源给每个子女。家庭责任意识更强,不像独生子女的独占资源,非独生子女从小学会"分享"。在其生活环境中自然地同其他兄弟姐妹互惠,会更愿意与人分享自己的情绪,互惠孝道信念感知更深刻。同时,非独生子女的女研究生因为家庭内在资源的竞争,有危机感,反而是与父亲亲密关系越好,越看重外在物质追求;而父亲在位的作用中,父亲信念对内在精神追求有最强的预测作用。从父亲的视角,父亲期望每个子女都会获得更高水平的生活。父亲的理念通过展现给孩子新的经验或新异刺激以激活孩子的情感,使孩子获得更多成就感,促进子女积极能力的发展。子女更认同父亲的信念,因此对内在精神有更高追求。

另一方面,不同家庭教养方式上,父亲在位对女研究生的婚恋观发挥了主导性功能。

对外在物质追求上,民主型家庭比专制型家庭本身有更高水平的追求,父亲在位的3个维度都起到了作用。但家庭代际关系对女研究生看重外在物质追求上扮演了重要角色,民主型家庭本身主张家庭氛围更民主、平等、尊重、融洽和温暖,父母亲形成的家庭多元角色有强烈的角色示范和行为强化作用,促进子女更多的社会性发展,也促使子女期望有更高的物质追求证明自我。在专制家庭教养方式上,父亲信念对女研究生的外在物质追求起到最强的预测作用。专制型家庭教养方式上,父亲意志影响了子女在观念和行为上的服从。父亲信念中更加强化物质占有和获取的外在价值取向。父亲信念在某种意义上变成了子女生活追求的压力。此外,Deci 等(2000)依恋理论指出,个体对照料者的初级依恋受挫后,会激发个体将物质作为依恋对象的替代品,因为物质能提供暂时的需要满足。专制型家庭教养方式,子女与父亲不容易形成良好依恋,因此,这也是女研究生更看重外在物质追求的原因之一。

在内在精神追求上,民主型教养方式的与父亲关系越密切的女研究生更看重内在精神追求。侯靓等(2002)研究发现非民主型管教方式的大学生会更担心家人对于自己恋爱的态度,在恋爱中有更多的顾虑。而民主型家庭中,父母的婚恋关系成为子女学习"婚姻范本",父亲对女研究生更通过亲密关系言传身教,子女受到家庭氛围的影响,更期望形成高水平的精神婚姻生活。对放任型家庭教养方式上,父亲信念对子女的内在精神追求起到最强的预测作用。放任型家庭教养方式本质上是对子女的"低控制"。低控制状态下,子女反而更看重父亲信念。根据自我决定理论,当归属需要受到损害的时候,人们在最初的时候会努力增强与他人的关联感(Deci,Edward,Richardm & Ryan Shaver,2000),父亲对子女的影响更多表现在子女对父子关系的看法和评价、子女看待父亲的方式和态度、子女对父亲重要性的理解、社会文化中有关父亲意义和价值的信念等多个方面(蒲少华,卢宁 & 卢彦杰,2012)。父亲信念越强,女研究生会更期待能够自我控制,有更高水平的内在精神追求。

三、教育启示与建议

(一)重视父亲参与对在个体成长中的作用

一方面,研究数据为我们揭示了父亲在位对个体孝道信念形成的影响。高水平的父亲在位体现高品质的亲子关系,也更利于个体双元孝道信念均衡发展。在传统家庭模式中,由于父亲承担家庭的经济责任,对于子女的陪伴可能会不及母亲多,导致子女与父亲之间的关系往往较为疏离。但父亲对于个体成长发展的作用是不容忽视的。另一方面,子女对父亲的感情、对父亲参与的感知、与父亲的身体互动这一系列体验与感知在出生的那一刻便已经开始,从婴幼儿期的呵护与互动到儿童期父亲参与子女学习或为其提供所需帮助,再扩大到参与子女爱好和运动,并协助子女一起解决问题,以及后来的为子女的前途和未来的规划与考量。父亲的每一刻每一步参与都会影响其父亲在位的体验与感知,对个体的成长发展产生作用。

(二)母亲在父子关系间的作用不可忽视

母亲作为父子关系的"门卫",在塑造和维持融洽父子关系方面功不可没。一方面,母亲自身与伴侣(孩子父亲)之间形成和谐的关系,母亲尊重父亲,与父亲的关系亲密,也就使子女与父亲的关系更轻松亲近,子女也更倾向于与父母之间建立起和谐的关系,进而对父亲的形象有更深刻贴近的体会。另一方面,当父亲"不在场"时,母亲通过自己的教化与引导在子女心目中建立一个积极正面的父亲形象。帮助子女理解父亲的"不在场",增强子女与父亲精神层面的感知,并学会爱戴尊敬自己的父亲。母亲对父子关系的支持,促进子女对父亲更深层次的感知与认同,促进其高水平父亲在位的形成。

（三）和谐的家庭代际关系对于个体孝道信念的影响

家庭作为个体成长发展的第一场所,家庭的各种构成要素都对其成长发展有着潜移默化的作用。一方面,作为子女的第一任老师,父母亲的许多行为都对子女起着榜样模范作用,这其中也包括父母辈与其父辈之间形成的代际关系及其秉承的孝道信念,这都对其子代孝道信念的发展与形成有一定示范作用,父母亲应重视其与父辈之间关系对子辈的影响。另一方面,我国传统孝道从古至今一直发挥着协调缓和代际间冲突与摩擦,积极地解决代际的矛盾,实现代际的和谐的功能。和谐的家庭代际关系有助于代际形成互相尊重、理解与扶持的氛围,进而促进个体的正确孝道信念的形成。

参考文献

中文著作类

[1] 二十二子[M].上海：上海古籍出版社,1986.

[2] 十三经注疏[M].上海：上海古籍出版社,1997.

[3] 阮元,校刻.十三经注疏[M].北京：中华书局,1980.

[4] [清]永路,等,撰.四库全书总目提要二卷三十二·孝经类[M]. 北京：中华书局,1960.

[5] [美]M.米德.文化与承诺——一项有关代沟问题的研究[M].石家庄：河北人民出版社,1987.

[6] 埃里克·H.埃里克森.同一性：青少年与危机[M]. 孙名之,译. 杭州：浙江教育出版社,1998.

[7] 费孝通.乡土中国[M].北京：三联书店,1985.

[8] 侯杰泰,温忠麟,成子娟. 结构方程模型及其应用[M].北京：教育科学出版社,2004.

[9] 黄娟.社区孝道的再生产：话语与实践[M].北京：社会科学文献出版社,2011.

[10] 黄希庭,郑涌.当代的中国大学生心理特点与教育[M].上海：上海教育出版社,2002.

[11] 李培林,社会学与中国社会[M].北京：社会科学文献出版社,2009.

[12] 罗国杰.罗国杰文集(下卷)[M].保定：河北大学出版社,2000.

[13] 乔纳森·特纳.社会学理论的结构(上)[M].邱泽奇,等,译. 北京：华夏出版社,2001.

[14] 王聘珍.大戴礼解沽[M].北京：中华书局,1983.

[15] 王树新.社会变革与代际关系研究[M].北京：首都经贸大学出版社,2004.

［16］吴明隆.问卷统计分析实务——SPSS 操作与应用［M］.重庆:重庆大学出版社,2010.

［17］肖群忠.孝与中国文化［M］.北京:人民出版社,2001.

［18］杨国枢.孝道之心理学研究的回顾与前瞻［M］.重庆:重庆大学出版社,2009.

［19］杨国枢.国人的心理与行为:本土化研究［M］.北京:中国人民大学出版社,2004.

［20］杨国枢,主编.中国人的心理［M］.台北:桂冠图书公司出版,1989.

［21］叶光辉,杨国枢.中国人的孝道:心理学的分析［M］.重庆:重庆大学出版社,2009.

［22］约翰·桑特洛克.青少年心理学［M］.寇彧,译.北京:人民邮电出版社,2013.

［23］张文新.儿童社会性发展［M］.北京:北京师范大学出版社,1999.

中文论文类

［1］安哲锋,张峰峰.中美感恩文化的比较与启示［J］.教育现代化,2016(28):100－101＋109.

［2］柴唤友,孙晓军,牛更枫,等.亲子关系、友谊质量对主观幸福感的影响:间接效应模型及性别差异［J］.中国临床心理学杂志,2016(03):531—534.

［3］陈德才.中西文化中的感恩教育思想辨［J］.重庆城市管理职业学院学报,2009(2):27—30.

［4］陈谷嘉,吴增礼.论《二十四孝》的人伦道德价值［J］.伦理学研究,2008(4):78—84.

［5］陈宏志.儒家孝道观在台湾的体现与发展［J］.中国城市经济,2011(24):251—253.

［6］陈开宇.新二十四孝与传统孝道的比较及对我国的启示［J］.学理论,2013(11):284—285.

［7］陈丽君,钟佑洁.不同依恋类型对个体发展影响研究综述［J］.集美大学学报(教育科学版),2009(2):43—46.

［8］陈丽娜,张建新.大学生一般生活满意度及其与自尊的关系［J］.中国心理卫生杂志,2004(4):222—224.

［9］陈亮,张丽锦,沈杰.亲子关系对农村留守儿童主观幸福感的影响［J］.

中国特殊教育,2009（3）:8—12.

[10] 陈世平,乐国安.城市居民生活满意度及其影响因素研究[J].心理科学,2001(6)：664—666＋765.

[11] 陈向明.扎根理论在中国教育研究中的运用探索[J].北京大学教育评论,2015(1)：2—15＋188.

[12] 陈羿君,沈亦丰,张海伦.单亲家长性别角色类型与子女社会适应的关系——性别角色教养态度的中介作用[J].心理发展与教育,2016（3）：301—309.

[13] 陈卓.新加坡"品格与公民教育"中家庭教育环节的特点研究——基于小学《好品德好公民》教科书的文本分析[J].比较教育研究,2016（9）：14—20.

[14] 池丽萍,辛自强.幸福感:认知与情感成分的不同影响因素[J].心理发展与教育,2002(2):27—32.

[15] 邓凌.大学生孝道观的调查研究[J].青年研究,2004(11):38—42.

[16] 丁雪辰,刘俊升,李丹,桑标. Harter 儿童自我知觉量表的信效度检验[J].中国临床心理杂志,2014(2)：251—255.

[17] 丁英顺.韩国老年福利制度的发展及特征[J].东北亚学刊,2017(3)：52—57.

[18] 丁志宏.中国老年人经济生活来源变化：2005—2010[J].人口学刊,2013(3)：69—77.

[19] 董坤.现代人孝道行为变迁探究[J].邯郸学院学报,2016（1）：126—128.

[20] 范翠英,潘清泉,游志麒,刘华山.儿童道德脱离的影响因素及其与社会行为的关系[J].心理与行为研究,2012(3):167—171.

[21] 范丰慧,汪宏,黄希庭,等.当代中国人的孝道认知结构[J].心理科学,2009(3)：751—754.

[22] 冯琳琳.父母心理控制和行为控制研究述评[J].中国健康心理学杂志,2015（12）:1911—1914.

[23] 冯跃.家庭抗逆力研究:整合思潮评析[J].首都师范大学学报(社会科学版),2017（3）:160—165.

[24] 傅绪荣,汪凤炎,陈翔,等. 孝道:理论、测量、变迁及与相关变量的关系[J].心理科学进展,2016(2)：293—304.

[25] 高静.当代孝文化四层次体系构建[J].重庆与世界,2016(12):120—122.

[26] 宫丽艳.论韩国孝道文化传承对中国的启示[J].学术交流,2014(9):211—215.

[27] 顾丹颖.新加坡孝道教育及其对我国的启示[J].教导刊(中旬刊),2014(9):222—223.

[28] 顾平.感恩与孝道——借基督教感恩文化重塑孝道文化[J].南京林业大学学报(人文社会科学版),2010(2):29—33.

[29] 郭金山.西方心理学自我同一性概念的解析[J].心理科学进展,2003(2):227—234.

[30] 韩广忠,肖群忠.韩国孝道推广运动及其立法实践述评[J].道德与文明,2009(3):39—43.

[31] 韩雪,李建明.高中生父母教养方式与自尊关系的研究[J].中国健康心理学杂志,2008(1):105—107.

[32] 韩振乾.韩国文化的基本特征[J].刊授党校,2008(10):40—43.

[33] 郝胜楠.浅谈从《孝经》"纪孝行"到"新二十四孝"的变迁[J].学理论,2014(24):109—110.

[34] 何安明,刘华山.感恩的内涵、价值及其教育艺术探析[J].黑龙江高教研究,2012(4):92—95.

[35] 胡泽勇.基于传统孝道的青少年平等价值观教育[J].湖北工程学院学报,2016(5):27—31.

[36] 黄华.传统孝道与个体的自我分化[J].长江大学学报(社会科学版),2008(3):327—328.

[37] 黄士哲,叶光辉.父母教养方式对青少年双元孝道信念的影响效果:中介历程的探讨[J].本土心理学研究,2013(3):119—164.

[38] 黄艳钦,孙鹏宇.大学生"亲社会行为"的调查[J].人才资源开发,2014(4):109—110.

[39] 纪秋发.北京青年的婚姻观——一项实证调查分析[J].青年研究,1995(7):19—25.

[40] 江侠,唐鹏.现代孝道伦理失范探析[J].桂海论丛,2007(4):25—27.

[41] 江侠.新加坡孝道教育特点及启示[J].湖北广播电视大学学报,2008(4):74—75.

[42] 江颖颖.谈《曾国藩家书》中子女教育方法的现代启示[J].内蒙古农业大学学报(社会科学版),2011(5):313—315.

[43] 蒋怀滨,张晓婷,郑婉丽,张斌,林良章,朱添荣.家庭功能对大学生尊老意识的影响:有中介的调节效应[J].杭州师范大学学报(自然科学版),2016(1):20—45.

[44] 蒋玉娜,李朝旭,常文文,杨晨,石孟磊.单亲家庭及单亲家长性别对高中生性别角色定位的影响[J].中国健康心理学杂志,2007(6):544—546.

[45] 金灿灿,邹泓,余益兵.中学生孝道信念的特点及其与亲子依恋和人际适应的关系[J].心理发展和教育,2011(6):619—624.

[46] 金盛华,田丽丽.中学生价值观、自我概念与生活满意度的关系研究[J].心理发展与教育,2003(2):57—63.

[47] 金香花.当代韩国孝道的理论与实践[J].湖北工程学院学报,2015(4):31—36.

[48] 金小燕.孝道与"亲亲互隐":德性伦理学视野下的诠释——兼与邓晓芒先生商榷[J].南昌大学学报(人文社会科学版),2015(6):27—33.

[49] 金小燕.儒家孝道的当代境遇——理论和现实的碰撞[J].湖北民族学院学报(哲学社会科学版),2015(2):162—167.

[50] 金小燕.儒家孝道析[J].重庆社会科学,2015(11):78—85.

[51] 金志玲,金河岩,金志杰.大学生孝道与亲社会行为关系研究[J].西部素质教育,2017(3):99.

[52] 井莹,刘少航.论女大学生在就业与婚恋观上的性别角色意识[J].常州大学学报(社会科学版),2012(4):22—24.

[53] 柯仁泉.孝道——一种自然主义的解释[J].科学技术哲学研究,2014(5):98—106.

[54] 寇彧.如何评价青少年群体中的亲社会行为[J].教育科学,2005(1):41—43.

[55] 雷火香.儒家修身思想与当代大学生社会群体意识的培养[J].当代教育理论与实践,2016(5):168—171.

[56] 黎志华,尹霞云,蔡太生,等.父亲参与教养程度、父子依恋关系对儿童亲社会行为的影响[J].中国临床心理学杂志,2012(5):705—707.

[57] 李炳全,陈灿锐.中学生的孝道与成就动机相关研究[J].心理学探新,2007(3):71—75.

[58] 李丹黎,张卫,李董平,等.父母行为控制、心理控制与青少年早期攻击和社会退缩的关系[J].心理发展与教育,2012(2):201—209.

[59] 李丹黎,张卫,王艳辉,等.母亲心理控制与青少年问题性网络使用:非适应性认知的中介作用[J].心理科学,2013(2):411—416.

[60] 李冬晖,陈会昌,侯静.父母控制与儿童顺从行为的研究综述[J].心理学动态,2001(4):341—346.

[61] 李龙科,陈宇晴,刘艳芬.当代研究生的婚恋观现状及特点探析——对 H 大学在校研究生婚恋观的调查研究[J].研究生教育研究,2014(1):54—59.

[62] 李启明,陈志霞,徐海燕.父母的教养方式及性别对孝道代际传递的影响[J].心理学探新,2016(04):358—364.

[63] 李启明,陈志霞.父母教养方式与双元孝道、普遍尊老的关系[J].心理科学,2013(1):128—133.

[64] 李启明,陈志霞.物质主义对双元孝道的影响——基于代际传递的视角[J].心理科学,2016(5):1216—1222.

[65] 李启明,徐海燕.大学生心理传统性及现代性、人格特质与双元孝道的关系[J].心理学探新,2011(6):539—543.

[66] 李琬予,寇彧,李贞.城市中年子女赡养的孝道行为标准与观念[J].社会学研究,2014(3):216—240.

[67] 李伟,平章起.价值多元时代青少年思想道德教育的思考——来自美国新品格教育的启示[J].现代教育管理,2012(7):107—110.

[68] 李晓苗,张芳芳,孙昕霙,等.我国青少年生活方式、自尊与生活满意度的关系研究[J].北京大学学报(医学版),2010(3):330—334.

[69] 李晓彤,王雪玲,王大华,等.青年子女的传统孝观念及其与早期父母教养行为的关系[J].心理发展与教育,2014(6):601—608.

[70] 李晓巍,刘艳.父教缺失下农村留守儿童的亲子依恋、师生关系与主观幸福感[J].中国临床心理学杂志,2013(3):493—496.

[71] 李志楠,邹晓燕.西方父母控制研究的新特点[J].辽宁师范大学学报,2006(2):60—63.

[72] 李祖娴,聂衍刚,田婧好.对父母婚姻关系的知觉与大学生婚恋观的相关研究[J].中国健康心理学杂志,2009(3):270—273.

[73] 利翠珊.孝道的俗世意义和多重面向[J].本土心理学研究,2009

（32）：199—205.

[74] 梁明玉.略论《孝经》孝道思想与大学生孝道教育[J].内江师范学院学报,2016(1):107—110.

[75] 林顺华.当代台湾青年孝道观剖析[J].青年探索,1997(03):44—46.

[76] 林宗浩.韩国老年人福利法的变迁及对我国的启示[J].法学论坛,2012,(5):155—160.

[77] 刘继青.当代香港公民教育的特点及其发展趋势[J].当代教育科学,2010(13):55—57.

[78] 刘洁.青少年生活满意度国内研究进展[J].社会心理科学,2007（2）:43—47+27.

[79] 刘旺,田丽丽,Rich Gilman.中美两国中学生生活满意度的跨文化研究[J].中国心理卫生杂志,2005（5）:29—31.

[80] 刘旺.中国、以色列中学生生活满意度的跨文化研究[J].中国特殊教育,2006（10）:79—82.

[81] 刘旺.中学生生活满意度的城乡差异[J].中国心理卫生杂志,2006（10）:647—649.

[82] 刘汶蓉.孝道衰落？成年子女支持父母的观念、行为及其影响因素[J].青年研究,2012,(2):22—32.

[83] 刘新玲.对传统"孝道"的继承和超越——大学生"孝"观念调查[J].河北科技大学学报(社会科学版),2005(2):68—72.

[84] 刘颖,翟晶,陈旭.不同依恋风格者情绪调节策略的认知神经特点[J].心理科学,2016（1）:109—115.

[85] 刘忠世."二十四孝"中的社会交换与传统孝道[J].齐鲁学刊,2011（02）:30—34.

[86] 陆洛,高旭繁,陈芬忆.传统性、现代性及孝道观念对幸福感的影响：一项亲子对偶设计[J].本土心理学研究(台湾),2006(25):243—278.

[87] 罗杰·吉奈里,任敦姬,张多.当代韩国孝道的变迁[J].民间文化论坛,2015(3):5—18.

[88] 罗小漫,刘衍玲.父母心理控制与初中生自尊、攻击性关系研究[J].内蒙古师范大学学报(教育科学版),2012（8）:38—41.

[89] 马春华,石金群,李银河,等.中国城市家庭变迁的趋势和最新发现[J].社会学研究,2011(2):182—216.

[90] 马进举.关于孝文化批判的再思考[J].伦理学研究,2003(6):35—39.

[91] 马庆钰.论家长本位与"权威主义人格"——关于中国传统政治文化的一种分析[J].中国人民大学学报,1998(5):50—55.

[92] 马庆钰.论"家长主义人格"——关于中国传统政治文化的一种分析[J].中国人民大学学报,1998(5):50—55.

[93] 马戎."差序格局"——中国传统社会结构和中国人行为的解读[J].北京大学学报(哲学社会科学版),2007(2):131—142.

[94] 马祥甸.美韩感恩文化特征及其对我国感恩教育的启示[J].浙江树人大学学报(人文社会科学版),2011(6):114—117.

[95] 满达呼,李宜娟,张景焕.父母控制、自尊与小学生社会创造力的关系[J].心理与行为研究,2015(01):81—86.

[96] 孟雅雯.本科生与研究生婚恋观的特点研究[J].太原师范学院学报(社会科学版),2012(5):145—148.

[97] 莫洁,杜昊,张瑜,等.中国的孝文化在韩国的传播与发展研究[J].教育教学论坛,2017(10):57—60.

[98] 彭希哲,郭德君.孝伦理重构与老龄化的应对[J].国家行政学院学报,2016(5):35—41.

[99] 彭运石,万振东,李亚婷,等.高中生成人依恋与死亡恐惧的关系:社会支持的调节作用[J].中国临床心理学杂志,2017(1):171—173.

[100] 蒲少华,李臣,卢宁,等.国外"父亲在位"理论研究新进展及启示[J].深圳大学学报(人文社会科学版),2011(2):141—147.

[101] 蒲少华,李晓华,卢宁.父亲在位与大学生自尊关系的实证研究[J].教育学术月刊,2016(6):84—88.

[102] 蒲少华,卢宁,贺婧.大学生父亲在位与成就动机的关系[J].西南师范大学学报(自然科学版),2012(6):193—197.

[103] 蒲少华,卢宁,凌瑛,等.大学生父亲在位的特点分析[J].预防医学情报杂志,2012(8):591—593.

[104] 蒲少华,卢宁,唐辉,等.父亲在位问卷的初步修订[J].中国心理卫生杂志,2012(2):139—142.

[105] 蒲少华,卢彦杰,吴平,等.父亲在位问卷简式版的制定及在大学生中的信效度分析[J].中国临床心理学杂志,2012(4):438—441.

［106］齐绩.提倡孝道与社会主义核心价值体系大众化［J］.河北学刊，2011(4):187—190.

［107］阙敏.感恩:启迪良知与理性［J］. 苏州科技学院学报(社会科学版)，2010(1):11—14.

［108］任永进.中国大学生婚恋观量表的编制［J］. 长春工业大学学报(高教研究版)，2009(1):110—112.

［109］荣越.初中生父母教养方式、自尊与学习主观幸福感的关系研究［J］.社会心理学，2016(8):40—53.

［110］施雨丹.基于主动公民观的香港公民教育发展——国家认同的视角［J］.华南师范大学学报(社会科学版)，2011(1):109—114＋159.

［111］石国伟.二十四孝图本事及其文化价值［J］.孝感学院学报，2005(05):9—12＋47.

［112］石国兴，杨海荣. 中学生主观幸福感相关因素分析［J］. 中国心理卫生杂志，2006(4):238—241.

［113］史志谨.家长教育:我们应该如何学会做父母［J］.湖北大学成人教育学院学报，2011(12):36—38.

［114］宋静静，李董平，谷传华，等.父母控制与青少年问题性网络使用:越轨同伴交往的中介效应［J］. 心理发展与教育，2014(3):303—311.

［115］宋淑娟，廖运生. 初中留守儿童一般生活满意度及其与家庭因素的关系［J］.中国特殊教育，2008(8):27—30＋53.

［116］宋赟.中国传统孝文化及其当代意义——以《论语》中的孝为例［J］.新西部，2016(36):96—97.

［117］孙瑞琛，刘文婧，许燕. 不同出生年代的中国人生活满意度的变化［J］. 心理科学进展，2010(7):1147—1154.

［118］孙晓娥.扎根理论在深度访谈研究中的实例探析［J］.西安交通大学学报(社会科学版)，2011(6):87—92.

［119］孙莹，陶芳标. 中学生学校生活满意度与自尊、应对方式的相关性［J］.中国心理卫生杂志，2005(11):26—29.

［120］谭千保，曾苗. 548名中学生的班级环境和生活满意度［J］.中国心理卫生杂志，2007(8):544—547.

［121］唐灿，马春华，石金群. 女儿赡养的伦理与公平——浙东农村家庭代际关系的性别考察［J］.社会学研究，2009(6):18—36.

[122] 唐芹,方晓义,胡伟,等.父母和教师自主支持与高中生发展的关系 [J].心理发展教育,2013(6):605—615.

[123] 田丽丽,刘旺,Rich Gilman.中学生生活满意度的跨文化比较研究 [J].应用心理学,2005(1):21—26.

[124] 田录梅,张文新,陈光辉.父母支持、友谊质量对孤独感和抑郁的影 响:检验一个间接效应模型[J].心理学报,2014(2):238—251.

[125] 涂爱荣.中国孝道文化的历史追寻[J].学术论坛,2010(9): 156—159.

[126] 万江红,李安冬.从微观到宏观:农村留守儿童抗逆力保护因素分 析——基于留守儿童的个案研究[J].华东理工大学学报,2016(5):26—35.

[127] 王才康.中学生一般自我效能感的发展特点研究[J].中国行为医学 科学,2002(2):214—215.

[128] 王春艳.从 Fairyland:A Memoir of My Father 看中美文化差异[J]. 大学教育,2017(4):108—116.

[129] 王红瑞.中职生亲社会行为与社会支持网络关系[J].中国公共卫 生,2011(6):700—72.

[130] 王金霞,王吉春.中学生一般生活满意度与家庭因素的关系研究 [J].心理与行为研究,2005(4):301—304.

[131] 王蕾.小学儿童亲社会行为的发展[J].心理发展与教育,1994(4): 33—36.

[132] 王丽,傅金芝.国内父母教养方式与儿童发展研究[J].心理科学进 展,2005(3):298—304.

[133] 王丽娜,鲍卉.大学生亲社会行为的影响因素及其特征研究[J].沈 阳工程学院学报(社会科学版),2015(1):136—140.

[134] 王小新,安金玲.初中生自尊主观幸福感及其与心理健康关系分析 [J].中国学校卫生,2009(8):744—746.

[135] 王新宏.感恩教育的理论发展及实践研究[J].理论导报,2014(2): 45—48.

[136] 王勇.孝道、孝行与孝文化[J].湖北社会科学,2006(4):129—131.

[137] 王宇中,时松和."大学生生活满意度评定量表(CSLSS)"的编制[J]. 中国行为医学科学,2003(2):84—86.

[138] 王曰美.韩国重孝思想及其当代启示[J].孔子研究,2015(6):

147—153.

[139] 魏鑫旻.甘孜藏族自治州中学生孝道态度研究[J].西南农业大学学报(社会科学版),2012(3):76—78.

[140] 温忠麟,侯杰泰,马什赫伯特.结构方程模型检验:拟合指数与卡方准则[J].心理学报,2004(2):186—194.

[141] 吴敏,时松和,杨翠萍.父母文化程度、职业、期望值及教育方式等因素对大学生心理健康水平的影响[J].郑州大学学报(医学版),2007(6):1184—1187.

[142] 吴素梅,吴沁嶷.中学生危机脆弱性及其与生活满意度的关系[J].中国健康心理学杂志,2013(4):592—595.

[143] 吴旋,王欢.生命观在基督教教义中的重要性阐释[J].才智,2014(10):282—283.

[144] 吴煜辉,王桂平.大学生自我分化量表的初步修订[J],心理研究,2010(4):40—45.

[145] 夏惠贤,陈鹏.以核心价值观塑造好公民品格——新加坡品格与公民教育2014课程标准述评[J].外国中小学教育,2017(5):14—22.

[146] 肖群忠.传统孝道的传承、弘扬与超越[J].社会科学战线,2010(3):1—8.

[147] 肖群忠.夫孝,德之本也:论孝道的伦理精神本质[J].西北师大学报,1997(1):29—35.

[148] 徐晓新,张秀兰.将家庭视角纳入公共政——基于流动儿童义务教育政策演进的分析[J].中国社会科学,2016(6):151—169.

[149] 许学华,麻丽丽,李菲.大学生人际信任在成人依恋和人际困扰间的中介作用[J].中国心理卫生杂志,2016(11):864—868.

[150] 阎秀芝,蒋国保.儒家孝道思想及其现代意义[J].江西师范大学学报(哲学社会科学版),2012(3):54—58.

[151] 杨国枢,叶光辉.孝道的社会态度与行为:理论与测量[J]."中央研究院"民族学研究所集刊,1989(6):171—227.

[152] 杨国枢.孝道之心理学研究的回顾与前瞻[J].重庆大学出版社,2009(23):346—357.

[153] 杨恒宜,郑楷.单与不单:当代青年的婚恋抉择[J].青年探索,2015(3):105—112.

［154］杨进,周建立.中学生生活满意度调查研究[J].教育研究与实验,2007(2):56—59.

［155］杨莉,赵品良,史占彪.父母教养方式、心理韧性与大学生主观幸福感的关系分析[J].第三军医大学学报,2012(24):2518—2521.

［156］杨燕,张雅琴.大学生父亲在位、安全感与人际信任的实证研究[J].教育学术月刊,2016(2):27—32.

［157］杨烨,王登峰.Rosenberg自尊量表因素结构的再验证[J].中国心理卫生杂志,2007(9):603—605＋609.

［158］姚本先,石升起,方双虎.生活满意度研究现状与展望[J].学术界,2011(8):218—227＋289.

［159］姚静静.国内学业不良儿童社会性发展的研究综述[J].浙江师范大学学报(社会科学版),2009(01):55—60.

［160］姚玉红,刘亮,赵旭东.不同性别低年级大学生的自我分化与心理健康:自尊的调节作用[J].心理卫生评估,2011(11):856—861.

［161］叶光辉.华人孝道双元模型研究的回顾与前瞻[J].本土心理学研究(台湾),2009(32):101—148.

［162］叶光辉.孝道困境的消解模式及其相关因素[J]."中央研究院"民族学研究所集刊,1995(3):87—118.

［163］伊庆春.台湾地区家庭代间关系的持续与改变——资源与规范的交互作用[J].社会学研究,2014(3):189—215＋245.

［164］应贤慈,戴春林,张颖.当代大学生传统孝道观的现状研究[J].思想理论教育,2007(7):14—18.

［165］余习勤.美国青少年责任感的培育及其启示[J].山东青年政治学院学报,2014(4):59—62.

［166］张爱社,蒋建国.论大学生亲社会行为习惯的培养[J].龙岩师专学报,2003(1):101—103.

［167］张海涛,苏苓,王美芳.网络成瘾与主观幸福感、人际关系和自尊的相关研究[J].黑龙江高教研究,2010(12):30—32.

［168］张红文,姜江.基于社会性别视角的当代女大学生社会责任感培养[J].求索,2016(12):35—39.

［169］张鸿燕.香港公民教育的变革与发展[J].新视野,2008(5):85—86＋90.

[170] 张婕琼."剩女现象":基于大学女研究生婚恋观的视角[J].青年探索,2014(4):79—83.

[171] 张立鹏.孝道双元模型理论之心理学述评[J].社会心理科学,2012(8):3—6.

[172] 张灵,郑雪,严标宾,等.大学生人际关系困扰与主观幸福感的关系研究[J].心理发展与教育,2007(2):116—121.

[173] 张璐斐,黄勉芝,刘欢.父母控制与亲子关系的研究综述[J].广西民族师范学院学报,2013(5):141—144.

[174] 张瑞青,许远理.大学生孝道信念、家庭教养方式和人际适应的关系[J].亚太教育,2015(23):108.

[175] 张伟.大学生健康人格的影响因素和塑造途[J].教育教学论坛,2013(13):151—153.

[176] 张伟.当代大学生孝文化认同探析[J].学理论,2016(3):160—162.

[177] 张晓,陈会昌,张桂芳,等.亲子关系与问题行为的动态相互作用模型:对儿童早期的追踪研究[J].心理学报,2008(5):571—582.

[178] 张兴贵,何立国,贾丽.青少年人格、人口学变量与主观幸福感的关系模型[J].心理发展与育,2007(1):46—53.

[179] 张兴贵,何立国,郑雪.青少年学生生活满意度的结构和量表编制[J].心理科学,2004(5):1257—1260.

[180] 赵光达,张鸿燕.香港公民教育政策的嬗变[J].现代教育科学,2016(5):120—124.

[181] 赵乐,陈旭.儿童反抗父母控制的产生机制:基于生态系统论的视角[J].湖南师范大学社会科学学报,2014(3):134—139.

[182] 赵清清,杨茜,韦嘉,等.中学生生活满意度及其与自尊及情绪智力的关系研究[J].西南农业大学学报(社会科学版),2012(9):157—160.

[183] 钟年.文化儒化与代沟[J].社会学研究,1993(1):78—83.

[184] 钟晓慧,何式凝.协商式亲密关系:独生子女父母对家庭关系和孝道的期待[J].开放时代,2014(1):155—175.

[185] 周峰,计志宏.中韩孝文化的异同及当代启示[J].前沿,2012(02):122—123.

[186] 周宏,吴玫.国内大学生亲社会行为研究综述[J].云南开放大学学报,2015(3):49—52.

[187] 周晓虹.文化反哺:变迁社会中的亲子传承[J].社会学研究,2000(2):51—66.

[188] 朱白薇,孟庆顺.香港公民教育与文化认同[J].郑州大学学报(哲学社会科学版),2005(1):12—14.

[189] 宗岚,李锐,刘毅.大学生亲社会行为的现状及培养途[J].新西部,2014(6):24—28.

[190] 邹明华.孝道传说与中华民族核心价值观的传承[J].民间文化论坛,2014(6):46—51.

中文学位论文类

[1] 安伯欣.父母教养方式、亲子沟通与青少年社会适应的关系研究[D].陕西师范大学硕士学位论文,2004.

[2] 安芹,王艳.大学生安全感、自我分化和人际关系的关系[D].北京理工大学硕士学位论文,2014.

[3] 安晓鹏.大学生自我分化特点及其促进研究[D].西南大学硕士学位论文,2010.

[4] 柴莉颖.大学生自我分化与家庭功能、社交焦虑的关系[D].河北师范大学硕士学位论文,2010.

[5] 陈灿红.父母教养方式对初中生责任心的影响:移情的中介作用[D].湖南师范大学硕士学位论文,2014.

[6] 陈丹.单亲家庭中儿童抗逆力提升的行动研究[D].沈阳师范大学硕士学位论文,2016.

[7] 陈晓丽.中国传统孝道文化的变迁及时代价值[D].兰州商学院硕士学位论文,2012.

[8] 陈阳.文化进化论批判[D].黑龙江大学博士学位论文,2014.

[9] 楚文娟.初中生感戴与学校生活满意度的关系研究[D].河南大学硕士学位论文,2013.

[10] 丛桂芹.价值建构与阐释[D].清华大学博士学位论文,2013.

[11] 丁岚.女博士婚恋"难"的心理分析研究[D].南京师范大学硕士学位论文,2012.

[12] 董罡辉.中国大陆与新加坡小学德育比较研究[D].河北师范大学硕士学位论文,2015.

[13] 董兰.不同心境下大学生的双元孝道对亲社会行为的影响[D].江西师范大学硕士学位论文,2013.

[14] 董文婧.初中生孝道行为与母亲期待的差异对亲子关系的影响[D].鲁东大学硕士学位论文,2016.

[15] 付俊.中学生孝道教育研究[D].重庆师范大学硕士学位论文,2013.

[16] 高飞.二十四孝教化研究[D].山西师范大学硕士学位论文,2009.

[17] 韩玉莲.父母教养方式与儿童在同伴交往中受欢迎性的关系研究[D].华中师范大学硕士学位论文,2015.

[18] 何凤雪.中学生的父母心理控制及与其心理健康的关系研究[D].西南大学,2010.

[19] 黄华.基于儒家文化启示的感恩教育研究[D].东北师范大学硕士学位论文,2010.

[20] 黄雯莉.老年人精神赡养利益的立法保护[D].福建师范大学硕士学位论文,2014.

[21] 靳莉.新加坡公民道德建设研究[D].大连理工大学硕士学位论文,2006.

[22] 孔杰.传统孝道的现代价值及孝道建设的路径选择[D].曲阜师范大学硕士学位论文,2010.

[23] 李海燕.初中生人际自我分化及对其社会适应的影响[D].西南大学硕士学位论文,2012.

[24] 李伟伟.当前中学生孝道教育存在的问题及对策[D].华中师范大学硕士学位论文,2015.

[25] 刘惠娟.大学生家庭环境、自立人格与婚恋观的关系研究 [D].内蒙古师范大学硕士学位论文,2014.

[26] 刘罗茜.新加坡品德教育研究[D].广西师范大学硕士学位论文,2015.

[27] 刘永祥.近代中国孝道文化研究[D].山东师范大学硕士学位论文,2009.

[28] 路佳.当代农村老年人的孝道观念与对子女孝行为评价研究——基于湖北省14个村的调查数据[D].华中农业大学硕士学位论文,2016.

[29] 罗晓.儒家与基督教"孝"文化比较研究[D].兰州大学硕士学位论文,2014.

[30] 梅萌.香港中小学的公民教育研究[D].华中师范大学硕士学位论文,2014.

[31] 孟静华.依法治国视角下传统孝道的继承与创新研究[D].中北大学硕士学位论文,2016.

[32] 潘文芳."二十四孝"研究[D].福建师范大学硕士学位论文,2010.

[33] 任聪慧.老年人精神赡养法律问题研究[D].上海交通大学硕士学位论文,2008.

[34] 石博琳.中国传统孝道精华在当代的失范与社会主义孝道的构建[D].河北经贸大学硕士学位论文,2015.

[35] 苏红.大学生婚恋观结构、特点及影响因素研究[D].西南大学硕士学位论文,2006.

[36] 苏小七.孝道人格的理论探讨及实证研究[D].江西师范大学硕士学位论文,2009.

[37] 唐碧梅.新加坡小学公民教育教材《好品德 好公民》研究[D].湖南师范大学硕士学位论文,2016.

[38] 田圣政. 社会转型期的孝道困境及其超越[D].南京林业大学硕士学位论文,2013.

[39] 王瑾.孝道文化的历史演变与现代传承研究[D].青岛科技大学硕士学位论文,2015.

[40] 王娟.宋代孝文化研究[D].山东师范大学硕士学位论文,2014.

[41] 王丽珍."人道"与"孝道"——儒家核心伦理的省察[D].南开大学博士学位论文,2014.

[42] 王萍.中国传统道德与当代大学生的道德教育[D].东北师范大学硕士学位论文,2003.

[43] 王珊.基督教教义中的生态思想评析[D].大连理工大学硕士学位论文,2009.

[44] 王妍.高中生积极心理资本、元情绪及生活满意度的关系及对教育的启示[D].天津师范大学硕士学位论文,2012.

[45] 吴娟.《孝经》思想在当代道德教育实践中的应用[D].兰州财经大学硕士学位论文,2015.

[46] 吴娜瑛.韩国儒家孝观念及其实践的变迁研究[D].延边大学硕士学位论文,2015.

[47] 吴燕. 教育养老的制度设计及其实现路径研究[D].陕西师范大学博士学位论文,2016.

[48] 吴煜辉.大学生自我分化与压力知觉、心理健康的关系[D].河北师范大学硕士学位论文,2008.

[49] 吴峥.儒家文化底蕴下韩国家庭道德教育的启示研究[D].河南工业大学硕士学位论文,2015.

[50] 夏小燕.中学生家庭因素对其性别角色影响的跨文化研究[D].西北师范大学硕士学位论文,2007.

[51] 肖智.新加坡中学品格与公民教育课程研究[D].西南大学硕士学位论文,2015.

[52] 徐秀美(SEO SUMI).中国儒家思想对韩国教育的三种影响[D].南京大学硕士学位论文,2012.

[53] 杨华明. 基督教神学教义中的人学思想[D].郑州大学硕士学位论文,2003.

[54] 杨小婷.老年人精神赡养的法律规制研究[D].西南政法大学硕士学位论文,2015.

[55] 杨渊浩. 国家职能视角下民生建设的发展与创新研究[D].吉林大学博士学位论文,2015.

[56] 杨振华."孝"的历史流变及其现代德育价值研究[D].武汉大学硕士学位论文,2005.

[57] 姚玲玲.香港地区小学公民教育的经验及其启示[D].曲阜师范大学硕士学位论文,2013.

[58] 殷文晶.当代青少年感恩教育研究[D].青海师范大学硕士学位论文,2015.

[59] 岳海晶.高中生生活满意度与社会支持、成就目标定向关系的研究[D].东北师范大学硕士学位论文,2010.

[60] 张莉.当代大学生孝道现状及其教育对策研究[D].南京师范大学硕士学位论文,2007.

[61] 张朋云.父母控制与青少年问题行为的关系[D].山东师范大学硕士学位论文,2012.

[62] 张筱妤.父母教养方式对初三学生心理健康的关系的研究[D].贵州师范大学硕士学位论文,2015.

［63］张兴贵.青少年学生人格与主观幸福感的关系[D].华南师范大学博士学位论文,2003.

［64］张云喜.大学生婚姻价值观量表的编制与实证研究[D].四川师范大学硕士学位论文,2014.

［65］赵千喏.中学生父母教养方式、自尊与学习倦怠的关系研究[D].陕西师范大学硕士学位论文,2015.

［66］郑志萍.家庭环境、父母教养方式与青少年主观幸福感的关系研究[D].天津师范大学硕士学位论文,2011.

［67］周卉.中国农村养老保险制度的发展与反思[D].吉林大学博士学位论文,2015.

［68］周重浪.当代大学生孝德现状及教育对策研究[D].中南大学硕士学位论文,2012.

［69］朱芳缘.感恩教育的现代德育价值及其实现研究[D].江西科技师范大学硕士学位论文,2015.

［70］朱海荣.中华传统文化传承与新加坡的华族文化认同[D].华中师范大学硕士学位论文,2013.

［71］朱晓庆.初中生心理资本及其影响因素的研究[D]. 南京师大硕士学位论文,2010.

英文著作及论文类

［1］Bowlby J. The making and breaking of affectional bonds[M]. London: Tavistock,1979: 217 - 219.

［2］Bronfenbrenner U. The ecology of human development[M]. Cambridg: Harvard University Press, 1979: 84 - 87.

［3］Cummings, E. M., Goeke Morey M. C., Raymond J. Fathers in family context: Effects of marital quality and marital conflict. In M. E. Lamb (Ed.), The role of the father in child development(4th ed.)[M]. New York: John Wiley,2004: 196 - 221.

［4］Deci, E. L., Ryan R.M.. Handbook of Self Determination Research [M]. New York: The University of Rochester Press, 2002: 429 - 431.

［5］Kumpfer, K. L. Factors and Processes Contributing to Resilience: The Resilience Framework [M]. New York: Kluwer Academic, 1999:

179 -224.

[6] Rutter M. Psychosocial Resilience and Protective Mchanisms[M]. New York:Cambridge University Press,1990:181 - 214.

[7] Savickas, M. L. Career construction. In D. Brown & Associates (Eds.), Career choice and development[M]. San Francisco: Jossey-Bass. 2002:149 - 205.

[8] Stanley Coopersmith. The Antecedents of Self esteem[M]. San Francisco:W.H. Freeman, 1967:45.

[9] Strauss Anselm., & Juliet Corbin. Basics of Qualitative Research: Grounded Theory Procedures and Techniques [M]. Newbury Park,California:Sage Publications,1990:314 - 318.

[10] Taylor, S. E., Peplau L.A., Sears D.O. Social Psychology[M]. Peking College Press, 2004: 371 - 375.

[11] Albert I., & Ferring, D. Intergenerational value transmission within the family and the role of emotional relationship quality[J]. Family Science, 2012,3(1): 4 - 12.

[12] Anderson, S. A., & Sabatelli, R. M. The differentiation in the family system scale (DIFS) [J]. The American Journal of Family Therapy, 1992(20): 77 - 89.

[13] Angel Nga-man Leung. Filial Piety and Psychosocial Adjustment in Hong Kong Chinese Early Adolescents[J].Journal of Early Adolescence, 2010,30(5):651 - 667.

[14] Appel M., Holtz P., Stiglbauer, B., & Batinic, B. Parents as a resource: Communication quality affects the relationship between adolescents' Internet use and loneliness [J]. Journal of Adolescence, 2012 (35): 1641 -1648.

[15] Arrondel L. "My father was right": The transmission of values between generations[J]. PSE Working Papers, 2009(12):14 - 24.

[16] Aunola K..,Tolvanen A.,Viljaranta J., & Nurmi J.. Psychological control in daily parent-child interactions increases children's negative emotions[J].Journal of Family Psychology, 2013(27): 453 - 462.

[17] Barber, B. K. Parental Psychological Control: Revisiting

ANeglected Construct[J]. Child Development,1996(67):3296 - 3319.

　　[18] Barber,B.K., Stolz, H. E., & Olsen, J. A.. Parental support, psychological control, and behavioral control: Assessing relevance across time, culture, and method[J]. Monographs of the Society for Research in Child Development,2005(70):1 - 37.

　　[19] Baron, R.M., & Kenny, D.A. The moderator-mediator variable-distinction in social psychological research: Conceptual, strategic,and statistical considerations[J]. Journal of Personality and Social Psychology, 1986, 51(6): 1173 - 1182.

　　[20] Bartal D. Sequential development of helping behavior: A cognitive learning approach [J]. Development Review,1982(2):1 - 124.

　　[21] Bartholomew K., & Horowitz, L. M. Attachment styles among young adults: a test of a four-category model[J]. Journal of Personality and Social Psychology,1991,61(2):226 - 244.

　　[22] Batson, C.The alrtuism question: Toward asocial psychological answer [M]. Hillsdale: Lawrence Erlbaum Associates, 1991:62 - 68.

　　[23] Bray, J. H., Williamson D. S., & Malone, P. E.. Personal authority in the family system: Development of a questionnaire to measure personal authority in intergenerational family process [J]. Journal of Marital and Family Therapy, 1984,10:167 - 178.

　　[24] Cheah,C.S.L.,Özdemir S.B., & Leung C.Y.Y.. Predicting the filial behaviors of Chinese—Malaysian adolescents from perceived parental investments, filial emotions,and parental warmth and support[J].Journal of Adolescence, 2012(35):628 - 637.

　　[25] Chen, C. C., Chen, Y. R., & Xin, K. Guanxi practices and trust in management: A procedural justice perspective[J]. Organization Science, 2004,15(2), 200 - 209.

　　[26] Chen, W. W., & Ho, H. Z..The relation between perceived parental involvement and academic achievement: The roles of Taiwanese tudents' academic beliefs and filial piety[J]. International Journal of Psychology,2012 (47):315 - 324.

　　[27] Chen, W. W., & Wong, Y. L.What my parents make me believe

in learning: The role of filial piety in Hong Kong students' motivation and academic achievement[J]. International Journal of Psychology, 2014(49): 249 - 256.

[28] Chen, W. W., & Ho, H. Z. The relation between perceived parental involvement and academic achievement: The roles of Taiwanese students' academic beliefs and filial piety [J]. International Journal of Psychology, 2012 (4): 315 - 324.

[29] Chen, W. W.. The relationship between perceived parenting style, filial piety, and life satisfaction in Hong Kong[J]. Journal of Family Psychology,2014(28):308 - 314.

[30] Cheng, S. T., & Chan, A. Filial piety and psychological well-being in well older Chinese[J]. The Journals of Gerontology Series B: Psychological Sciences and Social Sciences, 2006,61(5):262.

[31] Coté,J.E.. Identity formation and self-development in adolescence [J]. Handbook of adolescent psychology,2009(3): 266 - 304.

[32] Croll, Elisabesh, J. The intergenerational contract in the Changing Asian Family[J]. Oxford Development Studies, 2016,34(4):12 - 22.

[33] Crosnoe, R, Johnson, M. K., & Elder, G. H. Intergenerational bonding in school: The behavioral and contextual correlates of student-teacher relationships[J]. Sociology of Education, 2004,77(1): 60 - 81.

[34] Deci, E.L., & Ryan, R.M.. The support of autonomy and the controlof behavior[J]. Journal of Personality and Social Psychology,1987, 53 (6): 1024.

[35] Dishion, T. J, Ha, T., & Véronneau, M. Anecological analysis of the effects of deviant peer clustering on sexual promiscuity, problem behavior,and childbearing from early adolescence to adulthood: An enhancement of the life history framework[J]. Developmental Psychology,2012,48 (3):703 - 717.

[36] Eisenberg, N., & Iranna, K., Guthriertal. Consistency and Development of Prosocial Disposition:ALongitudinalStudy[J].Child Development, 1999(70):1360 - 1372.

[37] Furman, W., & Buhrmester, D. Age and sex differences in per-

ceptions of networks of personal relationships[J]. Child Development, 1992 (63):103 - 115.

[38] Gilman, R.. Eview of life satisfaction measures for adolescents[J]. Haviour Change, 2000, 17(3):178 - 183.

[39] Grusec, J. E. Socialization and the role of power assertion[J]. Human Development, 2012, 55 (2):52 - 56.

[40] Hannum, J. W., & Dvorak, D. M. Effects of family conflict, divorce, and attachment patterns on the psychological distress and social adjustment of college freshmen[J]. Journal of College Student Development, 2004,45(1):27 - 42.

[41] Harter, S. The self. In W. Damon, R. M. Lener & N. Eisenberg (Eds.), Handbook of child psychology: social, emotional, and personality development[J]. New York: Wiley. 2006 (6):505 - 570.

[42] Helsen, M., Vollebergh, W., & Meeus, W. Social support from parents and friends and emotional problems in adolescence[J]. Journal of Youth and Adolescence, 2000(29): 319 - 335.

[43] Ho, D. Y. F. Filial piety and its psychological consequences[J]. The handbook of Chinese psychology, 1996(12):155 - 165.

[44] Huebner, E. S.. Preliminary development and validation of a multidimensional life satisfaction scale forchildren[J]. Psychological Assessment, 1994,6(2):149 - 158.

[45] Kawash, G. F. Self-esteem in children as a function of perceived parental behavior[J]. Journal of Psychology, 1985(3): 235 - 242.

[46] Kim, D., & Kim, H. Early initiation of alcohol drinking, cigarette smoking, and sexual intercourse linked to suicidal ideation and attempts: Findings from the 2006 Korean Youth Risk Behavior Survey[J]. Yonsei Medical Journal, 2010,51(1):18 - 26.

[47] Krampe, E. M. When is the father really there? A conceptu-al reformulation of father presence [J]. Journal of Family Issues, 2009 (7): 875 -897.

[48] Krampe, E. M., Newton, R. R. The Father Presence Questionnaire: A confirmatory factor analysis of a new measure of the subjective

experience of being fathered [J]. Fathering, 2006, (4): 159 - 190.

[49] Lam, L. T., & Peng, Z. Effect of pathological use of the internet on adolescent mental health: A prospective study[J]. Archives of Pediatrics & Adolescent Medicine, 2010, 164(10):901 - 906.

[50] Lam, R. C.. Contradictions between traditional Chinese values and the actual performance: A study of the caregiving roles of the modern sandwich generation in Hong Kong[J]. Journal of Comparative Family Studies, 2006(37):299 - 313.

[51] Lee, W. K. M., & Hong-Kin, K. Differences in expectations and patterns of informal support for older persons in Hong Kong: Modification to filial piety[J]. Ageing International, 2005(30): 188 - 206.

[52] Leung, A. N. M., Wong, S. S. F., Wong, I. W. Y., & Chang, C. M.. Filial piety and psychosocial adjustment in Hong Kong Chinese early adolescents[J]. The Journal of Early Adolescence, 2010(30):651 - 667.

[53] Liu, Y. L. Autonomy. Filial Piety, and Parental Authority: A Two-Year Longitudinal Investigation [J]. The Journal of Genetic Psychology, 2013, 174(5):557 - 581.

[54] Luo, B. Z., & Zhan, H. Y. Filial Piety and Functional Support: Understanding Intergenerational Solidarity Among Families with Migrated Children in Rural China[J]. Ageing International, 2012(37):69 - 92.

[55] Lyengar, S. S., & Lepper, M. R.. Rethinking the value of choice: A cultural perspective on intrinsic motivation[J]. Journal of Personality and Social Psychology, 1999(76):349 - 366.

[56] Marcia, E. Development and validation of ego identity status[J]. Journal of Personality and Social Psychology, 1966(3):56 - 67.

[57] Markus, H. R., & Kitayama, S. K.. Culture and the self: Implications for cognition, emotion, and motivation. Psychological Review, 1991 (98): 224 -253.

[58] MartinP. D., Specter, G, Martin, D., & Martin, M. Expressed attitudes of adolescents toward marriage and family life[J]. Adolescence, 2003, 38(150):359 - 368.

[59] Mayseless, O., & Scharf, M. Adolescents' attachment representa-

tions and their capacity for intimacy in close relationships[J].Journal of Research on Adolescence,2007,7(1): 23 - 50.

[60] Miller, J. G., & Bersof, D. M. Cultural inllucnces on the moral status of reciprocity and the discounting of cndogenous mofivation[J].Personality and Social Psychology Bulletin,1994 (20):592 - 602.

[61] Nauyen, A. T. The Contemporary Relevance of the Confucian idea of Filial Piety[J]. Journal of Chinese Philosophy,2004,31(4):433 - 450.

[62] Ng, S. H ., Loong, C .S., Liu,J.H ., & Weatherall,A. Will the young support the old? An individual and family level study of filial obligations in two New Zealand cultures[J]. Asian Journal of Social Psychology, 2000,3(2):163 - 182.

[63] Pan, Y. Q., Gauvain, M., &Schwartz, S. J.. Do parents' collectivistic tendency and attitudes toward filial piety facilitate autonomous motivation among young Chinese adolescents? [J]. Motivation and Emotion, 2013(37):701 - 711.

[64] Paryente, B., & Orr, E. Identity representations and intergenerational transmission of values: The case of a religious minority in Israel[J]. Papers on Social Representations, 2010 (19): 21 - 23.

[65] Pettit,G.S.,Laird,R.D.,&Dodge,K.A..Antecedents and behavior-problem outcomes of parental monitoring and psychological control inearly adolescence[J].Child Development, 2001(73): 583 - 598.

[66] Pomerantz, E. M., &Wang, Q.. The role of parental controling children's development in western and east Asian countries[J].Current Directions in Psychological Science, 2009 (18): 285 - 289.

[67] Rankin,Joseph, H., &Wells, L. Edward. The effect attachments and direct controls on delinquency[J].Journal of parental of Researchm Crime &Delinquency, 1990, 27 (2): 140 - 165.

[68] Roll, S., & Millen, L. Adolescent males' feelings of being understood by their fathers as revealed through clinical interviews [J]. Adolescence, 1978 (13): 83 - 94.

[69] Rose, A. J., & Rudolph, K. D. A review of sex differences in peer relationship processes: Potential trade-offs for the emotional and behavioral

development of girls and boys[J]. Psychological Bulletin, 2006 (132):
98 -131.

[70] Roth, G., Assor, A., &Kaplan, H.. Autonomous motivation for teaching: How self-determined teaching may lead to self-determined learning [J].Journal of Educational Psychology, 2007(99):761 - 774.

[71] Rubin, K. H., Dwyer, K. M., Kim, A. H., & Burgess, K. B. Attachment, friendship, and psychosocial functioning in early Adolescence. Journal of Early Adolescence, 2004(24):326 - 356.

[72] Ryan, R.M., & Deci, E.L.Self-determination theory and the facilitation of intrinsic motivation, social development,and well-being[J]. American Psychologist, 2000, 55 (1):68 - 78.

[73] Salts,Connie J. Attitudes toward marriage and premarital sexual activity of college freshmen[J]. Adolescence, 1994,29(116):775 - 779.

[74] Schönpflug, U. Introduction:Cultural transmission—A multidisciplinary research field[J]. Journal of Cross-Cultural Psychology, 2001(2): 131 -134.

[75] Schonpflug. U.. Intergenerational transmission of values—The role of transmission belts[J]. Journal of Cross-Cultural Psychology,2001a,32(2): 174 - 185.

[76] Seery, B., & Crowley, M. S. Women's emotion work in the family: Relationship management and the process of building father-child relationships [J]. Journal of Family Issues, 2000 (21): 1 - 27.

[77] Shek Daniel T.L. A Longitudinal Study of Perceived Differences in Parental Control and Parent-Child Relational Qualities in Chinese Adolescents in Hong Kong[J]. Journal of Adolescent Research, 2007(8): 466 -487.

[78] Sheldon,K.M., &Kasser,T..Pursuing personal goals: Skills enable progress but not all progress is beneficial [J].Personality and Social Psychology Bulletin, 1998(24): 1319 - 1331.

[79] Shi, L. H."Little Quilted Vests to Warm Parents' Hearts": Redefining the gendered practice of filial piety in rural North-eastern China[J]. The China Quarterly, 2009 (198):348 - 363.

[80] Shin, D. C., & Johnson, D. M.. Avowed happiness as an overall assessmentof the quality of life[J]. Social Indicators Research, 1978(5): 475 - 492.

[81] Skowron, E. A., & Friedlander, M. L. The differentiation of self inventory: Development and initial validation[J]. Journal of Counseling Psychology, 1998(45):235 - 246.

[82] Van der Pas, S., van Tilburg, T., & Knipscheer, K.. Measuring older adults' filial responsibility expectations: Exploring the application of a Vignette Technique and an Item Scale[J]. Educational and Psychological Measurement, 2005,65(6): 1026.

[83] Vedder, P., Berry, J., Sabatier, C., & Sam, D. The intergenerational transmission of values in national and immigrant families: The role of Zeitgeist[J]. Journal of Youth and Adolescence, 2009,38(5): 642 - 653.

[84] Vedder, P., Berry, J., Sabatier, C., & Sam, D.. The Intergenerational Transmission oI Values in National and Immigrant Families:The Role of Zeitgeist[J]. Journal of Youth and Adolescence, 2009, 38(5): 642 - 653.

[85] Wang, Dahua, Ken Laidlwa, Mick, J. Power & Jiliang Shen, Older people's belief of filial piety in China: Expectation and Non-Expectation[J]. Clinical Gerontologist, 2010,33 (1):45 - 66.

[86] Wang, J., Zhang, H. B., Hu, H. L., Chen, L., Zhang, Z. H., Yu,F., & Wei, S. Application of child depression inventory among 9258 primary and secondary school students. Chinese Journal of School Health, 2009,30 (4): 336 - 338.

[87] Wang, Q., Pomerantz, E. M., & Chen, H. C. The role of parents' control in early adolescents' psychological functioning: Alongitudinal investigation in the United States and China[J]. Child Development, 2007 (78):1592 -1610.

[88] Wentzel, K. R., & Caldwell, K. Friendships, peer acceptance, and group membership: Relations to academic achievement in middle school [J]. Child Development, 1997 (68):1198 - 1209.

[89] Wijsbroek, S. A. M., Hale, W. W. Q., Raaijmakers, A. W. W.,

& Meeus, H. J.. The direction of effects between perceived parental behavioral control and psychological control and adolescents ' self-reported GAD and SAD symptoms[J]. European Child & Adolescent Psychiatry, 2011(20): 361 - 371.

[90] Xie, Y., & Zhu, H. Y. Do sons or daughters give more money to parents in urban China[J]. Journal of Marriage and Family, 2009(71): 174 - 186.

[91] Yeh, K. H, Bedford O. Filial piety: A test of the dual filial piety model[J]. Asian Journal of Social psychology, 2003(6): 215 - 228.

[92] Yeh, K. H, Bedford O. Filial belief and parent-child conflict[J]. International Journal of Psychology, 2004(39): 132 - 144.

[93] Yeh, K. H, Yang YJ. Construct validalion of individuation and relating autonomy orientations in culturally Chinese adolescents[J]. Asian Journal of Social Psychology. 2006, 9(2): 148 - 160.

[94] Yeh, K. H., & Bedford, O. A test of the Dual Filial Piety model [J]. Asian Journal of Social Psychology, 2003(6): 215 - 228.

[95] Yeh, K. H., & Bedford, O. Filial belief and parent—child conflict [J]. International Journal of Psychology, 2004, 39 (2), 132 - 144.

[96] Yeh, K. H., & Bedford, O. A Test of The Dual FilialPiety Model [J]. Asian Journal of Social Psychology, 2003(6): 215 - 228.

[97] Yeh, K. H., & Yi, C. C., Tsao, W. C., & Wan, P. S. Filial piety in contemporary Chinese societies: A comparative study of Taiwan, Hong Kong, and China[J]. International Sociology, 2013(28) 277 - 296.

[98] Yeh, K. H., Bedford, O. Filial belief and parent-child conflict[J]. International Journal of Psychology, 2004(39): 132 - 144.

[99] Yeh, K. H., & Yang Y. J.. Construct validalion of individuation and relating autonomy orientations in culturally Chinese adolescents[J]. Asian Journal of Social Psychology, 2006, 9(2): 148 - 160.

网络资源类

[1] 光明日报. 两岸四地学者探讨中华亲子文化[EB/OL]. http://epaper. gmw.cn /, 2009 - 05 - 16.

[2] 杭州都市报. 关少尘, 我要跟你脱离父子关系[EB/OL]. https://dskb. hangzhou. com. cn/, 2017 - 02 - 15.

[3] 教育思想网. 从"脱离父子关系"声明中看到什么[EB/OL]. http://www. eduthought. net/, 2017 - 02 - 17.

[4] 南方都市报. 父亲登报"脱离父子关系", 而我们却要为 90 后点赞[EB/OL]. http:// www. anyv. net/ index. php/article - 1085038/, 2017 - 02 -15.

[5] 齐鲁晚报. 过半家庭母亲抓教育, 父亲缺位[EB/OL]. http:// epaper. qlwb. com. cn/ qlwb/ content /20161024/ ArticelA04002FM. htm/, 2016 - 10 -25.

[6] 生命时报. 一心赚钱的人, 亲子关系差[EB/OL]. http://www. lifetimes. cn/, 2014 - 02 - 25.

[7] 搜狐教育. 十幅漫画, 揭示发人深省的父子关系[EB/OL]. http://learning. sohu. com/ 20160325/n442066297. shtml/, 2017 - 03 - 26.

[8] 文汇报. 教育不能制造"移动硬盘"[EB/OL]. whb. news365. com. cn/ 2010 - 08 - 12.

[9] 新民网. 上海家庭教育现状调查: "父亲缺位"现象加剧[EB/OL]. http:// shanghai. xinmin. cn/msrx/2015/10/29/28842845. html/, 2015 - 10 - 29.

[10] 研究: 父亲比母亲更能影响孩子的性格发展[EB/OL]. http://health. usnews. com/, 2012 - 06 - 18.

[11] 意林作文. 儿砸, 我要跟你脱离父子关系做兄弟——就能跨越沟通代沟吗? [EB/OL]. http://www. 360doc. com/content/17/0304/20/40352458 _633983322. shtml/, 2017 - 03 - 04.

[12] 知音网. 三类父亲妨碍孩子一生如何做好父亲[EB/OL]. http://www. 360doc. com/ userhome/5719126/, 2012 - 09 - 09.

中文报纸类

[1] 鲍鹏山. 树立新时期孝道理念　促进公民的道德建设[N]. 太原日报, 2009 - 10 - 30(006).

[2] 陈延斌. 传统孝道与现代家风[N]. 中国妇女报, 2014 - 02 - 10(A03).

[3] 邓晓霞. 弘扬孝道　共建和谐[N]. 人民日报, 2007 - 03 - 11(010).

［4］哈战荣.加强孝道教育　实现代际和谐［N］.中国教育报,2008－02－18(006).

［5］弘扬孝道文化　推进公民思想道德建设［N］.巴中日报,2007－01－29(003).

［6］刘海明.孝道需要立法吗［N］.中国妇女报,2004－10－12.

［7］陆建义.新加坡弘扬孝道的启示［N］.孝感日报,2008－07－27(2).

［8］陆娅楠.今天,我们如何尽孝［N］.人民日报,2012－09－13.

［9］邱国勇.传统孝道文化的现代价值［N］.光明日报,2016－07－04(010).

［10］王涤.建设新孝道文化的思考与建议［N］.中国人口报,2010－12－06(003).

［11］魏英杰.让传统孝道接轨现代感恩教育［N］.杭州日报,2012－04－25(A03).

［12］肖波.传统孝道与现代孝道［N］.光明日报,2015－02－09(016).

［13］杨子宜.孝道教育的时代内涵与方式方法［N］.光明日报,2014－07－27(007).

［14］张云宽.观察新孝道,弘扬孝文化［N］.湖北日报,2010－03－01(006).

其他类

［1］梁任菩,邹汉.青少年家庭孝道特点及其与人格、父母冲突的关系,中国心理学大会,2014.

［2］刘国明.孝道文化的传承与发展［A］//2016年新产经论坛论文集［C］.2016:6.

［3］吴彬林.浅谈传统孝道及其现代价值［A］//黔西南论坛2016年第1期(总第53期)［C］.2016:4.

［4］杨斌.弘扬孝道文化 发展养老事业［A］//中华中医药学会.中华中医药学会养生康复分会第十二次学术年会暨服务老年产业研讨会论文集［C］.中华中医药学会,2014:5.

［5］梁钰苓.青少年家庭孝道特点及其与人格、父母冲突的关系［A］//中国心理学会.增强心理学服务社会的意识和功能——中国心理学会成立90周年纪念大会暨第十四届全国心理学学术会议论文摘要集［C］.中国心理学会,

2011:2.

[6] 张文范. 顺应时代要求建构孝道文化新理念[A]//中华炎黄文化研究会、黑龙江省炎黄文化研究会.龙江春秋——黑水文化论集之六[C].中华炎黄文化研究会、黑龙江省炎黄文化研究会,2009:9.

[7] 肖群忠. 传统孝道的传承、弘扬与超越[A]//中华炎黄文化研究会、黑龙江省炎黄文化研究会.龙江春秋——黑水文化论集之六[C].中华炎黄文化研究会、黑龙江省炎黄文化研究会,2009:17.

[8] 刘东英. 对中国传统孝道的继承与超越[A]//中国伦理学会、陕西师范大学、陕西省伦理学会.传统伦理与现代社会——第15次中韩伦理学国际讨论会论文汇编(一)[C].中国伦理学会、陕西师范大学、陕西省伦理学会,2007:7.

[9] 仵志君. 试论中国孝道文化的历史演进与其在家庭养老中的作用[A]//陕西省老年学学会.陕西老年学会——新教化与社会主义精神文明建设探讨讨论会论文集[C].陕西省老年学学会,2004:4.

[10] 张坤. 青少年对传统孝道的态度及其与亲子关系的研究[A]//山东省科学技术协会.山东心理学会第十届学术会议论文提要汇编[C].山东省科学技术协会,2002:2.

后　记

　　坦白地说,从来没有想过会写关于"孝道"的学术专著,到了三十而立的时候,我还在幸福地读书,攻读博士学位。没有感受过人生无常,顺利毕业,建立家庭和自己的事业。直到 2013 年的万圣节,结束了在美国做访问学者的学术生涯后,我怀着兴奋的心情下了飞机,却听到母亲生病的消息。戏剧性的情境让我这近 5 年的生活处于混乱中。因为母亲的重病,往返于医院,为人子女的我,第一次深刻地理解了也践行了中华传统文化中的"孝道"。其间,40 岁的我初为人母,看着自己的子女健康成长,更加深刻体会到"孝道",却也很后悔自己对孝道的醒悟太晚! 原来在青少年阶段,对孝道信念的认知很难深刻,子女能为自己父母所做的点滴事情太少了。正因为对生活的感悟,对孝道各种现象的审视,我申请了课题,决定进一步厘清青少年阶段的孝道规律。这本书也是我内心珍藏的最宝贵的纪念。

　　书稿前后历时 3 年,由我主持,和团队成员共同创作,是团队力量共同合作的结晶。小宝宝出生之后,每天早上 4 点到 6 点是真正属于我的时间,让我专注于这本书的写作。书稿完成之际,甚感欣慰,正如好朋友的一句话,"生活不止眼前的苟且,还有诗和远方的田野"。首先郑重感谢我的团队合作成员:薛琳芳,正在攻读硕士学位,依然不辞辛苦,细腻严谨,才情得以充分展示,为本书贡献了最重要的智慧;张迎,长春市第六十八中学教师,提供了大量的素材和对中学生孝道现象的理解和解读;姚金娟,无锡市育英小学教师,在读硕士期间和成为小学教师之后,对孝道研究专注、喜爱,成为撰写的重要力量;另外,感谢孙文婷和沈晨舒,共同探讨和挖掘大学生的孝道现象的表现和背后的规律。书稿的具体分工如下:导言:韦雪艳;第一章:韦雪艳;第二章:薛琳芳,韦雪艳;第三章:韦雪艳,薛琳芳;第四章,韦雪艳;第五章:姚金娟,韦雪艳,张迎;第六章:韦雪艳,孙文婷、沈贵鹏;第七章:韦雪艳,姚金娟,张迎;第八章:韦雪艳,沈晨舒,薛琳芳。我作为课题主持人,负责全书每部分稿件的框架思路架构、实证研究论证、稿件审校、内容完善和修订工作。再次感谢团队合作!

衷心感谢江南大学田家炳教育科学学院陈明选教授、田良臣教授、沈贵鹏教授、杨启光教授、蒋明宏教授、郑友训教授和姚新瑜教授，各位教授形成的团队力量，打造了学院牢固的学术基础和良好的工作氛围。自 2008 年到江南大学工作，我感受到了领导无私的关爱和悉心的培养，特别感谢陈明选院长的辛勤培养，沈贵鹏教授对作为新教师的我的细致耐心的指导和付出以及现任田良臣院长的热切关注和期待。

书稿完成之际，感谢好朋友团队——年龄没长几岁的周萍教授、社科处的陆文君老师、人事处的林丽丽老师，相互体谅，给我提出了无数个好点子，并对艰难之处给予鼓励支持，你们是我前行的动力。另外特别感谢同校师姐王宁新老师和师妹刘径言老师，共同成长过程中结下珍贵的友谊，由衷谢意不言表！感谢好友高红和徐嫣对我在无知领域的无私指导！

另外，还要感谢我可爱的研究生团队，无论是教育学的研究生还是 MBA 的研究生，都让我感受到了青春无敌，团队所形成的力量凝聚了大家的齐心协力、对学术的热情、国际视野和智力支持，这也是完成本书的重要力量。他们是扎尔格勒、张丽欣、耿庆岭、孙晓培、许慧、戚亚慧、钱月圆、于梅芳、周琰和张思瑶。谢谢你们，读书的缘分，使你们聚在了一起，你们求学奋进，对学业的专注和执着以及进步推动了整个团队的发展。

青少年孝道研究是我感兴趣的重要学术领域之一，目前只完成了青少年阶段的部分探讨，对成人之后的后续终生孝道研究的课题仍旧值得继续推进和深入挖掘。面对中国老龄化趋势日趋严重的现实，我会带领自己的团队进一步关注成年人孝道信念与孝道行为的新问题，对新孝道问题的解码以及促进其更好发展贡献自己的力量。

感谢配合调研的教育工作者同行，他们是中小学第一线的教师，在收集数据过程中给予了强有力的支持。特别感谢江南大学副校长纪志成教授和社科处的刘焕明教授长期以来对我在科研道路上的智力支持和鼓励；向南京大学出版社的范余主任、束悦编辑和校对穆彦均为本书的出版付出的辛苦致以敬意！

最后，还想说，我经常会站在时间的这一点去看下一个点，通常会想再过一年我就离开这里去了那里，再过三年我就做完了这件事情，去实现下一个目标。就这样，时间不经意地飞快地跑着，之后，我就会站在最初设想的时间的下一个点，回头去看自己曾经走过的路。我会庆幸自己健康地活着，自己的亲人也过着属于自己的生活。可也许人并非因为你简单就允许你享受简单，总会有人打破这种恪守的简单。因为人与人之间存在着难以割舍的爱和其他东西。一生当中不得不这样赶着。有家人的陪伴，幸福！感谢父母和家人的无私支持，感谢爱人的爱！感谢小龙宝敖群舒，在养育的过程中，让我重新感悟"孝道"！

　　最后送给自己一句话：守护自己的心灵，坚强地活着，为自己，也为自己爱着的人！

韦雪艳

2017 年 11 月 11 日